동국여지지

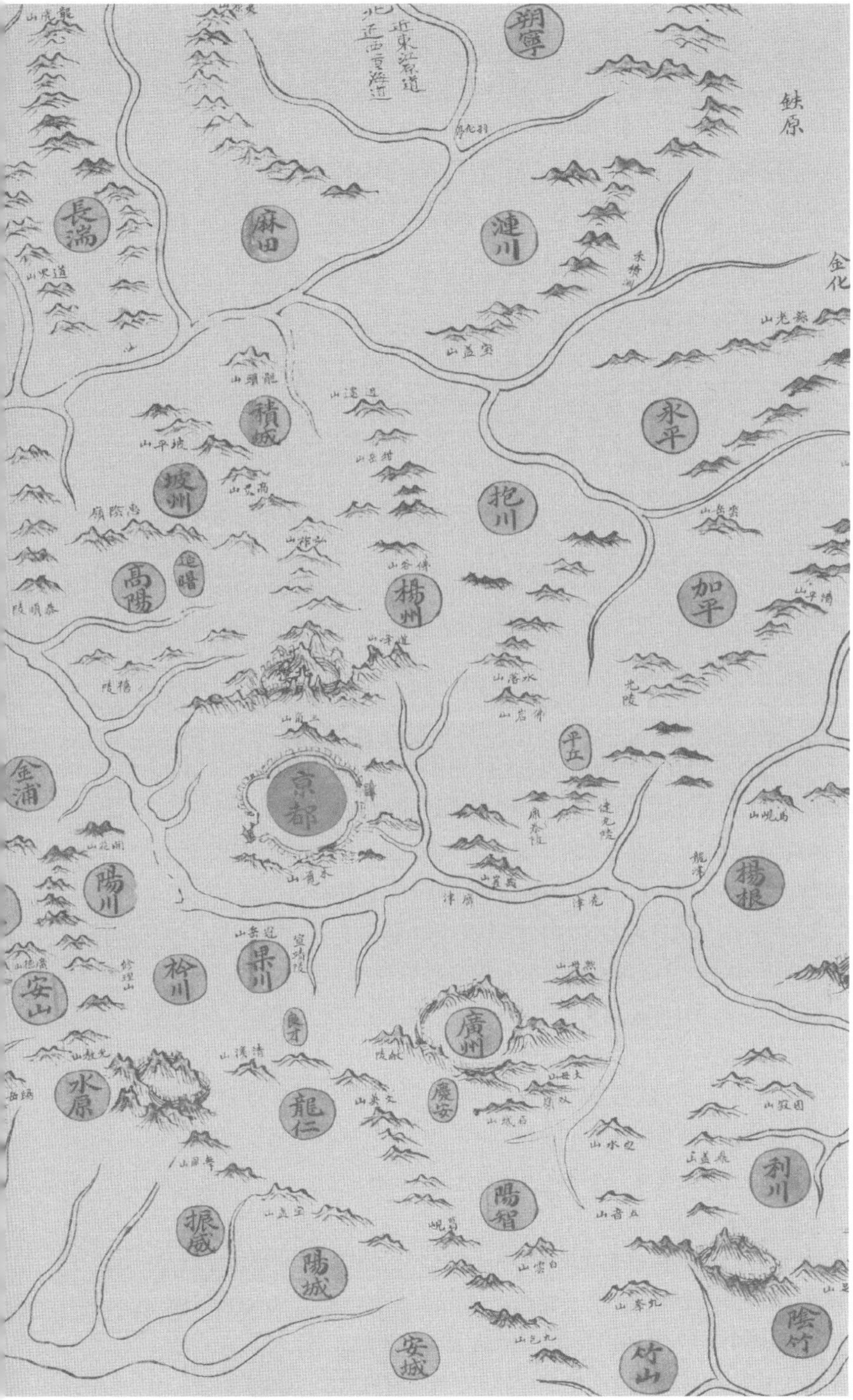

동국여지지 2

경기

유형원 지음
손성필 권헌준 옮김

한국고전번역원

일러두기

1. 이 책의 번역 대본은 서울대학교 규장각한국학연구원 소장 《동국여지지(東國輿地志)》(古 4790-51)를 저본으로 한 한국고전번역원 한국고전총간 《교감표점 동국여지지》이다.
2. 원문의 1차 소자(小字)는 본문보다 글자 크기를 줄여서 구분하였고, 그보다 더 작은 2차 소자는 1차 소자보다 글자 크기를 줄이고 처음과 끝에 붙임표를 사용하였다.
3. 역주는 내용이 간단하면 간주(間註)로, 길면 각주(脚註)로 처리하였다.
4. 한자는 필요한 경우 이해를 돕기 위하여 넣었으며, 운문(韻文)은 원문을 병기하였다.
5. 맞춤법과 띄어쓰기는 '한글 맞춤법'을 따르고, 한글 어휘는 '표준어 규정'을 따르는 것을 원칙으로 하였다.
6. 문장 부호는 '한글 맞춤법'에 규정된 용법을 따라서 사용했으며, 그 밖에 새로 만들거나 용법을 달리하여 사용한 부호는 다음과 같다.

「 」 : ' ' 안의 재인용을 나타낼 때 사용한다.

『 』 : 「 」 안의 재인용을 나타낼 때 사용한다.

…… : 원문의 '云云'을 처리할 때, 각주의 표제어가 네 어절 이상일 경우 생략되는 말을 처리할 때 사용한다.

- - : 본문에서 2차 소자(小字) 및 원문 결락의 처음과 끝에 사용한다.

□ : 원문의 글자가 빠지거나 판독할 수 없을 때 번역문의 글자 수만큼 사용한다.

차례

일러두기 — 4

제2권 경기京畿 — 7

좌도左道

광주진廣州鎭

• 광주목廣州牧 — 21
• 여주목驪州牧 — 49
• 이천도호부利川都護府 — 79
• 양근군楊根郡 — 88
• 지평현砥平縣 — 101
• 죽산현竹山縣 — 110
• 음죽현陰竹縣 — 125
• 양지현陽智縣 — 129
• 과천현果川縣 — 133

수원진水原鎭

• 수원도호부水原都護府 — 139
• 부평도호부富平都護府 — 153
• 남양도호부南陽都護府 — 164
• 인천도호부仁川都護府 — 176
• 안산군安山郡 — 187
• 안성군安城郡 — 193
• 진위현振威縣 — 200
• 양천현陽川縣 — 205
• 용인현龍仁縣 — 212

• 김포군金浦郡 — 220
• 금천현衿川縣 — 228
• 양성현陽城縣 — 236
• 통진현通津縣 — 241

우도右道

양주진楊州鎭

• 양주목楊州牧 — 249
• 파주목坡州牧 — 276
• 고양군高陽郡 — 294
• 영평현永平縣 — 305
• 포천현抱川縣 — 317
• 적성현積城縣 — 328
• 교하현交河縣 — 335
• 가평현加平縣 — 341

장단진長湍鎭

• 장단도호부長湍都護府 — 348
• 강화도호부江華都護府 — 383
• 풍덕군豊德郡 — 400
• 삭녕군朔寧郡 — 414
• 마전군麻田郡 — 420
• 연천현漣川縣 — 425
• 교동현喬桐縣 — 431

朔寧
鉄原
松都
長湍
漣川
永平
交河
抱川
加平
通津
平丘
金浦
楊根
陽川
富平
重林
仁川
安山
水原
南陽
利川
陽智
振威
陽城
安城
竹山
陰竹

제2권

경기

京畿

고조선(古朝鮮)과 마한(馬韓)의 강역이었다.[1] 《동국여지승람(東國輿地勝覽)》에 말하기를[2] "마한이 고구려가 되고, 진한(辰韓)이 신라가 되고, 변한(卞韓)이 백제가 됨은 최치원(崔致遠)의 정론(定論)이 이미 있었고, 김부식(金富軾)의 《삼국사기(三國史記)》〈지리지(地理志)〉 또한 최치원의 논의를 옳다고 하였다. 그 중엽에 이르러, 금마산(金馬山)이 백제의 경내에 있고 평나산(平那山)이 고구려의 경내에 있는데 평(平)이 변(卞)과 소리가 서로 비슷하다 하여 마침내 마한이 백제가 되고 변한이 고구려가 되는 것이 아닌가 하고 처음으로 의심을 하게 되었다. 권근(權近)이 《동국사략(東國史略)》을 편수하는 데에 이르러 단연코 마한이 백제가 되고 변한이 고구려가 된다고 하였으니, 권근은 근세의 대유(大儒)인데 또한 이렇게 논의하였으니 무슨 까닭인지 모르겠다. 생각건대 마한의 왕도(王都)는 남쪽으로 변한과 아주 가까우나, 동북쪽이 낙랑(樂浪), 말갈(靺鞨), 옥저(沃沮) 등과 강역이 서로 접하여 그 후에 고구려의 동명왕(東明王)이 마한의 동북쪽 땅을 다 차지하니, 후세 사람이 고구려가 마한이라고 일컫는 것은 이 때문이다. 《후한서(後漢書)》에 '변진(弁辰)은 진한의 남쪽에 있고, 또한 왜(倭)와 접하였다.'라고 하였고, 또

1 고조선(古朝鮮)과 마한(馬韓)의 강역이었다 : 《신증동국여지승람》 권6 〈경기〉에는 "옛 마한의 강역이었다.〔古馬韓之域〕"라고 되어 있어 조선의 경기 지역이 모두 옛 마한의 땅이라고 인식하였으나, 《동국여지지》의 편찬자 유형원은 한강 이북은 고조선의 땅이고, 한강 이남은 옛 마한의 땅이라고 본 것이다. 이러한 견해는 한백겸(韓百謙)이 처음 주장한 것으로, 유형원이 수용하였고, 신경준(申景濬), 정약용(丁若鏞) 등 후세의 실학자들이 계승하였으며, 근현대의 고대사 연구 및 인식의 토대가 되었다. 유형원은 뒤이은 주석을 통해 고대 국가의 위치 및 강역에 대한 자신의 견해를 《신증동국여지승람》과 한백겸의 〈동사찬요후서(東史纂要後敍)〉 등을 인용해 자세히 논설하였다.

2 동국여지승람(東國輿地勝覽)에 말하기를 : 《신증동국여지승람》을 인용하되 그 내용을 상당 부분 생략하고 축약하였으나, 논지에는 차이가 없다. 《新增東國輿地勝覽 卷6 京畿》

'변진은 진한과 섞여 살아 의복, 거처, 언어, 풍속이 같다.'라고 하였으니, 또한 이 두 한(韓)이 서로 인접해 있었음을 알 수 있다. 백제가 마한을 멸망시키고서 병력이 강성하자 변한의 옛 땅[3]을 잠식하고 지리산(智異山)의 서쪽을 모두 병합하였는데, 후세 사람이 백제가 변한이라고 일컫는 것은 이 때문이다. 《당서(唐書)》에 '변한(卞韓)의 묘예(苗裔)가 낙랑 땅에 있다.'라고 하였는데, 권근이 이를 인용하여 고증하면서 '묘예' 두 글자는 빼고 다만 '변한이 낙랑 땅에 있다.'라고 한 것은 어째서인가? 또 그가 말하기를 '《후한서》에 「변한은 남쪽에 있다.」라고 한 것은 한(漢)나라의 경계인 요동(遼東) 땅을 기준으로 말한 것일 뿐 변한이 진한과 마한의 남쪽에 있다고 말한 것이 아니다.'라고 하였는데, 실로 이와 같다면 《후한서》에서 '마한이 서쪽에 있다.'라고 한 것을 또한 마한이 요동의 서쪽에 있다고 할 수 있다는 말인가. 그러므로 삼가[4] 최치원의 구설(舊說)에 따라 경기(京畿), 충청(忠淸), 황해(黃海) 등의 도(道)는 마한의 옛 영역에 속하고, 전라도(全羅道)는 변한의 옛 영역에 속한다고 하였다."라고 하였다. ○ 한백겸(韓百謙)이 말하기를[5] "우리 동방은 옛날에 남과 북으로 구분되어 있었다. 그 북쪽은 본래 세 조선(朝鮮)의 땅이

3 변한의 옛 땅 : 《동국여지지》에는 '변한의 옛 땅〔弁韓舊地〕'이라고 하였는데, 《신증동국여지승람》 권6 〈경기〉에는 '신라의 변한 옛 땅〔新羅卞韓舊地〕'이라고 되어 있다.

4 삼가 : 《신증동국여지승람》의 이 논설은 '신이 살펴보건대'로 시작되어 신하가 임금에게 아뢰는 형식으로 되어 있으나, 《동국여지지》에서는 이를 생략하여 일반적인 논설문으로 보이도록 하였다. 그런데 이 '삼가〔謹〕'는 편찬자가 미처 생략하지 못하여 임금께 아뢰는 문투가 남아 있게 되었다.

5 한백겸(韓百謙)이 말하기를 : 한백겸의 〈동사찬요후서(東史纂要後敍)〉를 인용하였다. 〈동사찬요후서〉와 《동국지리지(東國地理誌)》 〈후한서삼한전(後漢書三韓傳)〉의 논설은 내용이 거의 같으나, 일부 내용에 차이가 있다. 이 《동국여지지》에 인용한 내용과 비교해 보면, 유형원은 《동국지리지》가 아닌 《구암유고(久菴遺稿)》의 〈동사찬요후서〉를 참조하였음을 알 수 있다.

니, 단군(檀君)이 요(堯)와 같은 때 세워 기자(箕子)를 거쳐 위만(衛滿)에 이르렀는데 사군(四郡)으로 나뉘고 이부(二府)로 합쳐졌다가, 한 원제(漢元帝) 건소(建昭) 2년(기원전 37)에 고주몽(高朱蒙)이 일어나 고구려가 되었다. 그 남쪽은 곧 삼한(三韓)의 땅이니, 한(韓)이 한(韓)이 된 것이 언제부터인지는 모르나, 한나라 초에 기준(箕準)이 위만에게 쫓겨나 바다를 건너 남쪽으로 왔는데 한(韓) 땅의 금마군(金馬郡)에 이르러 칭하여 왕(王)이 되었으니[6] 이것이 마한이다. 진(秦)나라가 망했을 때 사람들이 역(役)을 피해 한(韓) 땅으로 들어왔는데 한(韓)이 동쪽 경계를 떼어 주니 이것이 진한이다. 또 그 남쪽에 변한이 있었는데, 진한에 붙어 있었고, 각각 거수(渠帥)가 있었다. 《후한서》에 '변한은 남쪽에 있고 진한은 동쪽에 있고 마한은 서쪽에 있다.'라고 하였으니, 세 한(韓) 땅의 방향을 가리킨 것이 또한 이미 상세하였다. 한 선제(漢宣帝) 오봉(五鳳) 1년(기원전 57)에 박혁거세(朴赫居世)가 진한 6부(部) 백성의 추대를 받아 신라가 시작되었고, 신(新)나라 왕망(王莽) 1년(9)에 온조(溫祚)가 마한을 멸망시키고 백제가 일어났다. 변한의 전사(前史)는 비록 전하는 바를 말할 수는 없으나, 신라 유리왕(儒理王) 18년(41)에 수로왕(首露王)이 가락(駕洛)에서 건국하여 진한의 남쪽 경계에 자리 잡았는데 가야산(伽倻山)의 남쪽과 지리산의 동쪽이 모두 그 소유였으며 그 뒤에 신라에 편입되었으니, 아마도 이것이 변한 땅인 듯하다. 그렇다면 남쪽은 남쪽대로, 북쪽은 북쪽대로 본래 서로 뒤섞이지 않았던 것이니, 비록 그 경계선이 정확히 어디였는지는 알지 못하나 아마도 한수(漢水) 일대가 남과 북을 가로막은 천

6 칭하여 왕(王)이 되었으니 : 《동국지리지》에는 "한왕이라고 칭하였다.〔稱爲韓王〕"라고 되어 있다.

연의 해자가 되었던 듯하다. 최치원이 처음 '마한이 고구려이고, 변한이 백제이다.'라고 하였으니 이것이 첫 번째 잘못이고, 권근은 비록 마한이 백제인 줄은 알았으나 역시 고구려가 변한이 아닌 줄은 모르고 혼동하여 설명하였으니 이것이 두 번째 잘못이다. 이 이후에 역사가들이 잘못을 이어받아 그 땅에 대하여 실상을 다시 조사해 보지 않고서 한 구역인 삼한의 땅에다가 좌로 붙였다 우로 붙였다 하여 어지러이 뒤섞어 놓아 지금까지 수천 년 동안 정설이 없었으니, 얼마나 안타까운가. 어떻게 그렇다는 것을 밝힐 수 있는가? 삼한 때에는 우리나라에 비록 문자가 없었으나 《한서(漢書)》와 《후한서》에 모두 열전(列傳)이 있으니, 연대(年代)의 상하와 지계(地界)의 원근으로 한번 살펴보면 백대(百代)가 비록 멀다 하나 마치 눈앞에 있는 듯이 또렷한데, 어찌 변별하는 데 어려움이 있겠는가. 《한서》에 '한 무제(漢武帝)가 우거(右渠)를 토벌하고 마침내 조선 땅을 평정하여 낙랑(樂浪), 임둔(臨芚), 현도(玄菟), 진번(眞蕃)의 사군(四郡)으로 삼았으니, 낙랑의 군치(郡治)는 조선현(朝鮮縣)이고, 임둔의 군치는 동이현(東暆縣)이며, 현도의 군치는 옥저성(沃沮城)이고, 진번의 군치는 삽현(霅縣)이다.'라고 하였는데, 조선현은 지금의 평양(平壤)이고, 동이현은 지금의 강릉(江陵)이며, 옥저성은 지금의 함경도(咸鏡道)이니, 이는 모두 근거할 만한 책이 있어 틀림없다. 삽현은 비록 그 소재를 알지 못하나, 한 소제(漢昭帝)가 사군을 합하여 이부(二府)로 삼을 때, 낙랑과 임둔을 합하여 동부도독부(東府都督府)로 삼았는데, 낙랑과 임둔의 사이는 지금의 황해도(黃海道), 강원도(江原道), 경기 우도(京畿右道) 등의 땅이니, 확고하게 서로 접하였다.[7] 또 현도와 평나(平那)를 합하여 평주도독부

7 낙랑과 임둔의……접하였다 : 낙랑과 임둔 사이의 땅은 지금의 황해도, 강원도, 경기 우도

(平州都督府)로 삼았는데, 평나는 곧 진번이며,[8] 현도는 북쪽으로 야인(野人)의 땅에 달하고 동쪽으로 대해(大海)에 잇닿으며 남쪽으로 임둔을 접하였으니, 임둔의 천 리 땅 너머 하삼도(下三道)와 합하지는 않았을 것이다.[9] 그러니 이른바 진번은 분명히 현도와 임둔의 서북쪽 땅에 있었고 현도와 합하였던 것이다.[10]-○ 지금 내가 살펴보건대, 현도는 처음에 옥저에 설치하였다가 소제 때 고구려 서북쪽으로 군을 옮겼다. 여기에서는 그대로 옥저를 현도라고 하였으니, 아직 고증하지 못한 바가 있었다.-[11] ○ 그렇다면 사군과 이부의 한계가 이 지역에 그칠 뿐임이 또한 분명하다. 고구려가 일어난 이래로 그 땅을 차지하여 남쪽으로 한강에 이르고 북쪽으로 요하(遼河)에 이르기까지 모두 그 소유였는데, 또 어느 때에 변한이나 마한이 되었겠는가. 이로써 사군과 이부는 제대로 사군

에 해당하므로, 낙랑과 임둔 두 군이 서로 접경하고 있어 한 부로 통합한 것이 확실하다는 의미이다. 《동국지리지》에는 '경기 우도'가 '경기 좌도(京畿左道)'로 되어 있으나, 황해도, 강원도와 접한 한강 이북 지역은 경기 우도이므로 경기 우도가 옳은 것으로 보인다.

8 평나는 곧 진번이며 : 《동국지리지》에는 "평나는 곧 진번의 별칭이며〔平那卽眞番之別稱〕"라고 되어 있고, "평나산이 진번 경내에 있기 때문에 그렇게 부른다.〔平那山在眞番境內故云〕"라는 주석이 달려 있다.

9 임둔의……것이다 : 낙랑과 임둔이 지금의 평안도, 황해도, 강원도, 경기 우도 일대에 있었고, 현도가 함경도 일대에 있었는데, 현도와 평나, 즉 진번을 합하여 한 부로 만든 것을 통해 볼 때 진번은 현도와 접한 지역에 있어야 하므로, 충청도, 경상도, 전라도의 하삼도(下三道) 지역에 있었을 리는 없다는 의미이다. 《동국지리지》에는 '낙랑과 임둔의 천 리의 땅〔樂浪臨芚千里之地〕'이라고 되어 있다.

10 그러니……것이다 : 낙랑, 임둔, 현도의 위치 고증을 통해 볼 때 진번은 현도와 임둔의 서북쪽 지역에 있을 수밖에 없다는 의미이다. 《동국지리지》에는 "이른바 삽현은 반드시 서북쪽의, 현도와 접한 가까운 지역에 있었을 것임을 알 수 있다.〔所謂霅縣, 其必在於西北與玄菟附近之地可知.〕"라고 되어 있다. 그러므로 '삽현은 비록 그 소재를 알지 못하나' 이하의 글은 진번과 그 군치인 삽현의 위치를 고증한 것이다.

11 지금……있었다 : 한 소제(漢昭帝) 때 현도를 고구려의 서북쪽으로 옮겼는데 이를 고려하지 않고 논하였다는 점을 들어 유형원이 한백겸의 견해에 미진한 점이 있음을 말한 것이다.

과 이부가 되고 삼한과는 서로 간섭하지 않았음을 알 수 있다. 《후한서》에 '변진은 진한의 남쪽에 있고, 또한 왜와 접하였다.'라고 하였고, 또 '변진은 진한과 섞여 살아 의복, 거처, 풍속이 같다.'라고 하였는데, 변한을 칭할 때 꼭 변진이라고 하였으니, 변한이 진한에 대하여 분명히 부용(附庸)이 되었고 서로 현격히 멀리 떨어져 있지 않았음을 알 수 있다. 또 '마한은 54국(國)을 통솔하였고 진한과 변한은 각각 12국을 통솔하였다.'라고 하였는데, 이른바 국(國)은 곧 지금의 군현(郡縣)이니, 진한과 변한을 합하여도 겨우 24국이 되어 마한의 반도 되지 않는다. 이를 통해 보건대 호서(湖西)와 호남(湖南) 지역을 합하여 마한이 되었고, 영남(嶺南) 한 도(道)를 나누어 진한과 변한이 되었음을 또 어찌 의심하겠는가. 마한은 사군과 이부 시절을 거쳐 신나라 왕망 때에 이르러 백제가 되었고, 진한은 사군과 이부 시절을 거쳐 선제 때에 이르러 신라가 되었으며, 변한은 진한에 대하여 처음에는 부용이었으나 결국 합병되었다. 만약 위에서 말한 바와 같다면, 삼한이 또 어느 때에 중국에 들어가 사군 이부가 되었겠는가. 나는 또 이로써 삼한은 제대로 삼한이 되었고 사군 이부와 서로 간섭하지 않았음을 알겠다. 최치원은 당 소종(唐昭宗) 때 사람으로 삼한 때는 거의 천여 년이나 거슬러 올라가야 하니, 전하여 들은 것일 뿐 눈과 귀로 보고 들은 것이 아니라면 권근과 무엇이 다르겠는가. 권근 또한 지금 사람과 무엇이 다르겠는가. 하물며 최치원은 총명과 재기가 동방에서 제일인 사람임에 분명하지만 그렇다 하더라도 역대의 흥망에 대해서는 반드시 보고 들은 바에 의거하여 알았을 것이다. 그런데 최치원이 당나라에 들어가 유학한 때는 12세였고 나라로 돌아왔을 때는 겨우 28세였으니, 지금 《당서(唐書)》에 기재된 내용은 모두 최치원이 유학 중일 때 말한 것이다. 비록 태어난 나라라고는 하나, 12세의 동자가 천년의 연혁을 꿰뚫으면서 오류가 하나도 없었으리라고 장담할 수는 없을 것이다. 후대에 글을 보는 자들이 매양 옛사람을 지금 사람이 미칠 수 없다고 여겨 반드시 받들어 믿고자 하고 감히 의심하지 않으니, 그 또한 잘못이다. 권근은 또한 근세의 대유인데, 금마군에 오랫동안 살면서 이른바 기준성(箕準城)을 직접 보고 마침내 마한을 백제라고 정하였으니, 또한 어느 정도 식견이 있었다고 할 수 있다. 그러나 끝내 큰 시각으로 원대히 살피지 못하고, '변한이 남쪽에 있다.'를 해석하면서 '한나라의 경계인 요동 땅을 기준으로 말한 것일 뿐이다.'라고 하였고, '변한의 묘예가 낙랑에 있다.'를 인용하면서 '묘예' 두 글자는 빼고 다만 '변한이 낙랑에 있다.'라고 하였으니, 어찌 천착(穿鑿)함이 이리도 심한가. 그 밖에 평나산의 '평' 자가 '변'과 소리가 서로 비슷하다 하여 마침내 '변한이 고구려가 된다.'라고 한 것은 곧 아이의 숨바꼭질 놀이와 다를 바 없다. 무릇 삼한은 동남쪽 한 모퉁이에 치우쳐 있어 중국과 아주 멀다. 요(堯) 임금과 순(舜) 임금이 읍손(揖遜)할 때도 성화(聲化)가 미치지 않았지만, 초(楚)나라와 한(漢)나라가 서로 싸울 때에도 전쟁으로 혼란하지 않아 태평하게 농사를 짓고 자손을 양육할 수 있었으니, 따로 천지간에 사람들이 천수를 누리는 한 지역을 따로 이루었다. 그래서 서북쪽의 피난민들이 많이 귀의하였는데, 촌락을 이루고 살면서 각기 그 본관(本管)으로 사는 곳을 이름하였으니, 경주(慶州)를 낙랑(樂浪)이라고 부르는 것은 또한 진한(辰韓)을 진한(秦韓)이라고 이르는 것과 같다. 후대 사람이 이 두 낙랑을 구분하지 못하고, 그에 따라 평양(平壤)을 변한(弁韓)이라고 하니, 얼마나 그릇되었는가."라고 하였다. ○ 지금 내가 살펴보건대 두우(杜佑)의 《통전(通典)》에 "주(周)나라 초에 은 태사(殷太師 기자(箕子))를 봉하여 조선에 나라를 세웠고, 한 고제(漢高帝) 때 나라가 멸망하였다. 무제(武帝) 원봉(元封) 연간에 그 땅을 개척해 낙랑 등의 군(郡)을 설치하였다. 그 삼한(三韓)의 땅은 해도(海島)의 위, 조선의 동남쪽에 있는데, 백제와 신라가 삼한 땅을 분할하였으니 신라 또한 백제의 동남쪽에 있다. 왜(倭)가 또 동남쪽에 있는데, 대해(大海)를 사이에 두고 떨어져 있다. 고구려는 본래 조선의 땅이다. 한 무제 때 현(縣)을 설치하였는데, 현도군에 속하였을 때는 아주 미약하였으나 후한(後漢) 이후 누대에 걸쳐 중국의 봉작을 받았으니, 도읍한 평양성이 곧 조선국의 왕검성(王儉城)이다."라고 하였고, 또 "마한은 서쪽에 있고 54국이며, 그 북쪽은 낙랑과, 남쪽은 왜와 접하였다. 진한은 동쪽에 있고 12국이며, 그 북쪽은 예맥(濊貊)과 접하였다. 변진(弁辰)은 진한의 남쪽에 있고 12국이며, 그 남쪽은 또한 왜와 접하였다. 모두 78국인데, 큰 것은 만여 호(戶)이고 작은 것은 수천 가(家)이며, 각기 산과 바다의 사이에 있고 동서쪽으로 바다를 한계로 삼으니, 모두 옛 진국(辰國)이다. 변진은 진한과 섞여 살며, 의복과 거처가 진한과 같고 언어와 풍속이 서로 비슷하다. 삼한은 대개 백제와 신라에 병합되었다."라고 하였으며, 또 "백제가 마한의 옛 땅을 차지하였는데, 그 나라는 동서로 400리이고 남북으로 900리이며, 남쪽으로 신라와 접하고 북쪽으로 고구려와 맞섰다."라고 하였으니, 조선과 삼한의 남북 지계(地界)를 가리켜 보이고 조선이 고구려가 되며 삼한이 신라와 백제가 됨이 이미 분명하다. 또 《삼국사기》에 의거하건대 신라의 시조 혁거세 19년(기원전 39)에 변한이 나라를 바쳐 항복해 왔으니, 변한이 신라에 병합되어 함께 지금의 경상도 땅이 되었다는 것이 아주 명백하다. 백제의 시조 온조 13년(기원전 6)에 마한에 사신을 보내 천도(遷都)한다고 고하고, 강역을 정하였으며, 한산(漢山)에 성궐(城闕)을 세웠다.[12] 24년(6)에 온조가 웅

12 백제의……세웠다 : 《삼국사기(三國史記)》에 의하면, 7월 한산(漢山) 아래에 목책을 세

천책(熊川柵)을 세우자, 마한의 왕이 사신을 보내 나무라기를 "왕이 처음 강을 건너와 발붙일 데가 없었을 때 내가 동북쪽 100리의 땅을 떼어 주었는데, 지금 성지(城池)를 크게 만들고 내 강역을 침입하니, 어째서인가?"라고 하였다. 27년(9)에 이르러 온조가 마한을 습격하여 멸망시키고 그 나라를 병합하였다. 그렇다면 마한이 백제에 병합되어 지금의 충청도와 전라도 땅이 되었다는 것 또한 의심할 바가 없다. 그런데도 《동국여지승람》에서 전라도가 변한에 속하고 황해도가 마한에 속한다고 단정 지은 것은 어째서인가? 마한이 서쪽에 있고 진한이 동쪽에 있고 변한이 남쪽에 있다는 것은 《후한서》에서 또한 이미 명백히 말했다. 《동국여지승람》에서 이미 마한이 변진의 서쪽에 있다는 것을 알았으나, 변한이 이미 신라의 경내로 합병되었음을 알지 못해서 전라도를 변한이라고 하였으니, 그래서 부득이하게 황해도 등의 땅을 마한이라고 한 것이다. 권근은 변한을 고구려라고 하였으니 확실하게 잘못한 것이므로 《동국여지승람》에서 그를 비판한 것은 당연하다. 그러나 근거 없이 추측하고 끌어다 붙여 변한과 마한을 뒤바꾸어 놓은 잘못은 또 권근보다 더 심하다. 무릇 삼한의 강역은 진한이 신라가 됨은 고금에 의심이 없었으나, 변한과 마한은 앞사람들의 설이 서로 어긋나 맞지 않았는데 오직 근세의 한백겸의 변론은 천년간 정해지지 않았던 논의를 아주 잘 정리하였다. 삼가 그의 설에 의거하여 정하건대 지금의 경기 좌도, 충청도, 전라도를 마한의 옛 강역에 속하게 하고, 경상도를 진한과 변한의 강역에 속하게 하며, 한강 이북

우고 위례성(慰禮城)의 백성을 이주시켰고, 8월 마한에 사신을 보내 도읍을 옮김을 알리고 마침내 강역을 획정하였으니 북으로는 패하(浿河)에 이르고, 남으로는 웅천(熊川)으로 경계를 삼으며, 서로는 대해(大海)에 닿고, 동으로는 주양(走壤)에 이르렀으며, 9월 성궐을 수축하였다고 한다. 《三國史記 卷23 百濟本紀 始祖溫祚王13年》

을 조선의 옛 강역에 속하게 하였다. 천문(天文)의 미(尾)와 기(箕) 분야(分野)에 있다. 설명을 범례(凡例)에 해 두었다. 삼국(三國) 때 그 땅이 고구려와 백제로 나뉘어 속했는데, 《삼국사기》에 "백제의 땅이 북쪽으로 한강에 닿았다."라고 하였고, 《고려사(高麗史)》에 "한강 이북이 고구려이고 이남이 백제이다."라고 하였으니, 고구려와 백제가 비록 땅을 서로 침탈하였으나 대체로 한수(漢水)의 남북은 그들의 강계(疆界)였다. 뒤에 모두 신라에 병합되었다. 경덕왕(景德王) 때 한주(漢州)를 설치하여 한강 남북의 여러 군(郡)을 거느리게 하였다. 고려(高麗) 성종(成宗) 때 경도(京都)인 개성부(開城府)가 적현(赤縣) 여섯과 기현(畿縣) 일곱을 거느리게 했고, 또 관내도(關內道)를 설치하여 양주(楊州), 광주(廣州), 황주(黃州), 해주(海州) 관할의 군현(郡縣)을 거느리게 하였다. 뒤에 황주와 해주 관할 군현을 분리하여 서해도(西海道)를 설치하였다. 현종(顯宗) 때 개성부를 파하고, 개성(開城)과 장단(長湍) 두 현을 상서도성(尙書都省)에 직속하게 하여 경기(京畿)라고 칭하였다. 현종 9년(1018)에 개성부를 파하고 정주(貞州), 덕수(德水), 강음(江陰) 3현을 개성현(開城縣)에 속하게 하고, 송림(松林), 임진(臨津), 토산(兎山), 임강(臨江), 적성(積城), 파평(坡平), 마전(麻田)을 장단현에 속하게 하고, 상서도성에 직속하게 하여 경기라고 불렀다. 그 뒤에 문종(文宗)이 다시 개성부로 승격시켜 상서도성 관할의 11현을 속하게 하였다. 명종(明宗) 때 관내도를 고쳐 양광도(楊廣道)라 하였다. 예종(睿宗) 초에 중원(中原)과 하남(河南) 두 도를 관내도에 합하여 양광충청주도(楊廣忠淸州道)라고 칭했으며, 명종 때에 이르러 다시 나누어 두 도로 삼고 중원도와 하남도를 칭하여 충청도라 하였고, 관내도를 칭하여 양광도라고 하였다. 공양왕(恭讓王) 때 또 양주, 광주, 교주(交州), 서해도의 땅을 경기에 속하게 하고, 경기 좌도와 우도 두 도(道)를 두었다. 경기를 나누어 좌도와 우도를 두었는데 장단, 임강, 토산, 임진, 송림, 마전, 적성, 파평을 좌도로 삼고, 개성, 강음, 해풍(海豐), 덕수, 우봉(牛峯)을 우도로 삼으며, 또 양광도의 한양(漢陽), 남양(南陽), 인천(仁川), 안산(安山), 교하(交河), 양천(陽川), 금주(衿州), 과주(果州), 포주(抱州), 서원(瑞原), 고봉(高峯)과 교주도(交州道)의 철원(鐵原), 영평(永平), 이천(伊川), 안협(安峽), 연천(漣川), 삭녕(朔寧)을 좌도에 예속하게 하고, 양광도의 부평(富平), 강화(江華), 교동(喬桐), 김포(金浦), 통진(通津)과 서해도의 연안(延安), 평주(平州), 백주(白州), 곡주(谷州), 수안(遂安), 재령(載寧), 서흥(瑞興), 신은(新恩), 협계(俠溪)를 우도에 예속하게 하여 각각 관찰출척사(觀察黜陟使)를 두었다. 본조 태조(太祖) 초에 도읍을 한양(漢陽)으로 옮기고 경기 좌도와 우도를 고쳐 정하였다. 태종조(太宗朝)에 사방의 원근을 고려하여 강계를 다시 정하였는데, 개성 이서의 땅을 서해도에 반환하고, 충청도 여흥(驪興), 안성(安城) 이북의 땅을 떼어 예속하게 하며, 좌도와 우도를 합하여 경기라고 칭하였다. 태조가 한양으로 도읍을 옮기고서 평주, 수안, 곡주(谷州), 재령, 서흥, 신은, 협계는 새 도읍과의 거리가 멀다 하여 서해도로 반환하고, 광주(廣州), 수원(水原) 및 양근(楊根), 지평(砥平), 이천(利川), 천령(川寧), 쌍부(雙阜), 용구(龍駒), 처인(處仁), 진위(振威)를 예속시켜 좌도로 삼고, 양주(楊州), 부평(富平), 철원(鐵原), 연안(延安)의 관할 군현을 우도로 삼았다. 태종조에 두 도를 합하여 관찰사를 두고 사방의 원근을 고려하여 다시 연안(延安), 배주(白州), 우봉(牛峯), 강음(江陰), 토산(兎山)을 서해도로 반환하고, 이천(伊川)은 강원도에 예속하며, 충청도의 여흥부(驪興府), 안성군(安城郡), 양지현(陽智縣), 양성현(陽城縣), 음죽현(陰竹縣) 및 강원도의 가평현(加平

縣)을 예속시키고서 좌도와 우도를 합하여 경기라고 칭하였다. 세종조(世宗朝)에 또 철원(鐵原)과 안협(安峽)을 강원도에 반환하였다. 목(牧) 넷, 도호부(都護府) 일곱, 군(郡) 일곱, 현(縣) 열아홉을 거느린다. 관원(官員)은 관찰사(觀察使), 1인으로 종2품이다. ○ 관찰사는 태종조에 도관찰출척사(都觀察黜陟使)로 개칭하였다가 세조조(世祖朝)에 다시 관찰사라고 하였다. 병마절도사(兵馬節度使), 1인으로 종2품이다. 관찰사가 겸한다. 수군절도사(水軍節度使), 2인으로 정3품이다. 하나같이 관찰사가 겸한다. 도사(都事), 1인으로 종5품이다. ○ 이전의 제도는 관찰사에게 모두 수령관(首領官)[13]을 두어 보좌하도록 하되 4품은 경력(經歷)으로 삼고 5품 이하는 도사(都事)로 삼았는데, 세조조에 경력을 없애고 도사만 두었다. 심약(審藥), 1인으로 종9품이다. 검률(檢律)이 있다. 1인으로 종9품이다. ○ 이상의 관품(官品)은 다른 도도 같다.

13 수령관(首領官) : 행정 실무를 담당하는 관리를 지칭하는 말로, 고려 후기는 도첨의사사(都僉議使司)에 속한 관리인 경력(經歷)과 도사(都事)가, 조선 시대에는 각 도 감영(監營)의 경력과 도사 및 중앙 관청 소속 5품과 6품의 남행(南行) 관리가 이에 해당한다. 여기에서는 각 도에 속하여 관찰사를 보좌하는 관리인 경력과 도사를 말한다.

광주목廣州牧

동쪽으로 양근군(楊根郡) 경계까지 25리, 여주(驪州) 경계까지 65리이고, 남쪽으로 이천부(利川府) 경계까지 64리, 양지현(陽智縣) 경계까지 70리, 용인현(龍仁縣)까지 38리, 수원부(水原府) 경계까지 50리이고, 서쪽으로 과천현(果川縣) 경계의 양재역(良才驛)까지 29리, 안산군(安山郡) 경계까지 76리이고, 북쪽으로 양주(楊州) 경계까지 20리이다. 서울과의 거리는 45리이다.

한전旱田

수전水田

건치연혁建置沿革

본래 백제의 남한산성(南漢山城)이다. 시조(始祖) 온조왕(溫祚王) 14년(기원전 5)에 위례성(慰禮城)에서 이곳으로 도읍을 옮겼고, 근초고왕(近肖古王) 26년(371)에 이르러 도읍을 북한산(北漢山)으로 옮겼다. 백제가 남한을 도읍으로 삼은 기간은 모두 375년이다. 북한산은 지금의 한양(漢陽)이다. 백제 말기에 이르러 고구려가 차지하여 한산군(漢山郡)으로 삼았다. 뒤에 신라가 그 땅을 차지해 한산주(漢山州)로 삼았으니, 남한산주(南漢山州)라고 칭하기도 하였다. 경덕왕(景德王) 16년(757)에 한주(漢州)를 설치하였다. 경덕왕 16년(757)에 9주를 처음 설치하였는데, 한주는 그중 하나이다. 뒤에서 경덕왕 때 주(州)를 두었다고 하는 것은 모두 이와 같다. 고려 태조(太祖) 23년(940)에 고쳐 광주(廣州)로 삼았다. 성종(成宗) 2년(983)에 목(牧)을 설치하였고, 성종 2년에 12목을 설치하였는데 광주도 그중 하나이다. 뒤에서 성종 때 목을 설치하였다고 하는 것은 모두 이와 같다. 얼마 뒤에 봉국군(奉國軍)을 설치하였다.[14] 현종(顯宗) 때 군(軍)을 폐지하고 다시 광주목(廣州牧)으로 삼았다. 현종 9년(1018)에 고쳐서 8목을 정했는데, 광주도 그중 하나이다. 뒤에서 현종 때 목으로 삼았다고 하는 것은 모두 이와 같다. 본조에서 그대로 따랐고, 세조(世祖) 때 진(鎭)을 설치하였다. 관장하는 면(面)은 23개이고, 도내 주현(州縣)의 각 면은 리(里)라고 칭하거나 도(道)라고 칭하기도 하는데, 충청도, 경상도, 전라도, 강원도도 같다. 진관(鎭管)은 목(牧) 1개, 여주(驪州) 도호부(都護府) 1개, 이천(利川) 군(郡) 1개, 양근(楊根) 현(縣) 5개이며, 지평(砥平), 죽산(竹山), 음죽(陰竹), 양지(陽智), 과천(果川) 관원은 목사(牧使), 1인으로 정3품이다. 다른 목도 같다. 병마첨절제사(兵馬僉節制使)를 겸한다. 다른 도의 진(鎭)도 같다. 판관(判官), 1인으로 종5품이다. 병마절제도위(兵馬節制都尉)를 겸한다. 다른 도의 진도 같다. 교수(教授)이다. 1인으로 종6품이다. 다른 도의 도호부 이상도 같다. ○ 중종(中宗) 때부터 주부(州府)에서 판

14 얼마……설치하였다 : 995년(성종14) 광주(廣州) 지역에 봉국군을 설치하였다. 이때 고려는 지방 제도를 절도사(節度使) 체제로 개편하여, 전국에 12군(軍)을 설치하였다.

관을 없앴고, 선조(宣祖) 때에 왜란(倭亂)을 겪어 여러 도가 침탈당하니 판관, 교수, 훈도(訓導)를 모두 없앴다. 지금은 다만 각 도의 관찰사가 절도사를 겸임하는 곳과 안동(安東), 전주(全州), 회령(會寧) 등의 읍에 판관이 있다. 지금 증보하건대 인조(仁祖) 4년(1626)에 남한산성을 개축하면서 성안으로 치소(治所)를 옮겼고, 17년에 승격시켜 부(府)로 삼았다. 16년에 임금이 청(淸)나라 군대를 피해 산성으로 행차하였는데 잠시 있다가 성을 나와 도성으로 돌아간 뒤에 주(州)를 승격시켜 부(府)로 삼았다.

군명 郡名

남한산(南漢山), 한산주(漢山州), 한주(漢州) 별호(別號)로 회안(淮安)이 있다.

형승 形勝

한수(漢水)의 남쪽은 토양이 비옥하다. 백제의 시조(始祖) 온조(溫祚)가 말하였다.

북쪽으로 한수를 끼고 남쪽으로 여러 군읍을 접한다.

높은 곳에 자리 잡고서 평평한 곳을 감쌌으니 하늘이 만들어 준 성(城)이다. 남한(南漢)의 산은 가운데는 평평하고 바깥은 높아 형세가 웅후하다. 산의 꼭대기에 성을 쌓아 높은 곳에 자리 잡고서 평평한 곳을 감쌌으니 사람들이 하늘이 만들어 준 성이라고 일컫는다.

보장(保障)하는 지역이다. 경기의 거진(巨鎭)으로, 한양 도성을 보호하고 지켜 내는 곳이다.

풍속風俗

기마와 궁술을 숭상하며 서책을 읽는다. 《수서(隋書)》에 "백제는 기마와 궁술을 숭상하고 서책을 읽으며 사무에 능하다. 또한 의약(醫藥), 시귀(蓍龜), 점상(占相)을 할 줄 안다."라고 하였다.

혼인 예절이 중화(中華)의 풍속과 대략 같다. 《북사(北史)》에 "백제는 혼인 예절이 중화의 풍속과 대략 같고, 부모나 지아비가 죽은 자는 3년 동안 상복을 입고 여타 친족은 장례가 끝나면 벗는다."라고 하였다.

두 손을 땅에 대어 공경을 나타낸다. 《북사》에 "배알하는 예절은 두 손을 땅에 대어 공경을 나타낸다."라고 하였다.

의복이 청결하다. 《남사(南史)》

부인들이 화장을 하지 않는다. 《수서》에 "백제의 부인들은 화장을 하지 않으며, 땋은 머리를 뒤로 늘어뜨리다가 시집가면 두 갈래로 나누어 머리 위에 말아 둔다."라고 하였다.

○ 내가 보건대 위에 기술한 것은 모두 백제의 공통된 풍속인데, 본주(本州 광주)가 백제의 옛 도읍이었으므로 여기에 기록해 둔다.

산천山川

일장산(日長山) 주 북쪽 5리에 있다. 지금의 남한산(南漢山)이다.

청계산(淸溪山) 주 서쪽 50리에 있다. 일명 청룡산(靑龍山)이라고도 한다.

과천현(果川縣)에도 보인다.

대모산(大母山) 주 남쪽 30리에 있다. 산 남쪽에 우리 태종(太宗)의 헌릉(獻陵)이 있다. 윤회(尹淮)의 〈비음기(碑陰記)〉에 "청계산에서 꺾여 동북쪽으로 가다가 한강(漢江)을 등지고 멈추니 이것이 대모산이다. 곤령(坤靈 땅의 신령)이 멈춰 솟았고 기운이 구불구불 서렸으니 원릉(園陵)의 자리를 기다렸도다."라고 하였다.

검단산(黔丹山) 주 동북쪽 10리에 있다. 백제 승 검단(黔丹)[15]이 살던 곳이므로 이와 같이 이름 지었다. 그 남쪽 봉우리를 자봉(紫峯)이라고 부르니 본조의 허목(許穆)이 일찍이 그 아래에서 독서하였다.

조곡산(早谷山) 주 동쪽 30리에 있다. 일명 초동산(草洞山)이라고도 하고, 수종산(水鍾山)이라 부르기도 한다.

문현산(門懸山) 주 남쪽 45리에 있다.

영장산(靈長山) 주 남쪽 20리에 있다.

운길산(雲吉山) 주 동북쪽 30리에 있다.

수리산(修理山) 주 서쪽 60리에 있다. 과천현과 안산군(安山郡)에도 보인다.

대해산(大海山) 주 남쪽 50리에 있다. 대화산(大華山)이라 부르기도 한다. 양지현(陽智縣)에도 보인다.

무갑산(武甲山) 주 동쪽 45리에 있다.

원적산(元寂山) 일명 원적산(圓寂山)이라고도 한다. 주 동쪽 60리에 있다.

15 검단(黔丹) : 《중정남한지(重訂南漢志)》에 의하면 검단산은 백제 승 검단 선사(黔丹禪師)가 거처한 곳이라 하였고, 《지봉유설(芝峯類說)》 권18 〈외도부(外道部)〉에 의하면 검단 선사는 진감 혜소(眞鑑慧昭)의 속칭(俗稱)이라고 한다. 혜소는 신라 말의 선승(禪僧)으로 전주(全州) 출신이며, 중국에 유학할 때 얼굴이 검어 '흑두타(黑頭陀)'라 불렸다고 한다.

여주(驪州)와 이천부(利川府)에도 보인다.

광교산(光敎山) 주 서남쪽 50리에 있다. 수원부(水原府)와 용인현(龍仁縣)에도 보인다.

도양산(道養山) 주 서쪽 55리에 있다. 동쪽으로 광교산(光敎山)과 잇닿아 있다.

오봉산(五峯山) 주 서쪽 60리에 있다. 산 위에 다섯 개의 작은 봉우리가 있는데 서로 이어진 모양이 치아 같으므로 이와 같이 이름 지었다.

망월봉(望月峯) 성(城)의 동쪽에 있으니 곧 남한산의 동쪽 봉우리이다. 성의 사면(四面)에 마주하는 봉우리가 없는데 오직 이 봉우리에서만 너머로 성안이 보인다. 처음에 성을 쌓을 때 이 봉우리를 성안으로 넣지 않았다. 그래서 병자년(1636, 인조14)의 난리 때 오랑캐가 이 봉우리 위에 올라가 대포를 쏘니 성이 거의 망가질 지경이었다.

응봉(鷹峯) 곧 성 서쪽의 주봉(主峯)이다. 한양 도성이 훤히 바라보인다.

쌍령현(雙嶺峴) 주 동쪽 40리에 있다. 그 동쪽 7리에 또 고개가 하나 있는데 소쌍령(小雙嶺)이라고 부른다. 모두 대해산의 북쪽 줄기이다. ○ 본조 인조(仁祖) 때 경상 병사(慶尙兵使) 허완(許完) 등이 병사를 이끌고 구원하러 산성을 향해 달려가다가 이 고개에 이르러 오랑캐와 만나 싸움에 패해 죽으니, 죽은 군졸의 수가 3000여 인이었다.

가마령(佳亇嶺) 주 동쪽 42리에 있다. 강정왕(康靖王 성종)의 어태(御胎)를 봉안하였다.

추령(楸嶺) 주 남쪽 40리에 있다.

이보령(理輔嶺) 주 남쪽 20리에 있다. 추령과 서로 잇닿아 있으니, 곧 남한산에서 온 산줄기이다.

조포평(助布坪) 주 서쪽 30리에 있다. 예전에는 목장(牧場)이 있었다.

한강(漢江) 주 동북쪽 20리에 있다. 양근군(楊根郡)에서 주의 경계로 들어와 두미진(斗迷津)이 되고, 주의 북쪽 경계를 지나는 곳을 독포(禿浦), 광진(廣津)이라고 하며, 또 서쪽으로 흘러 삼전도(三田渡)를 지나 한성부(漢城府) 경계로 들어간다.

독포(禿浦) 주 북쪽 20리에 있다. 곧 한강이 꺾여 도는 곳으로 미호(迷湖)라고도 부른다. 그 서쪽이 곧 양주(楊州)의 경계이다. ○ 고려 이색(李穡)의 시[16]에,

독포 모래톱에 어스름 빛 깔리니	禿浦沙頭暝色來
먼 산 평평한 들 구불구불 에웠네	遠山平野勢逶迤
뱃사공은 출범해 강물 따라 흘러가고	舟人解纜隨流下
나는 달 밝은 양주서 거저 시 한 수	月白楊州恰得詩

하였다.

소천(昭川) 우천(牛川)이라고도 한다. 주 동쪽 27리에 있다. 발원이 두 곳이니, 하나는 대해산 동북쪽에서 나와 쌍령과 무갑 두 산 사이를 흐르고, 하나는 곧 용인현 금령천(金嶺川)이니 경안역(慶安驛) 동쪽을 지나서 합하여, 북쪽으로 흘러 한강의 두미진으로 들어간다.

탄천(炭川) 주 남쪽 25리에 있다. 곧 용인현 장장천(莊莊川)의 하류이니, 낙생역(樂生驛) 앞을 지나 북쪽으로 평야(坪野)를 거쳐 한강의 삼전도로 들어간다.

동계(東溪) 산성 안에서 나서 수문(水門)을 지나 여러 골짜기 물과 합해 동

16 이색(李穡)의 시 : 〈독포에서 달빛을 타고 광진에 도착하여 묵다〔自禿浦乘月到廣津宿〕〉이다. 《牧隱藁 牧隱詩藁 卷33》

쪽으로 흘러 소천으로 들어간다.

세고탄(洗姑灘) 주 서쪽 27리에 있다. 한강의 물이 이곳에 이르러 여울을 이룬다. 광진나루〔廣津渡〕의 아래에 있다 해서 광진탄(廣津灘)이라고도 부른다. 민간에 전하기를, 예전에 한 노파가 강가에 살면서 베 빠는 일을 업으로 삼았는데, 이로 인해 세고탄이라 부른다고 한다.

태호(太湖) 둔지(芚地)라고도 한다. 주 북쪽 19리에 있다. 호수가 강가를 따라서 있으니, 너비가 100여 보이고, 길이가 10리이다. 그 서안에 작은 산이 홀로 솟았으니 구산(龜山)이라고 한다. 본조의 이원진(李元鎭)이 그 아래에 터를 잡아 집을 짓고 태호어은(太湖漁隱)이라고 자호(自號)하였다.

구포(鳩浦) 속칭 궃포(仇叱浦)라고 한다. 주 서쪽 90리에 있다.

이곶포(梨串浦) 주 서쪽 88리에 있다.

초천(椒泉) 주 북쪽 19리에 있다. 물맛이 청량하여 마치 산초〔椒〕 같으니, 그 물에 목욕을 하면 병이 낫는다.

토산土産

명주실〔絲〕, **삼**〔麻〕, **자기**(磁器), 매년 사옹원(司饔院)의 관리가 화원(畫員)을 거느리고, 감독하여 어용(御用) 그릇을 만든다. **도기**(陶器), **석회**(石灰), **지치**〔紫草〕, **순채**〔蓴〕, **누치**〔訥魚〕, **쏘가리**〔錦鱗魚〕, **게**〔蟹〕

성곽城郭

남한산성(南漢山城) 곧 온조(溫祚)의 옛 성이다. 인조 4년(1626)에 개축하여 매우 견고하게 만들었으니 성안으로 주치(州治)를 옮겨 경기를 보장(保障)하는 곳으로 삼았다. 돌로 쌓았고 둘레가 20리이다. 동서남북으로 문이 있고, 암문(暗門)이 여덟 개 있다. 성안에 우물이 아주 많으니 여름과 겨울에도 마르지 않는다. 산골짜기의 여러 물이 합하여 큰 개울을 이루니 동쪽으로 수문을 통해 흘러 나간다. 성 밖 사면의 산세가 깎아지른 듯 비탈져 기어 올라올 수 없는데, 오직 동남쪽 모퉁이만 덜 가파르니 세 곳에 포루(炮樓)를 설치하였다. 서북쪽 모퉁이에 작은 봉우리가 있는데 성안을 굽어볼 수 있어서, 대(臺) 하나를 설치하고 용도(甬道)를 쌓음으로써 성에 속하도록 하였다.

공서公署

경안도 찰방사(慶安道察訪司) 주 남쪽 35리에 있다. 경안(慶安), 덕풍(德豐), 양화(楊花), 신진(新津), 평안(安平), 아천(阿川), 오천(吾川), 유춘(留春) 등의 8개 역(驛)을 거느린다. ○ 찰방 1인이다. 예전에는 승(丞 역승)이었다. 중종(中宗) 때 승을 혁파하고 찰방을 설치하였는데, 품계는 그대로 참하(參下)로 하였다. 다른 도(道)의 참하 찰방도 이와 같다.

학교學校

향교(鄕校) 옛 읍치의 서쪽 2리에 있다.

궁실宮室

객관(客館)

향사당(鄕射堂) 객관 남쪽에 있다. 유향소(留鄕所)와 한 읍의 부로(父老)가 모이는 곳이다.

연무당(鍊武堂) 무학당(武學堂)이라고도 부른다. 성안의 북쪽에 있다.

연정(蓮亭) 객관 앞에 있다.

무진정(無盡亭) 주 서쪽 21리에 있다. 화산군(花山君) 권반(權攀)의 별장이다.

압구정(狎鷗亭) 본조의 상당부원군(上黨府院君) 한명회(韓明澮)가 두모포(豆毛浦)의 남안에 정자를 짓고 사신(使臣)으로 명(明)나라에 가서 한림학사(翰林學士) 예겸(倪謙)에게 이름 지어 주기를 청하니 예겸이 압구(狎鷗)라고 이름 짓고 기문(記文)을 지어 주었다. 그 후에 또 사신으로 명나라에 가서 고관대작들에게 시를 청하였는데, 무정후(武靖侯) 조보(趙輔), 태자소보(太子少保) 왕월(王鉞), 병부 상서(兵部尙書) 항충(項忠), 원외랑(員外郞) 장여필(張汝弼) 등 수십 인이 모두 시를 지어 주니, 정자의 이름이 중국 조정에까지 알려졌다. 지금은 무너져 터만 남았다. ○ 본조 김세렴(金世濂)의 시[17]에,

상당군의 부귀는 이미 티끌 됐으니	上黨豪貴已成塵
강가 황폐한 누대에 수목은 봄빛이로다	江上荒臺樹木春
푸르른 파도만 천고에 넘실대니	唯有綠波千古在
하얀 갈매기는 옛사람을 알겠지	白鷗應識舊時人

17 김세렴(金世濂)의 시 : 〈압구정을 지나며〔過狎鷗亭〕〉이다. 《東溟集 卷1》

하였다.

봉수烽燧

천천현 봉수(穿川峴烽燧) 주 서쪽 30리에 있다. 남쪽으로 용인현 보개산(寶蓋山)과 응하고, 북쪽으로 경도(京都)의 목멱산(木覓山) 제2봉수와 응한다.

우역郵驛

경안역(慶安驛) 주 남쪽 35리에 있다. 찰방사(察訪司)의 본역(本驛)이다.

봉안역(奉安驛) 주 동쪽 30리에 있다. 본조 권근(權近)의 시[18]에,

우거진 숲 사이로 옛 역 보이니	古驛亭開茂樹間
저녁 무렵 도착해 편히 쉬누나	晩涼來憩覺身安
산림에 궁벽하여 민가는 적고	山林僻處民居少
접대 적으니 아전 한가롭구나	廚傳稀時吏役閑
강가 벼랑길은 누가 뚫었나	崖路俯江誰鑿險
세찬 계곡물은 절로 차갑네	溪流激石自生寒
내게 대접 못 했다고 말하지 말라	我來莫道無供給
말 먹이는 것만으로도 염치없으니	馬飽靑蒭尙厚顔

하였다.

18 권근(權近)의 시 : 〈봉안역정 시에 차운하다(次奉安驛亭詩韻)〉이다. 《陽村集 卷8》

낙생역(樂生驛) 주 남쪽 30리에 있다.

덕풍역(德豐驛) 주 북쪽 15리에 있다.

하진참(下津站) 주 서쪽 27리에 있다. 수참(水站)이다.

판교원(板橋院) 주 남쪽 40리에 있다.

말천원(末川院) 주 남쪽 42리에 있다.

황교원(黃橋院) 주 동쪽 20리에 있다.

쌍령원(雙嶺院) 주 동쪽 40리에 있다.

금척원(金尺院) 주 동쪽 50리에 있다.

이보원(理輔院) 이부원(利夫院)이라고도 한다. 주 남쪽 25리에 있다.

봉헌원(鳳獻院) 주 서쪽 30리에 있다.

대야원(大也院) 주 남쪽 25리에 있다.

두미원(斗迷院) 두미구(斗迷口)에 있다.

인덕원(仁德院) 주 서쪽 45리 과천현(果川縣)과의 경계에 있다.

사근원(沙斤院) 주 서쪽 55리에 있다.

정금원(鄭金院) 주 서쪽 19리에 있다.

광진원(廣津院) 광진나루 북안에 있다.

관량關梁

두미구(斗迷口) 도미구(渡迷口)라고도 한다. 주 북쪽 23리에 있다. 동서로 두 산이 강을 끼고, 험준한 돌길이 산허리를 돌아 동쪽으로 봉안역(奉安驛)을 향해 구불구불 10여 리 이어진다. 예전에 두미원(斗迷院)이 있었으니, 곧 한양 도성의 관애(關隘)가 되는 요충지이다. 속칭 두미천(斗迷遷)이라고 하는데, 신라 방언에 물가 벼랑의 험한 길을 천(遷)이라고 칭한 것이 많다. ○ 본조 권우(權遇)의 시[19]에,

산허리로 구불구불 험한 벼랑길 山腹蜿蜒棧道斜
걷고 걸어 길 끝나니 인가 보이네 行行盡處有人家
추운 날 해 저물어 바람 시린데 天寒日暮風吹緊
고개 돌려 강을 보니 물결에 핀 꽃 回首長江浪作花

하였다.

경안교(慶安橋) 경안역(慶安驛) 동쪽의 하천에 있다.

양재교(良才橋) 주 서쪽 36리 양재역(良才驛)의 동쪽에 있다.

광진나루〔廣津渡〕 주 서쪽 27리에 있다. 곧 한강을 건너는 나루이니, 그 북쪽은 곧 양주(楊州)의 경계이다. 양주 사람들은 양진(楊津)이라고 부른다.

삼전도(三田渡) 주 서쪽 20리에 있다. 도승(渡丞)이 있다. 한성부(漢城府)에 상세하다.

사묘祠廟

사직단(社稷壇) 옛 읍치의 서쪽에 있다.

문묘(文廟) 향교에 있다.

온조왕사(溫祚王祠) 성안의 천주사(天柱寺) 경내에 있고 온조에게 제사한다. 인조(仁祖) 때 세웠는데, 수어사(守禦使) 이서(李曙)가 성의 개축을 관

19 권우(權遇)의 시 : 〈두미천에서 봉안역 벽의 시에 차운하다〔豆迷遷次奉安驛壁上詩韻〕〉이다. 《梅軒集 卷5》

장하는 데에 공로가 있다 하여 배향(配享)하였다.

성황사(城隍祠) 주 서쪽 1리에 있다.

여단(厲壇)

능묘陵墓

헌릉(獻陵) 주 서쪽 30리의 대모산(大母山) 남쪽에 있다. 태종 공정대왕(太宗恭定大王)의 능으로 원경왕후(元敬王后)를 합장하였다. 헌릉 신도비(神道碑)가 있는데 변계량(卞季良)이 그 비명(碑銘)을 찬술하였다.

선릉(宣陵) 주 서쪽 30리 학당동(學堂洞)에 있다. 성종 강정대왕(成宗康靖大王)의 능이다.

정릉(靖陵) 주 서쪽 30리에 선릉과 한 언덕을 사이에 두고 있다. 중종 공희대왕(中宗恭僖大王)의 능이다. ○ 만력(萬曆) 임진년(1592, 선조25)에 왜적(倭賊)이 선릉과 정릉을 파헤쳤는데 적이 물러간 뒤 개장(改葬)하였다.

평원대군(平原大君) 묘 주 남쪽 15리에 있다.

한확(韓確) 묘 주 동쪽 30리에 있다. 한확의 시호가 양절(襄節)이라서 그 지역을 양절이라고 부른다.

임영대군(臨瀛大君) 묘 주 남쪽 50리에 있다.

광평대군(廣平大君) 묘, 영순군(永順君) 묘 모두 주 서쪽 25리에 있다.

이원(李原) 묘 주 남쪽 30리에 있다.

구치관(具致寬) 묘 주 동쪽 55리에 있다. 서거정(徐居正)이 비문을 찬술하였다.

이집(李集) 묘 주 남쪽 13리에 있다.

최항(崔恒) 묘 주 동쪽 30리에 있다.

박은(朴訔) 묘 주 북쪽 30리에 있다.

이극배(李克培) 묘 주 북쪽 25리에 있다.

서거정(徐居正) 묘 주 서쪽 15리에 있다.

밀성군(密城君) 묘 주 서쪽 11리에 있다.

유계문(柳季聞) 묘 주 남쪽 20리 세촌(細村)에 있다.

유담년(柳聃年) 묘 주 남쪽 21리 세촌에 있다.

맹사성(孟思誠) 묘 주 남쪽 25리에 있다.

유창(劉敞) 묘 주 북쪽 20리에 있다.

이극증(李克增) 묘 주 남쪽 35리에 있다.

정척(鄭陟) 묘 주 서쪽 7리에 있다.

함부림(咸傅霖) 묘 주 서쪽 17리에 있다.

김승주(金承霔) 묘 주 동쪽 30리에 있다.

한계희(韓繼禧) 묘 주 남쪽 35리에 있다.

어효첨(魚孝瞻) 묘 주 북쪽 26리 광진(廣津) 가에 있다.

이지강(李之剛) 묘 주 북쪽 17리에 있다.

이계손(李繼孫) 묘 주 서쪽 80리 수리산(修理山)의 남쪽 기슭에 있다.

이문화(李文和) 묘, 이승손(李承孫) 묘 모두 주 서쪽 30리에 있다.

제안대군(齊安大君) 묘 주 남쪽 20리에 있다.

인평대군(麟坪大君) 묘 주 북쪽 15리에 있다.

권진(權軫) 묘 주 동쪽 20리에 있다.

안당(安塘) 묘 주 서쪽 □□□ 퇴촌리(退村里)에 있다.[20]

정난종(鄭蘭宗) 묘, **정광필**(鄭光弼) 묘 모두 주 남쪽 75리에 있다.

유홍(兪泓) 묘 주 북쪽 10리에 있다.

신흠(申欽) 묘 주 동쪽 30리에 있다.

정엽(鄭曄) 묘 주 북쪽 22리 구천리(龜川里)에 있다.

사찰 寺刹

봉은사(奉恩寺) 저도(楮島)의 남쪽에 있다.

수종사(水鍾寺) 조곡산(早谷山)에 있다. 절이 높은 정상에 자리 잡았고, 동쪽으로 용진(龍津)에 임하였다. 본조의 세조(世祖)가 일찍이 이 절에 행차하였는데 땅을 파서 샘물을 얻고 또 작은 종(鍾)을 얻었다. 그래서 이와 같이 이름 지었다.

수리사(修理寺) 수리산(修理山)에 있다.

백종사(百種寺) 주 북쪽 30리에 있다.

백중사(伯仲寺) 일명 암사(巖寺)라고도 한다. 하진참(下津站)의 동쪽에 있다.

○ 본조 서거정(徐居正)의 시[21]에,

절집 푸른 벼랑에 걸쳐 있으니 招提架蒼巘
황금 부어 세운 것이 언제였던고 何日倒金開

20 □□□ 퇴촌리(退村里)에 있다 : 《여지도서(輿地圖書)》에 의하면 퇴촌리는 읍치로부터 3, 4십 리에 있다.

21 서거정(徐居正)의 시 : 〈백중사(伯仲寺)〉이다. 《四佳集 四佳詩集補遺 卷3》

떨어진 잎 쓰는 사람 없는데 落葉無人掃
빈 절간 찾아오는 손은 있구나 空堂有客來
산 형세는 물에 임해 끊어지는데 山形臨水斷
물줄기는 산을 만나 돌아 흐르네 水勢觸山迴
고승과 함께 앉아 얘기 나누니 坐共高僧話
가슴속 번뇌 절로 사라지누나 胸襟自不埃

하였다. ○ 본조 강경서(姜景敍)의 시에,

강가 산 위의 전 왕조 사찰 江山前朝寺
산에 구름 절로 오고 가누나 山雲自去留
낙화에 깊은 절간 고요하고 落花深院靜
부슬비 작은 계곡에 흐르네 細雨小溪流
선방에 외로운 그림자 깃들고 禪榻棲孤影
솔숲에 마음대로 홀로 노니네 松門恣獨遊
누구인가 세월 잊으라 한 게 誰云忘歲月
스님이 밤에 시간 알려 주누나 僧自報更籌

하였다.

신복선사(神福禪寺) 고려 때 고을 사람 박쇄노올대(朴瑣魯兀大)가 환관으로 원(元)나라에 가서 총애를 받았는데 그의 아버지인 박견(朴堅)이 가재(家財)를 내어 이 절을 중창하니 대찰(大刹)이 되었다. 이곡(李穀)의 〈중영기(重營記)〉[22]가 있다.

22 이곡(李穀)의 중영기(重營記) : 〈대원 고려국 광주 신복선사 중흥기(大元高麗國廣州神福禪寺重興記)〉이다. 《稼亭集 卷3》

봉수사(奉水寺), **약정사**(藥井寺) 모두 한산(漢山)에 있다.

청계사(淸溪寺) 청계산(淸溪山)에 있다. 고려의 평양군(平壤君) 조인규(趙仁規)가 이 절을 창건하였다. 이곡이 찬술한 조인규의 〈사당기(祠堂記)〉[23]가 있다. ○ 고려 이색(李穡)의 시[24]에,

청룡산 아래의 오래된 절집	靑龍山下古招提
빙설 쌓인 벼랑이 들과 시내 임했네	氷雪斷崖臨野谿
남창에 단정히 앉아 《주역》을 읽는데	端坐南窓讀周易
종소리 한 번 울리니 해 저물 때라	鍾聲初動欲鷄棲

하였다.

원통사(圓通寺) 청계산에 있다.

개원사(開元寺) 산성 안 동남쪽 모퉁이에 있다.

천주사(天柱寺) 산성 안 서쪽에 있다.

한흥사(漢興寺) 산성 안 동쪽에 있다.

장경사(長慶寺) 산성 안 동북쪽에 있다.

국청사(國淸寺) 산성 안 북쪽에 있다.

망월사(望月寺) 장경사의 서쪽에 있다.

옥정사(玉井寺) 망월사의 북쪽에 있다.

○ 이상의 일곱 절은 모두 성안에 있는데 승장(僧將)을 두고 6개 도(道)의 승(僧)을 정하여 윤번으로 와서 머물면서 성첩을 나누어 지키도록 하였다. 개원사에 승장이 거처하며, 천주사에 전라도 승이 거처하고, 한흥사에 경상

23 조인규의 사당기(祠堂記) : 〈조 정숙공 사당기(趙貞肅公祠堂記)〉이다. 《稼亭集 卷3》

24 이색(李穡)의 시 : 〈청룡산(靑龍山)〉이다. 《牧隱藁 牧隱詩藁 卷6》

도 승이 거처하며, 장경사에 충청도 승이 거처하고, 국청사에 강원도 승이 거처하며, 망월사에 경기 승이 거처하고, 옥정사에 황해도 승이 거처한다.

고적古蹟

일장산성(日長山城) 곧 신라 때의 주장성(晝長城)이니 문무왕(文武王) 때 축조한 것이다. 안에 우물 6개와 시내가 있다. 둘레는 4360보이며 돌로 쌓았다. ○ 내가 살펴보건대 이는 곧 남한산성(南漢山城)이다. 남한(南漢)은 온조(溫祚)의 옛 성이라고 전해지는데, 《동국여지승람(東國輿地勝覽)》에 기록된 바가 이와 같으니, 어찌 백제의 옛 도읍에 문무왕이 다시 성을 쌓았겠는가.[25]

성평고성(城坪古城) 주 서쪽 20리 광진(廣津) 가에 있다. 들판 가운데 흙으로 쌓았고 둘레는 7리이다. 지금은 모두 허물어졌다. 백제 때 방수(防戍)하던 곳이라고 전해진다.

요탄역(饒呑驛) 고려 현종(顯宗) 9년(1018)에 거란(契丹)이 침입하여 왕이 달아났는데, 광주에 머무르다가 두 왕후의 행방을 잃었다. 지채문(智蔡文)에게 가서 찾도록 하였는데, 이 역에 이르러 찾아서 모시고 돌아가니 왕이 기뻐하며 3일 동안 머물렀다. 지금은 어딘지 분명치 않다.

고광주(古廣州) 산성 북쪽 10리에 있다. 고려 이래로 이곳이 치소(治所)였다.

25 일장산성(日長山城)……쌓았겠는가 : "곧 신라 때의……돌로 쌓았다."는 《신증동국여지승람》의 내용을 발췌한 것이고 "내가 살펴보건대……" 이하는 편찬자의 견해이다. 곧 일장산성이 문무왕 때 쌓은 것이라고 한 《신증동국여지승람》의 내용을 비판하고, 일장산성이 곧 남한산성이며 백제의 시조 온조(溫祚)가 도읍한 성이라는 견해를 피력하였다.

본조 인조(仁祖) 때에 이르러 처음 성안으로 옮겼으니, 곧 지금의 치소이다.

청풍루(淸風樓) 옛터가 고광주의 객관(客館) 북쪽에 있다. 이곡(李穀)의 기문이 있다.

왜루(倭壘) 주 서쪽 30리 천천현(穿川峴) 서쪽 길의 작은 언덕에 있다. 만력(萬曆) 임진년(1592, 선조25)에 왜구가 진영을 연이어서 주둔한 곳이다. 지금도 토성(土城)의 터가 있다.

명환 名宦

신라

김대문(金大問) 성덕왕(聖德王) 3년(704)에 김대문을 한산주 도독(漢山州都督)으로 삼았다.

김암(金巖) 혜공왕(惠恭王) 때 한주 도독(漢州都督)이 되었다. 마음을 다해 백성을 아끼고 보살폈는데, 봄·여름·가을 세 철 농사일의 여가에 육진병법(六陣兵法)을 가르치니 백성이 모두 편하게 여겼다. 한번은 메뚜기 떼가 주 경계에까지 날아들어 들판을 덮었는데, 김암이 산에 올라 하늘에 비니 홀연히 비바람이 크게 일어 메뚜기 떼가 모두 죽었다.

고려

김부의(金富儀) 숙종(肅宗) 때 광주 사록(廣州司錄)이 되었다. 재직하면서 청렴하고 근면하였다.

홍자번(洪子藩) 광주 통판(廣州通判)이 되었다. 떠난 뒤에도 백성이 그를 사모하였다.

김경용(金景庸) 합문지후(閤門祗候)로 있다가 나가서 광주 통판이 되었다. 정사를 가혹하게 하지 않으니 사람들이 외경(畏敬)하였다.

장선(張瑄) 광주 목사(廣州牧使)가 되었다.

이세화(李世華) 고려 조정에서 오랑캐의 침입으로 천도(遷都)하고자 하였는데, 광주가 중도에 있는 거진(巨鎭)이었으므로 이세화를 보내 맡도록 하였다. 몽고(蒙古)의 대병(大兵)이 포위하여 백방으로 공격하였으나, 이세화가 밤낮으로 수비 태세를 갖추고 상황에 따라 대응하니 오랑캐가 결국 포위를 풀고 떠났다.

본조

권진(權軫) 광주 판관(廣州判官)이 되었다. 청렴 강직하고 직책에 근면하니 백성이 은혜롭게 여겼다.

최부(崔府) 광주 목사가 되었다.

안노생(安魯生) 광주 목사가 되었다. 청렴 강직하고 가혹하지 않아 덕정(德政)이 백성에게 미쳤다.

남금(南琴) 공정왕(恭定王 태종)이 양녕대군(讓寧大君)을 광주에 안치(安置)하였는데, 주관(州官)이 그를 통제하지 못하니 임금이 특별히 경창 부윤(慶昌府尹) 남금을 판목사(判牧事)로 삼았다.

이서(李曙) 인조(仁祖) 때 수어사(守禦使)가 되어 산성(山城) 수축을 감독하였다. 금병(金兵 청나라 군사)의 난리 때 수어대장(守禦大將)으로서 임금을 호종하여 성으로 들어왔으며 성안에서 죽었다. 온조사(溫祚祠)에 배향되었다.

허휘(許徽) 광주 목사가 되었다. 청렴결백하고 백성을 아꼈다. 남한산성이 한양 도성의 울타리라 하여 비축에 힘쓰고 기계(器械)를 수리하며 포루(炮樓)를 증축하여 대비하였다. 인조가 오랑캐를 피해 산성에 들어가 성안에서 40여 일간 포위되었는데, 군사들이 굶주린 기색이 없었다. 이러한 공으로 초자(超資)되면서 광주 부윤(廣州府尹)이 되었다.[26]

유우流寓

조운흘(趙云仡) 양주(楊州) 사람이다. 고려 신우(辛禑) 때 좌간의대부(左諫議大夫)에 제수되었다. 사람됨이 청렴하였다. 만년에 주의 몽촌(夢村)으로 퇴거하여 판교(板橋), 사평(沙平) 두 원(院)을 다시 세우고 자칭 원주(院主)라고 하였는데, 해진 옷을 입고 짚신을 신고서 일꾼들과 함께 일하니 행인들이 높은 관리인 줄 몰랐다. 뒤에 또 관직을 사양하고 광주로 돌아왔다. 또 검교정당문학(檢校政堂文學)에 제수되었는데, 검교는 규례에 따라 녹(祿)을 받지만 조운흘은 사양하고 받지 않았다. 이곳에서 죽었다.

정성근(鄭誠謹) 진주(晉州) 사람이다. 본조 성종(成宗) 때에 승정원 승지가 되었다. 충효(忠孝)와 청직(淸直)으로 세상에 이름났다. 아버지를 주의 서쪽에 장사 지내면서 그 아래에 터를 잡고 살았다. 성종이 승하하자 정성근이 일찍이 3년간 복상(服喪)하였는데, 연산군(燕山君)이 단상(短喪)을 시행하고서, 정성근을 잘못된 행실을 하였다고 죽이니 모두 비통해하였다.[27]

26 이러한……되었다 : 초자(超資)는 자급(資級), 곧 품계(品階)를 그 차례와 등급에 구애받지 않고 올려 주는 것을 말한다. 허휘(許徽)의 품계가 높아지고 광주도 목(牧)에서 부(府)로 승격되었으므로 허휘가 광주 부윤(廣州府尹)으로 부임하게 된 것이다.

27 성종이……비통해하였다 : 단상(短喪)은 삼년상(三年喪)의 예(禮)를 줄여 행하는 것을

임숙영(任叔英) 본조의 서울 사람이다. 널리 읽고 잘 기억하며 문장에 능하였다. 광해군(光海君) 때 과거에 급제하여 승문원 박사(承文院博士)가 되었으나, 언행이 강직해 쫓겨나 봉안역(奉安驛)의 강가에 살았다. 사대부(士大夫)로서 동남쪽으로 가다가 지나는 이는 꼭 그의 집을 들렀는데, 서책 읽는 것을 낙으로 삼고 지내되 죽도 먹지 못하면서도 태연하였다. 정립(鄭岦)이 관동 관찰사(關東觀察使)에 부임하면서 지나다가 임숙영이 곤궁하여 굶주리는 것을 보고 걱정하여 말하기를 "그대의 고초가 이 지경이란 말이오. 감영에는 으레 지가미(紙價米)가 있어서 사대부들이 모두 청하여 받아 간다오. 그대가 몇 묶음의 종이를 보내 준다면, 내 응당 그대를 구제하리다."라고 하였다. 그러자 임숙영이 말하기를 "옛 친구와 오랫동안 헤어졌다 만나면서, 어찌 방납(防納)을 하라고 권한단 말인가."라고 하니, 정립이 부끄러워하며 탄식하였다. 인조(仁祖)가 즉위하여 부르니, 나아가 사헌부 지평이 되었는데 권세 있는 자나 부귀한 자를 가리지 않고 직언(直言)을 하였다. 죽을 때 기이한 일이 있었는데,[28] 사람들이 혹 신선으로 해탈하였다고도 한다.

말하는데, 연산군이 달〔月〕을 날〔日〕로 바꾸어 시행하여 상기(喪期)를 궁인(宮人)과 사대부(士大夫) 27일, 서인(庶人) 12일로 제한하기도 하였다. 정성근이 성종에 대해 삼년상을 치른 것은 단상을 시행하기 전이나, 신하가 임금에 대하여 외람되이 삼년상을 행하였다고 하여 죽음을 당했다. 《燕山君日記 10年 閏4月 8日, 15日》

28 죽을……있었는데 : 임숙영(任叔英)은 평소와 같이 대궐에 다녀온 날 밤에 아무런 병도 없이 세상을 떠났다고 한다. 그런데 이웃에 사는 노파가 그날 밤 꿈을 꾸기를, 어떤 관리가 손에 푸른 종이와 붉은 붓대를 들고는 급히 임숙영의 집에 찾아가는 걸 보았는데, 그때가 바로 임숙영이 숨을 거둘 무렵이었다고 한다. 《澤堂集 別集 卷10 任疏菴言行錄》

인물人物

백제

고흥(高興) 근초고왕(近肖古王) 때 사람이다. 백제는 개국한 이래로 문자로 일을 기록하지 않았는데, 고흥이 박사(博士)가 되어서야 비로소 《서기(書記)》가 있게 되었다.

고려

이집(李集) 아버지 이당(李唐)이 본주(本州)의 관리가 되었는데 근칙(謹飭)하는 행실을 보였다. 다섯 아들이 모두 과거에 급제하였는데, 이집은 그중 셋째 아들이다. 초명(初名)은 원령(元齡)이었다. 충목왕조(忠穆王朝)에 과거에 급제하였다. 일찍이 강직함으로 인해 신돈(辛旽)을 거스르니 신돈이 그를 죽이고자 하였다. 이집이 아버지를 업고 영주(永州) 최윤도(崔允道)의 집에서 숨어 지내다가 신돈이 주살된 뒤 서울로 돌아왔다. 관직이 판전교시사(判典校寺事)에 이르렀다. 천녕현(川寧縣)에 물러나 살면서, 몸소 농사짓고 독서하며 지조와 절개가 고매하였으니, 동시대에 교유한 이색(李穡), 이숭인(李崇仁) 등이 모두 그를 공경하고 존중하였다.

이양중(李養中) 고려 말에 출사하여 형조 좌참의(刑曹左參議)가 되었다. 본조 초에 절개를 지켜 벼슬하지 않고 촌장(村莊)에서 은둔해 살면서, 부르는 명에 따르지 않았다. 공정왕(恭定王 태종)이 즉위하여 미천한 때 교유한 옛 친구라 하여 특별히 한성 윤(漢城尹)에 제수하였으나 이 또한 받지 않았다. 공정왕이 일찍이 광주에 행차하였을 때 이양중을 불러서 보았는데 평상복을 입고 거문고를 들고서 술과 고기를 올렸다. 임금이 간곡히 권하였으나 끝내 그 뜻을 빼앗지 못하였다. 특별히 그의 아들에게 관직을 주어 장려하였다.

본조

안성(安省) 과거에 급제하여 태조조(太祖朝)에 관직이 개성부 유후(開城府留後)에 이르렀다. 청렴결백하다고 세상에 알려졌다. 시호는 사간(思簡)이다.

이지직(李之直) 이집의 아들이다. 과거에 급제하여 태종조(太宗朝)에 관직이 형조 우참의(刑曹右參議)에 이르렀다. 세상에서 청렴결백하다고 일컬어졌다.

이지강(李之剛) 이지직의 아우이다. 과거에 급제하여 관직이 의정부 좌참찬(議政府左參贊)에 이르렀다. 시호는 문숙(文肅)이다.

이인손(李仁孫) 이지직의 아들이다. 어려서 과거에 급제하고 여러 관직을 거쳐 대사헌에 이르렀는데, 언사가 매우 곧아서 대신(大臣)을 거스르니 한성부 판윤(漢城府判尹)으로 좌천되었다. 뒤에 다시 호조 판서가 되었는데 세조(世祖)가 위로하며 말하기를 "경의 나이가 많아 걱정스러우나, 탁지(度支 호조)의 중임은 경이 아니면 안 되겠소."라고 하였다. 얼마 지나지 않아 의정부 우찬성(議政府右贊成)을 거쳐 우의정에 올랐다. 치사(致仕)하고서 5년이 지나 죽었다. 사람됨이 진중하고 강직해서 큰 지략이 있었고, 성색(聲色)에 기뻐하지 않고 재산을 챙기지 않았으며, 맡은 관직에 신밀(愼密)하고 옛 법도를 따르는 데 힘썼다. 시호는 충희(忠僖)이다. 아우 이예손(李禮孫)은 과거에 급제하여 관직이 관찰사에 이르렀다.

박계성(朴繼性) □□에서 계출(系出)하였다. 과거에 급제하여 관직이 황해도 관찰사에 이르렀다. 맡은 관직에 청렴하고 근면하게 임했다.

조추(趙秋) 장헌왕조(莊憲王朝 세종)에 관직이 예문관 직제학(藝文館直提學)에 이르렀다. 누차 주현(州縣)을 맡아 다스렸는데 모두 정사에 치적이 있었다.

이극배(李克培) 이인손의 아들이다. 과거에 급제하고 혜장왕조(惠莊王朝 세조)에 좌익 공신(佐翼功臣)에 참여하여 관직이 의정부 영의정에 이르렀고 광릉부원군(廣陵府院君)에 봉해졌다. 5대의 왕을 거치며 벼슬하는 동안 장상(將相)의 관직에 출입한 것이 30여 년이었다. 연산군(燕山君) 초에 죽었고, 시호는 익평(翼平)이다. 성품이 엄중하고 풍의(風儀)가 있으며 말과 웃음이 적었고, 국사를 논할 때 대체(大體)를 따르는 데 힘썼고, 스스로 검소함을 실천하였으며 성악(聲樂)을 즐긴 적이 없다. 아들 이세필(李世弼)과 이세광(李世匡) 모두 현관(顯官)이 되었다.

이극감(李克堪) 이극배의 아우이다. 중시(重試)에 급제하고 세조조에 좌익 공신에 참여하여 광성군(廣城君)에 봉해졌으며 관직이 형조 판서에 이르렀다. 문장으로 이름났다. 시호는 문경(文景)이다. 아들 이세우(李世佑)는 과거에 급제하여 관직이 경기 관찰사에 이르렀다.

이극증(李克增) 이극감의 아우이다. 과거에 급제하고 성종조(成宗朝)에 좌리 공신(佐理功臣)에 참여하여 광천군(廣川君)에 봉해졌다. 성품이 근면하고 신중하였으며 벼슬하기를 마치 집안 다스리듯이 하였다. 시호는 공장(恭長)이다.

이극기(李克基) 과거에 급제하여 관직이 공조 참판에 이르렀다. 성리학(性理學)에 뜻을 두었고, 성품이 강정(剛正)하며, 벼슬함에 법도가 있었다.

이극균(李克均) 이극증의 아우이다. 과거에 급제하여 여러 관직을 거쳐 의정부 좌의정에 이르렀다. 성종조에 일찍이 도원수(都元帥)로서 건주위(建

州衛)를 정벌하였다. 연산군 갑자년(1504, 연산군10)에 피살되었다.

이세좌(李世佐) 이극감의 아들이다. 과거에 급제하여 관직이 판중추부사(判中樞府事)에 이르렀고 광양군(廣陽君)에 봉해졌다. 연산군 갑자년에 피살되었다.

이손(李蓀) 전고(典故)를 널리 보았고 궁마(弓馬)에 능했다. 문과(文科)에 급제하고 중종조(中宗朝)에 정국 공신(靖國功臣)에 참여하여 한산군(漢山君)에 봉해졌다. 관직이 의정부 좌찬성(議政府左贊成)에 이르렀다. 사람됨이 너그럽고 신중하였으며, 여러 지방〔藩鎭〕과 제조(諸曹)를 두루 거치면서 판결을 귀신같이 하니 아전이 농간을 부릴 수 없었다. 만년에 사직하여 유순(柳洵), 안침(安琛) 등과 구로회(九老會)를 맺고 매양 좋은 날에 서로 왕래하는 것을 낙으로 여기니, 세상에서 아름다운 일이라고 일컬었다. 시호는 호간(胡簡)이다.

정주신(鄭舟臣) 정성근의 아들이다. 과거에 급제하여 승문원 박사(承文院博士)가 되었다. 효행(孝行)이 있었는데, 정성근이 연산군 갑자년에 충효(忠孝)로 인해 죽음을 당하자[29] 정주신은 울부짖고 가슴 치다가 음식을 먹지 못하고 죽었다. 중종조에 정려(旌閭)하였다. 아우 정매신(鄭梅臣)과 정매신의 아들 정원린(鄭元麟)·정원기(鄭元麒), 정원린의 아들 정효성(鄭孝成)이 모두 효자라 하여 정문(旌門)이 세워지니 4대에 정표(旌表)된 자가 6명이었다.

29 정성근이……당하자 : 정주신(鄭舟臣)의 아버지 정성근(鄭誠謹)은 성종(成宗)에 대한 삼년상을 행하였다가 연산군에게 죽음을 당했다. 그래서 충효로 인해 죽음을 당하였다고 한 것이다.

열녀列女

도미 처(都彌妻) 도미는 백제의 평민인데 그의 아내가 아름답고 현명하였다. 개루왕(蓋婁王)이 그 아내가 아름답다는 말을 듣고서 도미를 남아서 일하게 하고 밤에 그의 집으로 가서 사통(私通)하고자 하였다. 아내가 옷을 갈아입고 오겠다고 청하고 나와서, 속여 계집종을 치장하여 들여보냈다. 뒤에 왕이 속은 줄 알고 크게 노하니 도미를 거짓을 꾸며 죄주었는데, 두 눈을 멀게 하고 작은 배에 실어 띄워 보냈다. 다시 그의 아내를 데려오자 아내가 말하기를 "이제 남편이 죽어 제 몸을 보전할 수 없게 되었는데, 감히 왕을 사양하겠나이까. 다만 지금은 월경을 하고 있으니 다른 날을 기약하소서."라고 하니, 왕이 허락하였다. 강어귀로 도망쳐 하늘에 통곡하였는데 홀연히 가는 배를 만나 천성도(泉城島)에 닿으니 남편이 먼저 와 있었다. 마침내 함께 고구려로 달아나니 고구려 사람들이 슬피 여겼다. 산산(蒜山) 아래에 가서 평생 살았다. ○ 내가 살펴보건대, 이는 백제가 남한(南漢)에 도읍했을 때의 일이므로 여기에 붙여 둔다.

이씨(李氏) 정랑(正郎) 성경온(成景溫)의 아내이다. 본조의 연산군(燕山君) 때 성경온이 멀리 유배 가서 죽음을 당했는데, 이씨가 슬피 울며 지나치게 예(禮)를 행했고 묘 아래에 여막을 짓고 피눈물을 흘리며 제사하였다. 복상(服喪)이 끝난 뒤에도 고기를 먹지 않고 흰옷을 입고서 평생을 지냈다. 공희왕(恭僖王 중종)이 명하여 정려하였다.

여주목驪州牧

동쪽으로 충청도 충주(忠州) 경계까지 44리, 강원도 원주(原州) 경계까지 10리이고, 남쪽으로 음죽현(陰竹縣) 경계까지 33리이고, 서쪽으로 이천부(利川府) 경계까지 28리, 광주(廣州) 경계까지 52리이고, 북쪽으로 지평현(砥平縣) 경계까지 37리, 양근군(楊根郡) 경계까지 57리이다. 서울과의 거리는 190리이다.

한전旱田

수전水田

건치연혁建置沿革

본래 백제 땅인데 읍의 이름은 분명치 않다. 이후 백제 땅이라고 말하는 곳들은 이와 같다. ○ 한강(漢江) 이남은 모두 옛 백제의 땅이다. 《고려사(高麗史)》에 말하기를 "한강 이북은 고구려이고, 이남은 백제이다."라고 하였고, 《삼국사기(三國史記)》로 고증해 보건대 백제가 남한(南漢)에 도읍한 것이 300여 년이었고, 문주왕(文周王)이 웅진(熊津)으로 도읍을 옮긴 이후에도 남한을 때마다 순행하였다. 그 〈지리지(地理志)〉에도 백제의 땅이 북쪽으로 한강을 접하였다고 하였으나, 서술된 군현(郡縣)은 한강 이남의 땅인 지금의 광주(廣州), 여주(驪州), 이천(利川), 수원(水原), 남양(南陽), 부평(富平), 인천(仁川), 양천(陽川), 안산(安山), 금천(衿川), 과천(果川), 음죽(陰竹), 죽산(竹山), 양성(陽城), 안성(安城), 용인(龍仁), 진위(振威), 직산(稷山), 진천(鎭川), 청안(淸安) 등이 모두 고구려에 달렸고 〈백제지(百濟志)〉에서는 모두 빠졌다.[30] 백제 말기에 한강 남쪽의 땅이 고구려에 점령된 곳이 많았고 신라가 이어 그 땅을 차지하였다. 그러므로 김부식(金富軾)이 고적(古跡)을 자세히 조사하지 않은 채 신라에서 수집한 전적에만 의거하여 〈지리지〉를 만들어서, 결국 후세에 전하는 것이 없게 되었다. 정인지(鄭麟趾)가 광주와 직산에 대해서만은 백제의 옛 도읍이었다는 데에 근거하여 겨우 수보(修補)할 수 있었으나,[31] 그 밖의 군읍은 지금 그 명호(名號)를 고증할 수 없다. **고구려가 차지해 골내근현(骨乃斤縣)으로 삼았다. 신라 경덕왕(景德王) 때 황효(黃驍)라고 이름을 고쳐 기천군(沂川郡)의 영현(領縣)으로 삼았다. 고려 초에 황려현(黃驪縣)으로 고쳤고,** 어떤 데는 황리(黃利)라고 하였다. **현종(顯宗) 때 원주(原州)로 편입시켰다가 뒤에 다시 황려현을 두었다. 고종(高宗) 때 고쳐 영의현(永義縣)으로 삼았고, 충렬왕(忠烈王) 때 승격시**

30 그……빠졌다 : 《삼국사기》 권37 〈지리지(地理志) 4 백제〉에는 백제의 땅이 북쪽으로 한강을 접한다는 말이 있는데, 한강 이남의 각 군현들에 대한 정보는 〈백제〉에 수록되어 있지 않고 〈고구려〉에 수록되어 있다. 곧 여주를 포함한 한강 이남의 여러 군현에 대한 정보가 《삼국사기》 〈백제지〉가 아닌 〈고구려지〉에 수록되어 있다는 것이다.

31 정인지(鄭麟趾)가……있었으나 : 정인지가 광주와 직산 지역의 백제 당시 읍호를 고증하였다는 말이다. 정인지는 《고려사》를 편수하였는데, 그 〈지리지〉에 광주목(廣州牧)은 온조(溫祚)가 위례성(慰禮城)에서 도읍을 옮겨 남한산성(南漢山城)이라고 부른 곳이라고 하였고, 직산현(稷山縣)은 본래 위례성으로 온조가 처음 나라를 세워 도읍을 정한 곳이라고 하였다.

켜 여흥군(驪興郡)으로 삼았다. 순경왕후(順敬王后) 김씨(金氏)의 본향이라 하여 승격시켰다. 신창(辛昌 창왕) 초에 황려부(黃驪府)로 승격시켰으니 이때 신우(辛禑 우왕)를 군(郡)으로 옮기고서 승격시켜 부(府)로 삼았고, 공양왕(恭讓王) 초에 다시 강등해 황려군(黃驪郡)으로 삼았다. 본조 태종(太宗) 때 다시 승격시켜 부로 삼았고, 원경왕후(元敬王后) 민씨(閔氏)의 향관(鄕貫)이라 하여 승격시켜 황려부로 삼고 음죽현(陰竹縣) 북쪽의 촌(村)[32]을 떼어 더하였다. 충청도로부터 본도(本道 경기)에 이속한 후에 도호부(都護府)로 고쳤다. 예종(睿宗) 초에 영릉(英陵)을 부의 서쪽으로 옮기고 천녕현(川寧縣)을 병합하고 승격시켜 여주목(驪州牧)으로 삼았다. 관장하는 면(面)은 18개이며, 관원은 목사(牧使), 판관(判官), 교수(敎授)이다. 각 1인이다.

군명郡名

황효(黃驍), 황려(黃驪), 영의(永義), 여흥(驪興)

형승形勝

긴 강이 서쪽으로 흘러가고 산령이 겹겹으로 북쪽에서 뻗어 온다. 고려

32 음죽현(陰竹縣) 북쪽의 촌(村) : 《신증동국여지승람》 권7 〈경기 여주목〉에는 '음죽현 북쪽의 어서이촌(於西伊村)'이라고 하였다.

설문우(薛文遇)의 〈청심루(淸心樓)〉 시[33]

들이 평평하고 산이 멀다. 고려 이색(李穡)의 시[34]에 "여강의 형승은 천하에 드무니, 평평한 들 먼 산에 안개 걷히네.〔驪江形勝天下稀 野平山遠收煙霏〕"라고 하였다.

산수(山水)가 맑고 빼어나다. 본조 권근(權近)의 〈여강(驪江)〉 시[35]

한수(漢水) 상류의 명승지이다. 여주 고을은 한강의 상류에 있는데 산수가 아름다우니 실로 명승지이다.

산천 山川

북성산(北城山) 주 서쪽 8리에 있다. 진산(鎭山)이다. 옛 성터가 있다.

오압산(烏鴨山) 주 남쪽 40리 충주(忠州)와의 경계에 있다.

강금산(岡金山) 주 남쪽 25리에 있다.

장연산(長淵山) 주 북쪽 7리에 있다.

유우산(流牛山) 주 동쪽 5리에 있다.

환희산(歡喜山) 주 서쪽 25리에 있다.

봉미산(鳳尾山) 주 동북쪽 9리에 있다.

혜목산(慧目山) 주 북쪽 25리에 있다. 속칭 우두산(牛頭山)이라고 한다.

추읍산(趨揖山) 주 서북쪽 40리 지평현(砥平縣)과의 경계에 있다. 지평현에

33 청심루(淸心樓) 시 : 〈여흥 청심루에서 차운하다〔驪興淸心樓次韻〕〉이다. 《東文選 卷15》

34 이색(李穡)의 시 : 〈여강에 모여 술 마시며〔驪江宴集〕〉이다. 《牧隱藁 牧隱詩藁 卷34》

35 여강(驪江) 시 : 〈여강에 모여 술 마시며〔驪江宴集詩〕〉이다. 《陽村集 卷7》

도 보인다.

원적산(元寂山) 주 서쪽 50리에 있다. 이천부(利川府)에도 보인다.

상두산(象頭山) 주 서쪽 51리에 있고, 원적산에서 북쪽으로 뻗어 이 산이 된다.

승산(勝山) 주 남쪽 5리에 있다.

고산(孤山) 주 북쪽 30리에 있다. 평평한 들에 우뚝 외로이 솟아 강이 빙 두르고 그 정상이 평평하니 아주 경치가 좋다. 세상에 전하기를 고려의 이존오(李存吾)가 머문 곳이라고 한다. 본조 김안국(金安國)의 시[36]에,

이 천지 생겼을 적부터	自有玆天地
알겠네 이 산 있었으리	應知有此山
빛나는 이름 산과 함께한 지 오래	英名山共久
천년간 아득히 따라잡기 어려우리	千載邈難攀

하였다.

마암(馬巖) 주 동쪽 1리에 있다. 강굽이에 우뚝 섰으니 물살을 막아서는 힘이 있다. 민간에 전하기를 옛날에 황마(黃馬)와 여마(驪馬)가 물에서 나왔는데 이에 따라 군(郡)의 이름을 황려(黃驪)라고 하였다고 한다. 바위가 이러한 이름을 갖게 된 것도 이 때문이다. ○ 본조 최숙정(崔淑精)의 시[37]에,

활처럼 둥그런 마암 돌	穹窿馬巖石
앉은 모양새도 기괴하구나	盤礴亦奇怪
물살이 그 밑동을 갉아도	江流齕其根

36 김안국(金安國)의 시 : 〈고산에 올라〔登孤山〕〉이다. 《慕齋集 卷7》

37 최숙정(崔淑精)의 시 : 〈여주팔영(驪州八詠)〉 중 〈마암(馬巖)〉이다. 《逍遙齋集 卷1》

만고에 견고해 끄떡도 않네　萬古堅不壞
성난 파도 부딪혀 넘실대다가　怒濤方蕩潏
부서져 기세 점차 누그러지네　分此勢漸殺
외로운 성 그 덕분에 평안하건만[38]　孤城賴以安
공을 논해 빚 갚기도 어려우리라　論功難償債
사람들 한갓 미련한 돌로 여기나　人看一頑石
나는야 그 기개를 취해 보리라　吾獨取其介

하였다.

입암(笠巖) 주 서쪽 5리의 강어귀에 있다.

팔대수(八大藪) 주 북쪽 3리에 있다. 옛 이름은 패다수(貝多藪)이다. 둘레가 7, 8리이다. ○ 최숙정의 시[39]에,

평평한 숲 끝없이 펼쳐졌는데　平林望不窮
그 한쪽이 강가와 맞닿았구나　一趾連江滸
빽빽이 뒤덮은 백년 덩굴에　鬱密百年藤
어지러이 늘어선 천년 나무들　蒙茸千歲樹

하였다.

한강(漢江) 충주(忠州)에서 주의 경내로 흘러 들어와 읍치(邑治)의 북쪽을 지나고 또 서쪽으로 50리를 흘러 양근군(楊根郡)의 경내로 들어간다. 본주(本州)의 경계 안에 있는 것을 여강(驪江)이라고 부른다. ○ 본조 서거정

38 외로운……평안하건만 : 외로운 성은 여주 성을 말한다. 마암은 여주 성의 동쪽 강변에 있는데, 동쪽에서 흘러오는 한강의 물살이 이 마암에 부딪혀 누그러지므로 성이 평안할 수 있다고 여긴 것이다.

39 최숙정의 시 : 〈여주팔영(驪州八詠)〉 중 〈팔대수(八大藪)〉이다. 《逍遙齋集 卷1》

(徐居正)의 기문[40]에 "여강의 물은 월악(月嶽)에서 나와 달천(達川)과 합하여 금탄(金灘)이 되고, 앙암(仰巖)을 지나서 섬수(蟾水)를 만나 세찬 물줄기가 점차 넓어져 여강이 된다. 휘감아 돌고 소리 내며 흐르니 매우 맑아 아낄 만하다."라고 하였다. 최숙정의 시[41]에,

강에 오던 비 잠깐 맑게 갰는데	江雨乍晴霽
강물은 갑자기 불어났구나	江水忽已滿
바람 부니 주름무늬 길게 펴지고	風回縠紋長
해 뜨니 고기비늘 흩어지누나	日出魚鱗散
세상의 때는 아직 못 씻었으나	世累雖未湔
때 묻은 갓끈이나마 씻을 수 있네	塵纓聊可澣
하얀 갈매기는 본래 일 없어	白鷗本無事
무리 지어 맑고 따스한 하늘 노니네	群飛戲淸暖
어찌하면 얽매임을 벗어 버리고	何當謝拘束
호호탕탕 너희들과 벗이 될거나	浩蕩爲爾伴

하였다.

기천(沂川) 주 서쪽 35리에 있다. 곧 이천부(利川府) 기천의 하류이니, 북쪽으로 흘러 천녕폐현(川寧廢縣)에 이르러 동쪽으로 한강에 들어간다.

이천(伊川) 속칭 대교천(大橋川)이라고 한다. 주 서쪽 25리에 있다. 음죽현(陰竹縣) 흑석동(黑石洞)에서 발원하여 북쪽으로 50여 리를 흐르고, 또 서쪽으로 흘러 천녕폐현에 이르러서 동쪽을 향해 기천과 합한다.

40 서거정(徐居正)의 기문 : 〈사우당기(四友堂記)〉이다. 《四佳集 四佳文集 卷3》

41 최숙정의 시 : 〈여주팔영〉 중 〈여강(驪江)〉이다. 《逍遙齋集 卷1》

천민천(天民川) 주 남쪽 45리에 있다. 죽산현(竹山縣) 북쪽에서 나와서 충주(忠州)와 음죽(陰竹)의 경계를 지나 주 동쪽 27리에 이르러 한강에 들어간다.

금당천(金唐川) 주 동쪽 10리 원주(原州)와의 경계에 있다.

양화주(楊花洲) 주 서쪽 19리에 있다. 한강의 물이 이천으로 넘쳐 들어가는데, 모래톱이 그 사이에 있다. 길이가 10여 리이다. 속칭 고척평(古尺坪)이라고도 한다. 양화진(楊花津)이라는 나루가 있는데 김안국(金安國)의 시[42]에 "양화진은 본래 여흥 경내에 있는데, 헤아려 보니 청심루와는 십 리 거리.〔楊花自是驪興境 計隔淸心十里間〕"라고 하였다.

순지(蓴池) 주 남쪽 1리에 있다.

토산土産

명주실〔絲〕, 녹반(綠礬), 주 서쪽 왕암(王巖)에서 난다. 운모(雲母), 석회(石灰), 밤〔栗〕, 산약(山藥), 순채〔蓴〕, 쏘가리〔錦鱗魚〕, 누치〔訥魚〕, 잉어〔鯉魚〕

학교學校

향교(鄕校) 주 동쪽 2리에 있다.

기천서원(沂川書院) 천녕폐현(川寧廢縣)에 있으니 주와의 거리는 40리이

42 김안국(金安國)의 시 : 〈양화진에 배 띄우고 여흥 태수 장 자후를 조롱하며〔泛舟楊花津嘲寄驪興張太守子候〕〉이다. 《慕齋集 卷4》

다. 곧 김안국이 우거(寓居)했던 곳이다. 선조(宣祖) 초에 목사(牧使) 박승임(朴承任)이 서원을 세우고 사우(祠宇)를 지어 김안국과 이언적(李彦迪)을 제사하고 홍인우(洪仁佑)를 배향(配享)하였다. 인조(仁祖) 초에 사액(賜額)하였다.

궁실 宮室

객관(客館)

향사당(鄕射堂)

청심루(淸心樓) 객관 북쪽에 있는데 아래로 강물에 임하였다. 본조 임원준(任元濬)의 기문에 "그 형승은 물이 중원(中原 충주)의 월악산(月嶽山)에서 발원해 강원도 오대산(五臺山)의 물과 합하여 수백 리를 흘러와서 주 북쪽에 이르러 깊고 넓어져 못을 이루고, 우뚝 푸른 빛깔을 모아 동북쪽을 진무하는 것은 용문(龍門)이라는 산이요, 우뚝 솟은 푸르름이 날듯 춤추듯 누각 기둥을 엿보는 것은 치악(雉嶽)이라는 봉이며, 벽사(甓寺 신륵사)가 강 가운데 그림자 어른대고, 마암(馬巖)이 중요한 데에서 물을 막아섰으니,[43] 실로 도읍(都邑)의 상류요 기전(畿甸)의 명승지로다."라고 하였다. ○ 고려 정몽주(鄭夢周)의 시[44]에,

안개비가 자욱하여 온 강에 가득하니	煙雨空濛滿一江
누각 안의 나그네 밤에 창문 열어 보네	樓中宿客夜開窓

43 마암(馬巖)이……막아섰으니 : 54쪽 주38 참조.

44 정몽주(鄭夢周)의 시 : 〈여흥의 누각에서 제하다(題驪興樓)〉이다. 《圃隱集 卷2》

이튿날 아침 말에 올라 진흙 차며 가다가　明朝上馬衝泥去
고개 돌리니 푸른 파도에 흰 갈매기 한 쌍　回首滄波白鷗雙

하였다. ○ 고려 정추(鄭樞)의 시[45]에,

밤에 황려현에 들어서니　夜入黃驪縣
뱃사공이 자려 할 때이러라　舟人欲卧時
물가 걸을 땐 바람 사납게 불다가　渚行風作暴
누각에 묵으니 달이 기약한 듯 뜨누나　樓宿月如期
하늘 탁 트여 긴 강이 꿈틀대고　天豁長江動
모래 밝아 온갖 나무 기이하네　沙明雜樹奇
삼경에 맑은 휘파람 부노니　三更發清嘯
곧 깨닫네 하백(河伯)을 춤추게 한단 말　便覺舞馮夷

하였다. ○ 고려 이색(李穡)의 시[46]에,

누각 편액에 기문 없는 게 한스러우니　恨無樓記冠扁端
누가 청심이라 명하고 글을 빠뜨렸는고　誰命淸心闕署顔
물을 막아 공이 드높은 마암 바위요　捍水功高馬巖石
하늘에 닿아 형세 웅대한 용문산이라　浮天勢大龍門山
따스이 앉은 겨울엔 창밖에 눈이 내리고　燠居雪落軒窓外
시원히 누운 여름엔 침석에 바람이 부네　涼卧風來枕簟間
더구나 봄바람 가을 달의 계절에서랴　況是春風與秋月

45 정추(鄭樞)의 시 : 〈여흥 청심루에서 묵다〔宿驪興淸心樓〕〉이다. 《圓齋槀 卷上》
46 이색(李穡)의 시 : 〈여흥 청심루의 시에 차운하다〔驪興淸心樓題次韻〕〉이다. 《牧隱藁 牧隱詩藁 卷34》

아름다운 경치 즐기는 마음 느긋하여라　賞心美景更寬閑

하였다. ○ 본조 서거정(徐居正)의 시[47]에,

누각 높아 내 마음 맑게 하는데　樓高淸我心
그 아래에는 흐르는 강물이 있어　其下有流水
푸르고 맑아 침도 못 뱉겠으니　綠淨不可唾
마음의 때를 가히 씻을 수 있겠네　可以滌心累
산천은 울창히 서로 얽히어　山川鬱相繆
천리 또 만리나 펼쳐졌구나　千里又萬里
몽둥이로 황학루를 쳐부순다는[48]　槌碎黃鶴樓
이 말을 내 부끄러이 여겼거니와　此語我曾恥
호기로워라 노련한 원룡은　豪哉老元龍
의젓하게 세속의 때 벗어 버렸지[49]　擧擧脫塵滓

47　서거정(徐居正)의 시 : 〈여주팔영(驪州八詠)〉과 〈여주 청심루의 시에 차운하다〔次驪州淸心樓韻〕〉이다. 《四佳集 四佳詩集補遺 卷3》

48　몽둥이로 황학루를 쳐부순다는 : 이백(李白)의 〈강하에서 남릉 위빙에게 주다〔江夏贈韋南陵氷〕〉에는 "나는 그대를 위해 몽둥이로 황학루를 쳐부술 테니, 그대 또한 나를 위해 앵무주를 밟아 무너뜨리게나.〔我且爲君槌碎黃鶴樓, 君亦爲吾倒却鸚鵡洲.〕"라고 하였고, 또 이백의 〈정 십팔이 시를 지어 내가 황학루를 쳐부순다고 한 것을 나무라기에 취한 대로 답하다〔醉後答丁十八以詩譏余槌碎黃鶴樓〕〉에 "높다란 황학루를 이미 몽둥이로 쳐부수어, 황학 탄 선인이 의지할 곳 없게 되었다네.〔黃鶴高樓已槌碎, 黃鶴仙人無所依.〕"라고 하였다. 《李太白文集》

49　호기로워라……버렸지 : 원룡(元龍)은 중국 삼국 시대의 인물인 진등(陳登)의 자(字)이다. 《삼국지(三國志)》 〈위서(魏書) 진등전(陳登傳)〉에 의하면, 허사(許汜)가 유비(劉備)에게 진등이 손님 대접을 제대로 하지 않고 주인인 자신은 높은 와상(臥牀)으로 올라가 눕고, 손님인 자기는 아래 와상에 눕게 한 일을 말하자, 유비가 "그대는 국사의 명망을 지닌 사람으로, 지금 천하가 크게 어지러워져서 임금이 처소를 잃은 판이라, 그대에게 오직 나라를 걱정하고 자신을 잊어서 온 세상을 구제할 뜻이 있기를 바란 것이다. 그런데 그대는 전답이나 살 집을 구하고 다닐 뿐, 아무런 채택할 만한 말이 없었으니, 원룡이 이것을 꺼렸던 것이다. 어찌 그대

하였고,

백 척의 높은 누각 구름 끝에 솟았으니 樓高百尺揷雲端
호기 높던 원룡의 옛 모습 보는 듯하네[50] 豪氣元龍似舊顔
배 옮겨 흰 갈매기 놀라게 하지 마소 莫遣移舟驚白鳥
턱 괴고 푸른 산을 보기에 딱 알맞으니 也宜拄笏看青山
학은 밝은 달을 따라 하늘 위로 돌아갔고 鶴隨明月歸天上
용은 빛난 구슬을 안고 물속에서 자누나 龍抱光珠睡水間
감호를 하사받는 건[51] 기대하기 어려우니 天賜鑑湖難自料
산을 사서 여기서 한가히 지내고 싶네 買山終欲此來閑

하였다.

별관(別館) 청심루 동쪽에 있다. 부사(府使) 노회신(盧懷愼)이 창건하였다.

영빈관(迎賓館) 객관 동쪽에 있다. 옛 이름은 빈선관(賓仙館)이었는데, 중종(中宗)이 영릉(英陵)을 참배할 때 이 관에 행차하여 지금의 이름으로 고치도록 명하였다. 임진년(1592, 선조25)의 병화(兵火)에 소실되었는데, 그 후에 목사 김억추(金億秋)가 그 터에 작은 관(館)을 지었다. ○ 본조 이정

와 말할 가치가 있었겠는가. 나 같았으면 자신은 백 척 누각 위로 올라가 눕고, 그대는 땅바닥에 눕게 했을 것이다. 어찌 와상을 위아래의 차이로만 하였겠는가."라고 하였다.

50 백……듯하네 : 청심루를 원룡의 고사에 나오는 백 척 누각에 비견하여 읊은 것이다. 59쪽 주49 참조.

51 감호(鑑湖)를 하사받는 건 : 감호는 중국 절강성(浙江省)에 있는 호수 이름으로, 경호(鏡湖)라고도 한다. 당 현종(唐玄宗) 때 비서감(秘書監)을 지낸 하지장(賀知章)이 만년에 고향으로 돌아가려 하자, 현종이 그에게 감호의 섬계(剡溪) 한 구비를 하사했다고 한다. 《新唐書 隱逸列傳 賀知章》

귀(李廷龜)의 시[52]에,

아침에 소낙비 내려 저녁 공기 서늘하니	急雨朝來生晩凉
맑은 강 푸른 물결 수정빛으로 흐르누나	澄江綠漲玻瓈光
높은 누각의 사면은 물로 둘러싸였고	高樓四面水圍座
홀로 누운 삼경에 물결이 침상 흔드네	孤枕三更波撼床
먼 포구 먼 봉우리엔 구름이 아득하고	極浦遙岑雲漠漠
물가의 꽃 뜰의 풀엔 봄이 그윽하여라	岸花庭草春茫茫
용문산 풍광이 발 걷어 올리니 들어와	龍門山色捲簾入
맑은 날 와서 노닐라고 나를 재촉하네	催我乘晴遊上方

하였다.

우역郵驛

신진역(新津驛) 주 동쪽 5리에 있다.

안평역(安平驛) 주 남쪽 30리에 있다.

양화역(楊花驛) 주 서쪽 20리에 있다.

초계원(草溪院) 주 남쪽 5리에 있다.

가현원(加峴院) 주 남쪽 30리에 있다.

파장원(破場院) 주 남쪽 25리에 있다.

신원(新院) 주 북쪽 45리에 있다.

52 이정귀(李廷龜)의 시 : 〈여강의 객관에서 큰비를 만나 바로 시를 읊다(驪江館遇大雨口占)〉이다. 《月沙集 卷17》

복천원(福川院) 주 서쪽 30리에 있다.

보통원(普通院) 주 북쪽 25리에 있다.

자천원(子川院) 주 북쪽 30리에 있다.

보제원(普濟院) 주 동쪽 5리에 있다.

관량關梁

억억교(億億橋) 주 서쪽 30리에 있다. 기천(沂川)에 놓여 있다.

여강나루〔驪江渡〕 주 북쪽 1리에 있다. 곧 관도(官渡)이니 늘 운행하는 나룻배가 있다. 최숙정(崔淑精)의 시에,

물에 둥둥 뜬 작은 배 한 척	泛泛小孤舟
오랜 세월 나루 건너 오갔네	長年橫渡頭
남으로 맞이하고 북으로 보내	迎南又送北
뱃사공 조금도 쉴 틈 없어라	濟人無少休

하였다.

진강나루〔鎭江渡〕 천녕폐현(川寧廢縣)에 있으니, 거리는 주 서쪽 44리이다. 곧 여강(驪江) 하류의 나루이다. 속칭 이포진(梨浦津)이라고 한다.

사묘祠廟

사직단(社稷壇) 주 서쪽에 있다.

문묘(文廟) 향교에 있다.

성황사(城隍祠) 주 남쪽 5리에 있다.

여단(厲壇) 주 북쪽에 있다.

능묘陵墓

영릉(英陵) 주 서쪽 8리 북성산(北城山) 남쪽에 있다. 세종 장헌대왕(世宗莊憲大王)의 능이며, 소헌왕후(昭憲王后)를 합장하였다. 능이 예전에는 광주(廣州) 대모산(大母山)에 있었는데, 예종(睿宗) 1년(1469)에 이곳으로 옮겼다. 영릉 신도비(英陵神道碑)가 있는데 정인지(鄭麟趾)가 그 비명을 찬술하였다. ○ 본조 최숙정의 시[53]에,

능원이 바로 아주 가까우니	園陵正密邇
오색구름 빈 전각을 어리네	五雲圍虛殿
금원은 산을 안고 길게 뻗었고	禁籞抱山長
송백은 강을 따라 두루 섰구나	松栢連江遍
온갖 신령이 바위 계곡 지키고	百靈擁巖谷
상서로운 바람이 산선에 이네	祥飇生傘扇
사관은 삼가 청소를 하고	祠官謹灑掃
수신은 정결히 재를 올리네	守臣潔齋薦
두 성인이 음덕을 내려 주시니	二聖降陰隲
풍악이 온 주현에 울려 퍼지네	豐樂通州縣

하였다. ○ 본조 김세렴(金世濂)이 영릉을 지나며 지은 시[54]에,

53 최숙정의 시 : 〈여주팔영(驪州八詠)〉 중 〈영릉(英陵)〉이다. 《逍遙齋集 卷1》

54 김세렴(金世濂)이……시 : 〈영릉(英陵)〉이다. 《東溟集 卷2》

산천이 오묘한 조화를 열어 川嶽闢妙化
성주가 머물 곳을 길이 만드니 永作聖主宅
천추에 아름다운 기운 서리고 千秋鬱佳氣
푸르른 송백이 모여 섰다네 蒼蒼攢松栢
생각건대 지난날 재위하실 때 憶昔垂衣日
팔방이 지극한 은택 입었고 八方被至澤
원대한 지모 요순을 이어받아 洪謨述姚姒
수립하여 반석을 굳건히 했네 樹立鞏盤石
임금께서 갑자니 승천하시니 六龍遽昇天
통곡 소리 장지에 쏟아졌다네 慟哭喬山寫
바람과 비 아직 그치지 않고 風雨尙鬱盤
산 중턱엔 창이 엇갈려 있네 翠微交神戟
석양은 평지를 아련히 하고 夕陽曖平陸
봉분에 흰 산안개 피어오르네 冒壟山煙白
변경에서 많은 경보 이어져 邊封屬多警
나랏일이 예전과 같지 않으니 國事異往昔
영령께선 생각건대 하늘에 계시며 英靈想在天
복을 내리는 데 주저하지 마소서 降福宜無斁
소신 재배하고 지나가는데 小臣再拜過
배 한 척 저녁에 거슬러 오네 孤舟泝日夕

하였다.

신우(辛禑) 묘 주 서쪽 길천리(吉遷里)의 이천부(利川府)와의 경계에 있다.

그 지역을 이로 인해 왕대(王大)[55]라고 부른다.

이인손(李仁孫) 묘 주 서쪽 15리에 있다. 처음에는 영릉 안에 장사하였는데 뒤에 능 밖으로 옮겼다. 서거정(徐居正)이 찬술한 신도비가 있다.

홍인우(洪仁祐) 묘, 홍진(洪進) 묘 모두 주 북쪽 40리에 있다.

윤개(尹漑) 묘 주 서쪽 51리에 있다.

윤담휴(尹覃休) 묘 주 서쪽 50리 개군산리(介君山里)에 있다.

사찰寺刹

보은사(報恩寺) 여강(驪江) 북쪽 기슭의 봉미산(鳳尾山) 아래에 있다. 옛 신륵사(神勒寺)이다. 벽돌 탑〔甓浮屠〕이 있으므로 속칭 벽사(甓寺)라고 한다. 예종(睿宗) 때 영릉(英陵)을 절의 서쪽 10리로 옮기고서 절을 개축하여 거찰(巨刹)로 만들고 지금의 이름으로 사액(賜額)하였다. 절의 동쪽에 우뚝 서서 강에 임한 바위가 있는데 동대(東臺)라고 부른다. 소나무와 전나무가 푸르르니 경치가 상류에서 제일이다. 절에 강월헌(江月軒)이 있는데 고려의 명승(名僧)인 나옹(懶翁)이 머문 곳이다. 나옹이 죽으니 그의 제자들이 석종(石鍾)에 사리(舍利)를 안치하고 진당(眞堂)을 세웠는데, 이색(李穡)이 기문을 지었다. 또 대장각(大藏閣)이 있는데 이숭인(李崇仁)이 기문을 지었다. ○ 고려 이색의 시[56]에,

55 왕대(王大) : 왕대(王代)라고도 쓰는데, 왕이 머무른 곳이라는 뜻이다.

56 이색의 시 : 〈신륵사에 가지 못하고 인하여 시를 읊다〔將遊神勒寺未果因賦短韻〕〉이다. 《牧隱藁 牧隱詩藁 卷10》

먼 산봉우리는 긴 강 밖에 있고	遠岫長江外
성긴 소나무는 푸른 돌 곁에 있네	疏松翠石傍
사찰은 복스러운 땅을 열었고	招提開福地
나옹은 영당(影堂)을 훤히 열었네	普濟敞眞堂
현령은 홀을 자주 허리에 꽂고[57]	縣令頻腰笏
산승은 홀로 벽을 향해 앉누나	山僧獨面墻
어찌 하면 거룻배를 타고서	何當尋野艇
넓고 푸른 물에 맑은 휘파람 불까	淸嘯倚蒼茫

하였다. ○ 본조 김수온(金守溫)의 기문에 "여주는 산수가 수려하여 낙토(樂土)라 이를 만한데, 신륵사가 그 형승의 가운데에 바로 자리 잡았으니 아름다운 풍경이 동국(東國)에 알려졌다."라고 하였다.

정천사(井泉寺) 환희산(歡喜山)에 있다.

하북사(下北寺), **신통사**(神通寺), **철갑사**(鐵甲寺) 모두 환희산에 있다.

장흥사(長興寺) 상두산(象頭山)에 있다. ○ 본조 김안국(金安國)의 시[58]에,

산을 찾아 절름절름 오르니	尋山聊縱蹇
안개 개어 장막이 걷히는구나	晴靄豁帡幪
정토에 바람이 경쇠 소리 전하고	淨界風傳磬

57 현령(縣令)은……꽂고 : 당(唐)나라 때 하역우(何易于)가 익창 영(益昌令)으로 있을 때, 자사(刺史) 최박(崔朴)이 봄놀이를 하기 위해 백성들을 불러 배를 끌게 하려고 하자, 하역우가 홀(笏)을 허리에 꽂고 몸소 배를 끌므로, 자사가 놀라면서 그 까닭을 물으니, 하역우가 말하기를 "봄이 되어 백성들은 논밭을 갈고 누에를 길러야 하므로 그들을 부릴 수는 없고, 현령은 한가하니 그 노고를 대신하는 것이 당연하다."라고 하였다.《新唐書 何易于列傳》

58 김안국(金安國)의 시 : 〈장흥사 조우 스님의 배율에 붓을 달려 차운하다〔走次長興祖遇師韻排律〕〉이다.《慕齋集 卷4》

선방에 달이 난간을 비추네 禪房月暎櫳
계곡엔 날다람쥐 칡덩굴에 매달렸고 谷垂鼯倒葛
묵은 언덕엔 학이 솔에 깃들었구나 岡老鶴棲松
며칠 밤이나 전원을 꿈꿨던가 幾夜柴荊夢
긴 숲이 푸른 봉우리를 둘렀네 長林繞碧峯

하였다.

고적 古蹟

천녕폐현(川寧廢縣) 주 서쪽 34리에 있다. 고구려 때 술천군(述川郡)으로 삼았고, 일명 성지매(省知買)라고도 하였다. 신라가 기천군(沂川郡)으로 고쳤고, 고려가 또 천녕(川寧)으로 고쳤다. 현종(顯宗) 때 광주(廣州)에 편입시켰다가, 뒤에 다시 천녕현을 설치하였다. 본조 예종(睿宗) 때 없애고 주(州)에 병합하니, 지금은 직촌(直村)[59]이 되었다.

파사성(婆娑城) 주 북쪽 40리에 있다. 작은 산이 강에 임하였는데 성이 그 정상에 자리 잡았다. 어느 대(代)에 쌓았는지는 모르고, 본조 선조(宣祖) 때 왜란(倭亂)을 당하여 승장(僧將) 의엄(義嚴)이 보수하였다. 돌로 쌓았고 둘레는 1100보이다. 성안에 우물을 팠는데 지금은 거반 무너졌다. 본조 유성룡(柳成龍)의 시[60]에 "파사성 위에 풀 무성하고, 파사성 아래에 물 휘

59 직촌(直村) : 군현의 수령이 직접 관할하는 촌락을 말한다.
60 유성룡(柳成龍)의 시 : 〈파사성에서 의엄 장로에게 써 주다〔婆娑城書贈義嚴長老〕〉이다. 《西厓集 卷1》

도네.〔婆娑城上草芊芊 婆娑城下水縈迴〕"라고 하였다.

왕대(王代) 고려 말에 신우(辛禑)를 여흥군(驪興郡)으로 옮겼다. 지금 주 서쪽 길천리(吉遷里)에 신우가 물러나 살던 곳이 있는데 그 지역을 이로 인해 왕대라고 부른다. 방언(方言)으로 기(基)를 대(代)라고 한다.

침류정(枕流亭) 천녕폐현 금사리(金沙里)에 있다. 고려의 염흥방(廉興邦)이 일찍이 천녕에 귀양 와서 정자를 짓되 물에 걸터앉히고 침류(枕流)라고 이름 지었는데, 시를 읊기를,[61]

금사거사의 침류정에는	金沙居士枕流亭
버드나무 우거져 더위 맑게 식히고	楊柳陰陰暑氣淸
귀를 씻고 풍진세상 일 듣지 않나니	洗耳不聞塵土事
잔잔히 흐르는 작은 시냇물 소리뿐	潺湲只有小溪聲

하였다. 또 이색(李穡)의 기문이 있다.

육우당(六友堂) 천녕폐현에 있다. 고려 김구용(金九容)이 여강(驪江)에 귀양 와서 당(堂)을 짓고 살았는데, 육우(六友)라고 이름 지으니 강, 산, 눈, 달, 바람, 꽃을 취한 것이다. 이색이 지은 기문이 있고, 정추(鄭樞)가 부(賦)를 지었다.

사우당(四友堂) 마암(馬巖)에 있다. 본조 성종(成宗) 때 임원준(任元濬)이 당을 짓고서 밭갈이〔耕〕, 가축 치기〔牧〕, 고기잡이〔漁〕, 나무하기〔樵〕를 취하여 사우(四友)라고 편액하였다.

고달사(高達寺) 혜목산(慧目山) 아래에 있다. 없어져 마을 빈터가 되었는데 섬돌과 주춧돌이 아직 남아 있다. 또 고려 한림학사(翰林學士) 김정언(金

61 시를 읊기를 : 〈침류정(枕流亭)〉이다. 《東文選 卷22》

廷彦)이 찬술한 승(僧) 혜진(慧眞)의 탑비(塔碑)가 있다.

명환 名宦

본조

정성근(鄭誠謹)[62] 태조조(太祖朝)에 여주 목사(驪州牧使)가 되었다. 백성을 아낌에 곧음으로써 하였고 비할 데 없이 청렴결백하였다.

최숙정(崔淑精) 목사(牧使)가 되었다. 읊은 시가 아주 많다.[63] 은혜로운 정사가 백성에게 미쳤다.

백인걸(白仁傑) 중종조(中宗朝)에 여주 교수(驪州敎授)가 되었다.

박승임(朴承任) 선조(宣祖) 초에 여주 목사가 되었다. 애민(愛民)과 흥학(興學)을 우선 힘쓸 일로 삼아 정사를 하였다.

이해수(李海壽) 선조 때 거듭 여주 목사가 되었다. 관직을 수행함에 청렴하고 간소하였다. 그때 도적이 크게 일어나 곳곳에서 약탈하였는데 이해수가 능히 안집(安集)하고 무마(撫摩)하여 체포하는 것만을 일삼지 않으니 온 경내가 평안하였다. 이에 보리에 이삭이 둘 달리는 상서가 일어나 백성이 와서 바쳤는데, 이해수가 웃으며 물리치고 위에 아뢰지는 않았다.

최립(崔岦) 선조조에 여주 목사가 되었다. 성품이 청렴하고 준엄하여 이르

62 정성근(鄭誠謹) : 《동국여지지》 권2 〈경기 광주목〉 유우조(流寓條)에 나오는 성종, 연산군 때의 정성근과 동명이인으로 보이나 분명치 않다.
63 읊은……많다 : 최숙정이 목사로 부임해 여주의 풍광을 읊은 시가 많다는 뜻이다.

는 곳마다 명성과 공적이 있었다.

유우流寓

이존오(李存吾) 본래 경주(慶州) 사람인데 여흥(驪興)으로 옮겨 와 살았다. 어려서 부모를 여의고 배움에 힘썼으며 강개(慷慨)하여 지조와 절개가 있었다. 10여 세에 십이도(十二徒 십이공도)에서 공부하면서 〈강창(江漲)〉 시[64]를 읊기를 "큰 들 모두 잠겼는데, 고산 홀로 굴하지 않네.〔大野皆爲沒 孤山獨不降〕"라고 하니 식자(識者)들이 기이하다고 여겼다. 고려 공민왕(恭愍王) 때 과거에 급제하여 사한(史翰)에 선임되었는데 정몽주(鄭夢周), 김구용(金九容) 등 여러 사람과 쉬는 날 없이 강론(講論)하였다. 정언(正言)으로 옮겼는데, 신돈(辛旽)이 국정을 천단(擅斷)하여 사람들이 감히 말하지 못하였으나, 이존오가 떨쳐 일어나 자신을 돌보지 않고 글을 올려 극론(極論)하니 장사 감무(長沙監務)로 좌천되었다. 쫓겨난 채 죽으니 나라 사람들이 모두 그 충절에 감복하여 그의 죽음을 애통하게 여겼다.

김구용(金九容) 민사평(閔思平)의 외손이다. 문장으로 세상에 이름이 났다. 고려 신우(辛禑) 때 이인임(李仁任)이 원(元)나라 사신을 맞이하고자 하였는데, 김구용이 정도전(鄭道傳) 등과 함께 도당(都堂)에 글을 올려 그만두자고 청하였으나, 받아들여지지 않았다. 이에 죽주(竹州)로 유배되고 얼마 뒤 여흥으로 옮겨졌는데, 김구용이 천녕(川寧)에 육우당(六友堂)을 짓고 살면서 서책 읽는 것을 낙으로 삼았다. 호는 척약재(惕若齋)이다.

64 강창(江漲) 시 : 〈강물이 넘치다〔江漲〕〉이다. 《石灘集 上》

이집(李集) 고려 말의 광주(廣州) 사람이다. 영남(嶺南)에서 돌아와서[65] 천녕에 터를 잡고 살았는데, 강가에 봉서정(鳳棲亭)을 짓고서 궁경(躬耕), 독서(讀書), 산수(山水)를 즐겼다. 노년에, 정몽주(鄭夢周)가 한번은 편지를 부쳐 왔는데,[66] "여강(驪江)은 제가 좋아하는 곳인데 선생께서 저보다 먼저 가 계시리라고는 미처 생각지 못했습니다. 근래에 들으니 약재(若齋 김구용(金九容))가 여묘(廬墓)한다고 합니다. 도은(陶隱 이숭인(李崇仁))과 필마로 가서 조문하고자 하는데, 천녕에서 응당 하룻밤 말씀 나누었으면 합니다."라고 하였고, 또 "벼슬살이는 제가 좋아하는 바가 아닙니다. 매번 가을이 올 때마다 산수의 흥취가 더욱 제 마음속에 감응하는데, 선생께서는 어떤 사람이기에 유독 이를 누리신단 말입니까."라고 하였다.

김안국(金安國) 본조 중종조(中宗朝)에 우참찬(右參贊)이 되어 조정에서 명망이 두터웠는데, 사화(士禍)에 연루되어 이천(利川)으로 물러나 살았다. 그리고 주(州)의 이포(梨浦)에 옮겨 와서 살았는데, 그 정자를 범사정(泛槎亭)이라고 명명하고, 그 당(堂)을 팔이당(八怡堂)이라고 편액하였다. 날마다 유생들과 강론하였고. 소요하고 음영하였으며 향음주례에 또한 모두 참여하였다. 벼와 보리 수확을 감독하여 이삭 하나라도 들판에 버려지지 않게 하고 그것으로 춘궁기에 진휼하였는데, 일찍이 말하기를 "하늘이 만물을 내심에 쓰임이 없는 것이 없으니 마구 없애 버리는 것은 상서롭지 못하다."라고 하였다. 마치 그곳에서 생을 마치려는 듯 19년을 머물렀는데 뒤에

65 영남(嶺南)에서 돌아와서 : 신돈(辛旽)을 거슬러 경상도 영주로 피신하였다가 신돈이 주살된 뒤 돌아왔다.

66 정몽주(鄭夢周)가……왔는데 : 〈둔촌에게 답하는 글〔答遁村書〕〉을 인용하였다. 《圃隱集 卷3》

다시 서용되어 우찬성(右贊成)을 지냈다. 한성부(漢城府)에 상세하다.

신광한(申光漢) 중종 때 승지(承旨)로서 사화에 연루되어 쫓겨나니 주의 원형리(元亨里)에 집을 짓고 15년 동안 은거하였다. 서책 읽는 것을 낙으로 삼았고, 자잘한 물건이라도 남에게 구하는 일이 없었다. 이때 김안국은 이포에서, 전(前) 찬성(贊成) 이장곤(李長坤)은 우만리(禹灣里)에서 거처하였는데, 모두 향촌에서 잘 거처한다고 칭송받았다. 뒤에 신광한은 다시 서용되어 좌찬성(左贊成)을 지냈다. 한성부에 상세하다.

이원익(李元翼) 한성(漢城) 사람이다. 선조(宣祖) 때 재상이 되니 세상이 그 현명함에 감복하였다. 광해군(光海君) 때 직언으로 간하다가 쫓겨나 주의 앙덕촌(仰德村)에 거처하였다. 초가집에서 푸성귀에 거친 밥을 먹으면서도 태연하여 부귀하였던 적이 없는 사람 같았으니 지나가는 사대부는 반드시 그의 집에 예를 표하였다. 인조(仁祖)가 처음 즉위하였을 때 영의정에 제수하고 불러들였다. 이원익이 한가히 거처할 때 김세렴(金世濂)이 배를 타고 가다 찾아보고 시를 짓기를,[67]

내가 완평 상공 사모함이	我慕完平相
사마 온공에 못지않아	不下司馬公
배를 매어 두고 찾아뵈니	維舟爲上謁
초가집이 강가 단풍 사이에 있네	草屋依江楓
요즘 세상사에 북받쳐 오르니	慷慨當世事
누가 외적을 막을 수 있을꼬	何人可禦戎
만백성이 오랫동안 손 얹고 기다리니	萬姓久加額

67 김세렴(金世濂)이……짓기를 : 〈덕을 앙모하다[仰德]〉이다. 《東溟集 卷2》

공훈이 우리 대동의 으뜸이건만 勳業冠大東
늙어서 귀양 와 매여 있으니 身老被羈紲
자리 짜는 촌로 신세 되셨구나 織席爲野翁
나라의 안위가 그 거취에 달렸건만 安危在去就
큰 현인을 어찌 끝내 이리 두리오 大賢豈終窮

하였다.

이필행(李必行) 한성 사람이다. 인조 때 □□□□가 되었다.[68] 병자년(1636, 인조14) 난리 뒤에 주의 오압산(烏鴨山) 아래에 은거하면서 몸소 농사지어 자급(自給)하고 벼슬살이에 뜻을 끊으니, 사간(司諫)에 제수하여 여러 번 불렀으나 끝내 나오지 않았다.

인물人物

고려

민영모(閔令謨) 어려서 학문을 좋아하였고 인종조(仁宗朝)에 과거에 급제하였다. 명종(明宗)이 잠저(潛邸)에 계실 때 꿈을 꾸었는데, 한 재상이 광화문(廣化門)에서 나오니 수행하는 자들이 아주 많았는데 어떤 사람이 말하기를 "이 사람은 공의 재상입니다."라고 하였다. 명종이 즉위하고서, 민영모가 형부 시랑(刑部侍郎)으로 남성시(南省試)를 관장하였는데, 방방

68 인조……되었다 : 이필행의 묘갈명(墓碣銘)에 의하면, 그는 인조 때 통례원 상례(通禮院相禮)가 되었다.《孤山遺稿 卷5 通訓大夫行通禮院相禮李公墓碣銘幷序》

(放榜)할 때 왕이 그를 보니 꿈에서 본 자와 똑같았다. 비로소 명종이 크게 쓸 뜻을 품고 품계의 순차를 따지지 않고 발탁하였다. 여러 관직을 거쳐 문하시랑평장사(門下侍郞平章事)에 이르렀다. 시호는 문경(文景)이다.

민식(閔湜) 민영모의 아들이다. 성품이 활달(豁達)하여 귀현(貴顯)해지고서도 친구를 대하는 데 귀천 없이 한결같았으니, 사람들이 아름답게 여겼다. 명종의 서자(庶子) 승(僧) 소군(小君)[69]이 권세를 부리며 뇌물을 받으니 조정의 사대부들이 다투어 아부하였는데, 민식만은 가지 않았다. 그의 아우가 "형은 어찌 가지 않으십니까?"라고 하니, 민식이 "무지개 사미(沙彌)들이 국가를 망친다."라고 하자, 아우가 깜짝 놀라며 식은땀을 흘렸다. 무지개는 한쪽 끝이 땅에 닿고 한쪽 끝이 하늘에 닿으니, 소군이 왕의 아들이나 어미가 천함을 비유한 것이다. 민식의 거리낌 없는 성품이 이와 같았다. 관직이 우산기상시(右散騎常侍)에 이르렀다.

이규보(李奎報) 아버지는 이윤수(李允綏)로, 시랑(侍郞)이 되었다. 이규보는 9세에 문장을 지을 줄 알아 이미 기동(奇童)으로 불렸고 백가(百家)와 불로(佛老)의 책을 한 번 보면 바로 기억하였다. 명종 때 과거에 급제하여 고종(高宗) 때 여러 관직을 거쳐 판비서성사(判秘書省事)가 되었다. 이때 몽고(蒙古)의 군사가 국경을 압박하면서 누차 트집 잡고 따져 물어 왔는데, 이규보가 양제(兩制)를 맡으니 몽고에 보내는 서표(書表)가 그의 손에서 나온 것이 많았다.[70] 관직이 문하시랑평장사에 이르렀다. 이규보는 술

69 명종의……소군(小君) : 소군은 고려 시대 왕의 서자를 지칭하는 말로, 궁인(宮人)이나 폐첩(嬖妾)이 임금의 아들을 낳으면, 그 아들의 머리를 깎아 승려로 삼았다.

70 이규보가……많았다 : 양제(兩制)는 왕을 대신해 제고(制誥), 곧 사령(辭令)이나 문장(文章)을 짓는 내제(內制)와 외제(外制)의 통칭이다. 이규보(李奎報)가 양제를 맡아 몽고에 보내

을 많이 마셨고 성품이 거리낌이 없었다. 시문을 지음에 고인(古人)이 간 길을 따르지 않고 종횡으로 누비고 남달리 뛰어나 끝없이 크고 넓은 경지를 이루었다. 문집(文集)이 세상에 전한다.

민인균(閔仁鈞) 민영모의 손자이다. 과거에 급제하여 관직이 판삼사사(判三司事)와 한림학사(翰林學士)에 이르렀다. 재주와 식견이 출중했는데, 높은 관직에 이르러서도 외우고 익히는 일을 그치지 않았고, 평소에도 나태함이 없었으며, 예법을 따르는 데 힘썼다. 비록 문생(門生)이나 옛 관리가 찾아오더라도 반드시 의관을 정제하여 손님과 같이 대하였으며 경전과 학문을 담론할 뿐이었다.

민종유(閔宗儒) 민인균의 손자이다. 여러 관직을 거쳐 찬성사(贊成事)에 이르렀다. 천성이 장중(莊重)하고 풍도(風度)가 아름다웠으며 전고(典故)를 밝게 알고 관리로서의 재간이 뛰어났다. 충숙왕(忠肅王) 때 죽었다. 시호는 충순(忠順)이다.

민상정(閔祥正) 민영모의 6세손이다. 아버지는 민지(閔漬)인데 충선왕(忠宣王) 때 첨의정승(僉議政丞)이 되었다. 민상정이 과거에 급제하여 석주(碩州)와 강화(江華)를 다스리고 또 서해도(西海道)와 양광도(楊廣道)를 안찰하였는데 모두 명성과 공적이 있었다. 충숙왕 때 여러 관직을 거쳐 찬성사가 되었다.

민적(閔頔) 민종유의 아들이다. 충렬왕조(忠烈王朝)에 과거에 급제하여 관직이 밀직사사(密直司事)에 이르렀다. 현인과 선비를 좋아하고 아꼈는데 외롭고 빈한한 후생을 대할 때 더욱 마음과 예의를 다하였다. 시호는 문순

는 외교 문서도 그가 지은 것이 많다는 맥락으로 쓰였다.

(文順)이다.

민사평(閔思平) 민적의 아들이다. 어려서부터 기상이 남달랐으니 사람을 잘 알아보기로 유명한 정승 김륜(金倫)이 딸을 그에게 시집보냈다. 관직이 찬성사에 이르렀다. 관직에서 일을 처리함에 모나게 하지 않았으며 항상 시와 술을 스스로 즐겼다. 그가 저술한《급암집(及菴集)》이 세상에 전한다. 시호는 문온(文溫)이다.

민변(閔抃) 민사평의 아우이다. 과거에 급제하여 충혜왕(忠惠王) 때 여러 관직을 거쳐 좌사의대부(左司議大夫)가 되었고, 뒤에 여흥군(驪興君)에 봉해졌다. 시호는 문도(文度)이다.[71]

본조

민제(閔霽) 민변의 아들이다. 고려 말에 과거에 급제하여 여러 관직을 거쳐 한양 윤(漢陽尹)이 되었다. 본조에 들어와서 관직이 문하좌정승(門下左政丞)에 이르렀다. 태종(太宗)이 즉위하니, 왕의 장인으로서 여흥부원군(驪興府院君)에 가봉(加封)되었다. 시호는 문도(文度)이다. 민제는 경사(經史)에 마음을 두었고, 집안 살림을 일삼지 않고, 사치를 좋아하지 않았다.

71 시호는 문도(文度)이다 : 아래에 민변(閔抃)의 아들인 민제(閔霽)의 시호도 '문도(文度)'라고 되어 있다.《신증동국여지승람》에도 그러하다. 그러나《태종실록》과 묘지명(墓誌銘) 등을 통해 볼 때 민제의 시호가 문도인 것은 분명하나, 민변의 시호가 문도라는 다른 근거는 찾아보기 어렵다.《고려사(高麗史)》 열전(列傳)에 민변은 여흥군에 봉해졌다고 되어 있을 뿐이며, 다른 여러 기록에서 민변은 관품인 '대광(大匡)'으로 지칭되었을 뿐이다. 그러므로 문도는 민변의 시호가 아닌 듯하며,《신증동국여지승람》의 연문이《동국여지지》에 계승된 사례인 듯하다.《太宗實錄 8年 9月 15日》《春亭集 卷12 有明朝鮮國……謚文度閔公墓誌銘》《高麗史 卷108 閔宗儒列傳》

이행(李行) 고려 말에 문과(文科)에 급제하여 지신사(知申事)와 예문관 제학(藝文館提學)을 역임했고, 본조에 들어와 관직이 대제학(大提學)에 이르렀다. 문학(文學)으로 세상에 알려졌으며, 기우자(騎牛子)라고 자호(自號)하였다. 시호는 문절(文節)이다.

이적(李迹) 이행의 아들이다. 세종(世宗) 때 관직이 사헌부 대사헌에 이르렀다. 역학(易學)에 정통하였는데, 늙어서 가평(加平)의 조종현(朝宗縣)에 물러나 머무를 때 세종이 매양 근신(近臣)을 보내 경전의 뜻을 물었다.

홍사석(洪師錫) 홍사석은 용모와 재주가 아주 특출났으니, 태종(太宗)이 조참(朝參) 때마다 바라보면서 큰 그릇으로 여겨 심히 아꼈는데, 세자(世子)를 돌아보면서 말하기를 "오늘 당장 장상(將相)에 제수한다 해도 재주가 남는 이가 있다면, 문(文)에 정인지(鄭麟趾), 무(武)에 홍사석이 그런 사람일 것이다."라고 하였다. 뒤에 중시(重試)에 발탁되었고 서쪽을 정벌한 공적[72]으로 관직이 지중추원사 겸 도안무처치사(知中樞院事兼都安撫處置事)에 이르렀다. 시호는 장양(莊襄)이다.

민휘(閔暉) 과거에 급제하여 성종조(成宗朝)에 여러 고을의 수령을 역임하였고 관직이 사헌부 대사헌에 이르렀다. 성품이 청렴하고 신중하였으며 가는 곳마다 청렴결백하여 세상을 감복시켰다. 아들 민수천(閔壽千)은 중종조(中宗朝)에 관찰사가 되었고 문장으로 명성이 있었다.

홍인우(洪仁祐) 홍사석의 5대손이다. 성균관의 생원(生員)이 되었다. 어려서

72 서쪽을 정벌한 공적 : 세종대에 압록강(鴨綠江) 너머의 파저강(婆猪江) 일대를 정벌하고 사군(四郡)을 개척하는 데 참여한 공적을 말한다. 그 전말이 《서정록(西征錄)》에 상세히 기록되어 있다.

부터 뜻을 돈독히 하여 학문을 하였는데 성현(聖賢)을 표준(標準)으로 삼아 뜻을 굳건히 하고 각고의 힘을 쏟아 진실하게 실천하였다. 부모를 지극한 효성으로 섬겼고, 당대의 명사들과 두루 교유하여 그에 힘입어 강마하였다. 만년에 이황(李滉)을 찾아보고 스승으로 삼으니 조예가 더욱 정밀해졌다. 서경덕(徐敬德)이 일찍이 사람들에게 말하기를 "도(道)에 뜻을 두고 더불어 진보해 갈 만한 자는 오직 홍응길(洪應吉) 한 사람뿐이다."라고 하였다. 응길은 홍인우의 자(字)이다. 세상에서 치재(恥齋) 선생이라고 불렀다.

홍진(洪進) 홍인우의 아들이다. 과거에 급제하여 선조조(宣祖朝)에 여러 관직을 거쳐 판서(判書)가 되었고, 임금을 호종(扈從)한 공[73]으로 당흥부원군(唐興府院君)에 봉해졌다. 아우 홍적(洪迪)은 과거에 급제하여 문학(文學)으로 이름났는데 일찍 죽었다. 관직이 사헌부 집의(司憲府執義)에 이르렀다.

73 임금을 호종(扈從)한 공 : 임진왜란 때 선조를 의주(義州)까지 호종한 공을 말한다. 그 공으로 녹훈(錄勳)된 인물을 호성 공신(扈聖功臣)이라고 부른다.

이천도호부利川都護府

동쪽으로 여주(驪州) 경계까지 22리이고, 남쪽으로 음죽현(陰竹縣) 경계까지 40리이고, 서쪽으로 양지현(陽智縣) 경계까지 37리이고, 북쪽으로 광주(廣州) 경계까지 21리이다. 서울과의 거리는 141리이다.

한전旱田

수전水田

건치연혁建置沿革

본래 백제 땅인데 고구려가 차지해 남천현(南川縣) 남매(南買)라고도 한다. 으로 삼았다. 신라 진흥왕(眞興王) 때 승격시켜 남천주(南川州)로 삼았고, 경덕왕(景德王) 때 황무(黃武)라고 이름을 고쳐 한주(漢州)의 영현(領縣)으로 삼았다. 고려 태조(太祖)가 남쪽을 정벌할 때 고을 사람 서목(徐穆)이 인도하여 물을 편리하게 건너도록 하니, 이에 이천군(利川郡)이라는 이름을 내리고 광주(廣州)에 편입시켰다. 인종(仁宗) 때 이천현(利川縣)을 다시 설치하였고, 고종(高宗) 때 영창현(永昌縣)으로 고쳤으며, 공양왕(恭讓王) 때 승격시켜 남천군(南川郡)으로 삼았다. 조모 신씨(申氏)의 본향이므로 승격시켰다. 본조 태조(太祖) 2년(1393)에 다시 이천현으로 삼았고, 세종(世宗) 26년(1444)에 도호부(都護府)로 승격시켰다. 1000호(戶) 이상이므로 승격시켰다. 인조(仁祖) 때 강등하여 현(縣)으로 삼았다가, 얼마 뒤 다시 도호부로 삼았다. 관장하는 면(面)은 14개이며, 관원은 부사(府使)와 1인으로 종3품이다. 다른 도호부도 같다. 교수(敎授)이다. 1인이다.

군명郡名

남천(南川), 황무(黃武), 영창(永昌)

형승形勝

북쪽으로 남한(南漢 광주)과 잇닿고 남쪽으로 중원(中原 충주)과 통하며 동쪽으로 여강(驪江)을 경계로 삼고 서쪽으로 뭇 산들이 막아서 있다. 땅이 비옥하고 백성이 부유하다. 본조 권근(權近)의 〈향교기(鄕校記)〉[74]

74 권근(權近)의 향교기(鄕校記) : 〈이천에 새로 설치한 향교의 기문(利川新置鄕校記)〉을 말하는데, 이천은 "땅이 넓고 비옥하며 백성이 많고 부유하다.(土廣而腴, 民衆而富.)"라고 되어 있다.《陽村集 卷14》

산천山川

설봉산(雪峯山) 부 서쪽 5리에 있다. 진산(鎭山)이다. 위에 고성(古城)이 있다.

원적산(圓寂山) 부 북쪽 15리에 있다. 원적산(元寂山)이라고도 한다. 그 서쪽은 곧 광주(廣州)의 경계이고, 그 동쪽은 여주(驪州)의 경계이다.

오음산(五音山) 부 남쪽 25리에 있다.

대덕산(大德山) 부 남쪽 26리에 있다.

건지산(乾至山) 부 서남쪽 25리에 있다. 죽산현(竹山縣)과의 경계이다.

저명산(猪鳴山) 부 서쪽 15리에 있다. 산 위의 돌무더기가 마치 성(城) 같아서 저명성(猪鳴城)이라고 부르기도 한다.

효양산(孝養山) 부 동쪽 9리에 있다.

기천(沂川) 부 남쪽 8리에 있다. 옛 이름은 남천(南川)이며 속칭 복하천(福河川)이라고 한다. 서목(徐穆)이 고려 태조(太祖)를 인도하여 편리하게 건너도록 한 하천이다. 죽산현 경계에서 발원하여 부 동쪽을 지나 북쪽으로 흘러 여주 경내인 천녕폐현(川寧廢縣)에 이르고 동쪽으로 여강(驪江)에 들어간다.

안흥지(安興池) 부 동쪽 3리에 있다. 둘레는 200보이며 가운데에 작은 섬이 있다.

토산土産

백옥(白玉), 호법리(護法里)에서 난다. 도기(陶器), 석회(石灰), 밤〔栗〕

학교學校

향교(鄕校) 부 북쪽 1리에 있다. 홍무(洪武) 연간에 감무(監務) 변인달(邊仁達)이 창건하였다.

서원(書院) 부 서쪽 2리에 있다.

궁실宮室

객관(客館)

향사당(鄕射堂) 객관 동쪽에 있다.

애련정(愛蓮亭) 객관 동쪽에 있다. 부사(府使) 이세보(李世珤)가 중수하여 못을 파고 연(蓮)을 심으니 신숙주(申叔舟)가 이름 지었다.

우역郵驛

오천역(吾川驛) 부 서쪽 22리에 있다.

아천역(阿川驛) 부 북쪽 20리에 있다.

잉읍원(仍邑院) 부 북쪽 22리에 있다.

관천원(貫川院) 부 남쪽 5리에 있다.

사묘祠廟

사직단(社稷壇) 주 서쪽에 있다.

문묘(文廟) 향교(鄕校)에 있다.

성황사(城隍祠) 설봉산(雪峯山)에 있다.

여단(厲壇) 부 북쪽에 있다.

능묘陵墓

김길통(金吉通) 묘 부 북쪽 10리에 있다.

권균(權鈞) 묘 부 남쪽 25리에 있다.

사찰寺刹

정악사(定嶽寺) 저명산(猪鳴山)에 있다.

안양사(安養寺) 오음산(五音山)에 있다.

입석사(立石寺) 대덕산(大德山)에 있다.

고적古蹟

설봉산고성(雪峯山古城) 돌로 쌓았고 둘레가 5112자이다. 삼국 시대 때 쌓은 옛 성이라고 전해지는데 지금은 모두 무너졌다.

안흥사(安興寺) 부 동쪽 4리에 있다. 지금은 없어지고 마을이 되었으니 안흥리(安興里)라고 부른다. 석탑(石塔)이 그 터에 있다.

명환名宦

본조

민의생(閔義生) 이천 부사(利川府使)가 되었다.

이유인(李有仁), 복승정(卜承貞) 모두 이천 부사가 되었다. 강정왕조(康靖王朝 성종)에 모두 정최(政最)[75]라 하여 통정대부(通政大夫)로 특별히 승진하였다.

유우流寓

강은(姜溵) 본조 공희왕(恭僖王 중종) 때 천거되어 현량과(賢良科)에 급제하여 예문관 검열(藝文館檢閱)이 되었는데, 기묘사림의 당적(黨籍)에 연루되어 이천으로 물러나 살았다. 뒤에 서용(敍用)되어 성균관 전적(成均館典籍)을 지냈는데, 숙배(肅拜)한 뒤 영정왕(榮靖王 인종)의 빈전(殯殿)에서 곡하고서 바로 돌아와 여생을 보냈다. 호는 규정(葵亭)이다. 매양 말이 시사(時事)에 미치면 북쪽을 향해 길게 탄식하고 눈물을 흘려 옷깃을 적셨다.

인물人物

고려

서필(徐弼) 광종(光宗) 때 여러 관직을 거쳐 내의령(內議令)에 이르렀다. 입

75 정최(政最) : 도목 정사(都目政事)에서 최상등(最上等)을 받는 것을 말한다.

조(立朝)하여 기탄없이 직간하니 바로잡는 바가 많았다. 왕이 한번은 공경(公卿)에게 금으로 된 술그릇을 하사하였는데 서필 홀로 받지 않고 말하기를 "신이 외람되이 재상의 자리에 있는 것도 분수에 넘친다고 여겨 항상 두렵습니다. 또한 복식과 용기는 등급의 차이를 밝히고 사치와 검약은 치란(治亂)과 관계된 것인데, 신이 금으로 된 그릇을 쓰면 임금께서는 장차 무엇을 쓰시겠습니까?"라고 하니, 왕이 말하기를 "경이 보배를 보배로 여기지 않으니, 나는 응당 경의 말을 보배로 삼겠소."라고 하였다. 죽으니 시호를 정민(貞敏)이라 하였고, 광종의 묘정(廟庭)에 배향(配享)되었다. 애초에, 서필의 아버지 서신일(徐神逸)이 신라 말에 은거할 때 사슴 한 마리가 화살에 맞은 채 뛰어들었는데 서신일이 화살을 빼고 숨겨 주니 사냥꾼이 왔으나 보지 못하고 돌아갔다. 꿈에 신인(神人)이 나타나 감사하며 말하기를 "그 사슴은 내 아들입니다. 그대의 도움으로 죽지 않았으니, 그대의 자손은 대대로 재상이 될 것입니다."라고 하였는데, 서신일이 80세에 서필을 낳았다.

서희(徐熙) 서필의 아들이다. 일찍 갑과(甲科)로 발탁되었다. 광종 때 내의시랑(內議侍郎)으로서 사신이 되어 송나라에 갔는데, 송 태조(宋太祖)가 그의 용의(容儀)가 법도에 맞음을 보고 검교병부상서(檢校兵部尙書)에 제수하였다. 성종(成宗) 12년(993)에 거란(契丹)의 소손녕(蕭遜寧)이 내침하여 사태가 급박해지자 혹 서경(西京)을 떼어 주려 하였는데, 서희가 말하기를 "땅을 떼어 적에게 주는 것은 만세의 수치입니다. 원컨대 신들에게 한번 싸워 보게 한 후에 의논하소서."라고 하였다. 왕이 대신(大臣)을 보내 면대하게 할 것을 의논하였는데 응하는 자가 없었다. 서희가 국서(國書)를 받들고 거란 진영에 가니, 소손녕이 말하기를 "너희 나라는 신라 땅에서 일어났다. 고구려 땅은 우리의 소유인데 너희들이 갉아먹듯 침범해 들어왔다. 또 바다 건너 송나라를 섬기니, 그래서 오늘날 이 군사들이 오게 된 것이다."라고 하니, 서희가 말하기를 "우리나라는 곧 옛 고구려이다. 그래서 국호를 고려라고 하였다. 땅의 경계로 논하자면 상국(上國)의 동경(東京)이 모두 우리 영역에 있었는데 어찌 침범해 들어갔다 하는가. 또한 압록강(鴨綠江) 내외도 우리의 경내(境內)인데, 지금은 여진(女眞)이 그 땅을 훔쳐서 길이 막혔으니 조빙(朝聘)이 통하지 않는 것은 여진 때문이다. 만약 여진을 쫓아내어 우리의 옛 땅을 되찾는다면 감히 조빙을 하지 않겠는가."라고 하였다. 그 말의 기운이 강개하니 소손녕이 억지 부릴 수 없음을 알고 마침내 군사를 철수하였다. 관직이 태보 내사령(太保內史令)에 이르렀는데 바른 도리를 지키고 충성을 다하였으며 대신(大臣)의 풍모가 있었다. 시호는 장위(章威)이며, 성종의 묘정에 배향되었다.

서눌(徐訥) 서희의 아들이다. 현종(顯宗), 덕종(德宗), 정종(靖宗) 3대의 임금을 섬겼다. 여러 자리를 거쳐 사헌부의 대관(臺官)이 되고 관직이 시중(侍中)에 이르니 일세의 명신이 되었다. 시호는 원숙(元肅)이며, 정종의 묘정에 배향되었다.

서공(徐恭) 서희의 현손(玄孫)이다. 담력과 지략이 있고 말타기와 활쏘기를 잘하였다. 의종(毅宗) 때 여섯 번 양계(兩界)의 병마사(兵馬使)가 되었는데 사졸들이 기뻐하며 따랐다. 여러 관직을 거쳐 평장사(平章事)가 되었는데 더욱 겸손하였으며 무인(武人)을 잘 대우하니 정중부(鄭仲夫)의 난 때도 화가 그의 가문에 미치지 않았다.

서원(徐遠) 충선왕(忠宣王) 때 죽주(竹州)의 지주사(知州事)가 되었다. 정사에 치적이 있었으니 고을 사람들이 칭송하고 경모하여 잊지 못하였다. 아들

서선(徐選)은 본조에 출사(出仕)하였는데 관직이 형조 판서에 이르렀다.

서견(徐甄) 과거에 급제하여 공양왕(恭讓王) 때 사헌부 장령(司憲府掌令)에 이르렀다. 대성(臺省)의 간관들과 합계(合啓)하여[76] 조준(趙浚), 정도전(鄭道傳) 등을 주살하라고 청하였는데, 정몽주(鄭夢周)가 해를 입자 서견도 먼 곳으로 유배되었다. 본조가 혁명(革命)한 뒤에 금천(衿川)에 은거하였는데 앉을 때 반드시 북쪽을 향하였고 종신토록 한양(漢陽)의 성곽을 마주하지 않았다. 한번은 시를 지어 마음 아파하였는데 대간(臺諫)이 죄주려 하자 태종(太宗)이 말하기를 "서견은 고려의 신하가 되어 고국(故國)을 잊지 못하니 이는 백이(伯夷)와 숙제(叔齊)의 부류이다. 어찌 죄줄 수 있겠는가."라고 하였다.

본조

이관의(李寬義) 그 선조는 광주(廣州) 사람인데 부(府) 땅에 거주하면서 학문을 좋아하고 선행을 즐겼다. 세조(世祖) 때 향리에 은거하여 종신토록 출사하지 않았는데, 당대의 고사(高士)들과 남효온(南孝溫)의 무리가 모두 추중(推重)하였다.

서강(徐岡) 과거에 급제하여 관직이 성균관 대사성(成均館大司成)에 이르렀다. 성품이 강직하여 흔들림이 없었다.

76 합계(合啓)하여 : 〈고려 서 장령 묘석기(高麗徐掌令墓石記)〉에 의하면 성헌(省憲), 김진양(金震陽), 이확(李擴) 등의 여러 간관과 아뢰었다고 한다. 《記言 卷58》

양근군楊根郡

동쪽으로 지평현(砥平縣) 경계까지 27리이고, 남쪽으로 여주(驪州) 경계까지 23리이고, 서쪽으로 광주(廣州) 경계까지 39리, 양주(楊州) 경계까지 40리이고, 북쪽으로 가평현(加平縣) 경계까지 45리이다. 서울과의 거리는 116리이다.

한전旱田

수전水田

건치연혁建置沿革

본래 고구려의 양근군(楊根郡)이다. 항양(恒陽)이라고도 한다. 신라 경덕왕(景德王) 때 이름을 빈양(濱陽)이라고 고치고 기천군(沂川郡)의 영현(領縣)으로 삼았다. 고려 초에 옛 이름으로 복구하고 광주(廣州)에 편입시켰다. 명종(明宗) 5년(1175)에 양근현(楊根縣)을 다시 설치하였고, 고종(高宗) 때 영화(永化)라고 고쳤다. 원종(元宗) 때 또 고쳐 익화현(益和縣)으로 삼았는데, 위사 공신(衛社功臣) 김자정(金自廷)의 본향이라 하여 현의 이름을 고치고 승격시켜 관아를 두고 현령(縣令)을 두었다.[77] 공민왕(恭愍王) 때 다시 양근군으로 삼았고, 본조에서 이를 따랐다. 관장하는 면(面)은 10개이다. 관원은 군수(郡守)와 1인으로, 종4품이다. 다른 군(郡)도 같다. 훈도(訓導)이다. 1인으로, 종9품이다. 다른 군현(郡縣)도 같다.

군명郡名

빈양(濱陽), 영화(永化), 익화(益和)

형승形勝

왼편으로 용문산(龍門山)에 기대고 오른편으로 한류(漢流)에 임해 있다.

산천山川

용문산(龍門山) 군 동쪽 20리에 있다. 일명 미지산(彌智山)이라고도 한다.

강원도 강릉부(江陵府) 오대산(五臺山)에서 구불구불 뻗어 와 서쪽으로

77 승격시켜……두었다 : 고려 때 지방의 현(縣)에는 현령을 파견하였으나, 권무직(權務職)인 감무(監務)를 임명하거나 지방관이 없는 경우도 있었다. 그러므로 '승격시켜 관아를 두고 현령을 두었다.〔陞爲官爲令〕'라는 것은 조정에서 공식 관청을 설치하고 중앙 관료를 파견하였다는 의미로 보인다. 《신증동국여지승람》 권8 〈경기 양근군〉에 "명종 5년(1175) 비로소 감무를 설치하였고 고종(高宗)이 영화(永化)라고 일컬었으며 원종 10년(1269) 위사 공신(衛社功臣) 김자정(金自廷)의 향리였으므로 승격시켜 익화 현령(益和縣令)으로 삼았다."라고 되어 있다.

양근(楊根)과 지평(砥平)의 경계에 이르러 다시 일어나 이 산을 이루니 가로로 뻗어 높고 크다. 봄여름이면 구름과 안개가 그 정상을 둘러싼다. 고려 이색(李穡)의 시[78]에 "하늘에 닿아 형세 웅대한 용문산이라.〔浮天勢大龍門山〕"라고 한 것이 이 산이다. 지평현(砥平縣)에도 보인다.

백운봉(白雲峯) 군 동쪽 10리에 있다. 곧 용문산의 남쪽 자락에 솟은 봉우리이다. 빼어난 돌 봉우리가 하늘을 찌를 듯하고 구름과 안개가 그 정상에 많다. 백운대(白雲臺)라고도 부른다.

노다령(勞多嶺) 군 북쪽 20리에 있다. 노다치(勞多峙)라고도 부른다.

청량령(淸涼嶺) 군 북쪽 25리에 있다. 두 고개 모두 용문산의 서쪽 줄기인데 매우 높고 험준하다.

고달산(高達山) 군 북쪽 40리에 있다. 일명 곡달산(鵠達山)이라고도 한다.

황악산(黃嶽山) 곡달산 서쪽에 있으니 서쪽으로 회수(淮水)를 임하였다. 산꼭대기에 나무가 없어서 바라보면 색이 누렇기에 이렇게 이름 지었다. 옛날에는 봉수(烽燧)를 두었으니, 민간에서 봉수봉(烽燧峯)이라고 부른다.

울업산(鬱業山) 미원폐현(迷原廢縣) 북쪽에 있다. 산세가 우뚝 솟아 높고 험하다.

중은산(中隱山) 군 서쪽 30리에 있다. 곧 노다령의 서쪽 줄기이다. 오대산의 중맥(中脈)이 여기서 숨었다 하여 본조의 신효장(申孝章)이 이렇게 이름 지었다. 청제산(靑帝山)이라고도 하는데, 산의 맥이 진방(震方 동쪽)에서 왔다 하여 그렇게 이름 지었다고 한다.

78 이색(李穡)의 시 : 〈여흥 청심루에 걸린 시에 차운하다〔驪興淸心樓題次韻〕〉이다. 《牧隱藁 牧隱詩藁 卷34》

양백산(陽白山) 군 남쪽 15리에 있다.

마현산(馬峴山) 군 서쪽 10리에 있다.

마유산(馬游山) 군 북쪽 15리에 있다.

고산(孤山) 군 남쪽 13리에 있다. 작은 산이 나무가 없이 강변에 홀로 솟아 마치 떠내려온 것 같다. 속칭 충주산(忠州山)이라고 한다.

한강(漢江) 여주(驪州) 경계에서 흘러들어 군 남쪽 5리를 지나고 서쪽으로 서심탄(西心灘)과 대탄(大灘)으로 흘러가니 모두 그 물살이 험하고 급한 곳이다. 군 서쪽 45리에 이르러 회수와 합하여 광주(廣州) 경계로 들어간다.

회수(淮水) 춘천부(春川府)에서 가평현(加平縣)을 거쳐 흐르다가 군 북쪽 45리에 이르러 홍천수(洪川水)와 합하고, 또 남쪽으로 흘러 자은탄(自銀灘), 이포나루[梨浦渡], 용진나루[龍津渡]를 지나 한강과 합한다.

미원천(迷原川) 군 북쪽 43리 미원폐현에 있다. 용문산 서쪽에서 발원하여 회수로 흘러 들어간다.

영천(靈川) 군 북쪽 30리에 있다. 용문산에서 발원하여 서쪽으로 흐르다가 야미동(耶美洞)에 이르러 회수로 들어간다.

서심탄(西心灘) 군 남쪽 20리에 있다. 곧 한강의 여울이니 물살이 매우 거세다. 그 아래에 또 파내탄(波乃灘)이 있다.

대탄(大灘) 군 서쪽 20리에 있다. 또한 한강의 여울이다. 바위가 강 가운데를 가로질러 있는데 물이 불으면 보이지 않으나 물이 줄면 파도가 부딪히고 부서져서 하도(下道 경상·전라·충청의 하삼도)의 조운선이 이따금 표류하고 침몰한다. 고려 때 왕강(王康)이 건의하여 그 바위를 조금 깎아 내었으나 일이 쉽지 않아 그만두었는데 그 이후 물살이 더욱 거칠어졌다. 본조 세조(世祖) 때 구달충(具達忠)을 보내 깎아 내도록 했는데, 물속에 나아가

나무 방죽을 설치해 그 바위를 둘러싸서 물이 들어오지 않게 하고 깎아 내었으나 결국은 이루지 못하였다. 세상에서 양자강의 염여퇴(灩澦堆)[79]에 견준다고 한다. ○ 본조 김세렴(金世濂)의 시[80]에,

가지 못하네 대탄 물살 거칠어	不行大灘惡
어찌 알았겠나 뱃길 이리 험할지	詎識舟行難
큰 파도가 천둥소리 울부짖고	洪濤吼萬雷
십 리를 거센 물살 내달리네	十里奔狂湍
큰 바위 말 어금니처럼 서 있어	巨石若馬牙
고개 돌려 보면 모골이 송연한데	顧望心骨酸
뱃사공은 늠름히 서로 경계하면서	舟子凜相戒
상앗대 힘껏 저어 파도 타고 가누나	奮篙乘波瀾
태허가 묘유를 운영하노니	太虛運妙有
산과 물이 절로 어우러져 펼쳐졌는데	嶽瀆自融盤
험한 데를 둔 것은 또한 무슨 뜻인가	設險亦何意
조화는 참말로 다단하도다	造化苦多端

하였다.

병탄(幷灘) 군 서쪽 45리에 있다. 한수(漢水)와 회수(淮水)가 여기서 합류하므로 병탄이라고 부른다. ○ 고려 이색(李穡)의 시[81]에,

흐르는 대로 내려올 땐 사공 한가하더니	順流而下棹夫閑

79 염여퇴(灩澦堆) : 양자강 구당협(瞿塘峽)의 여울로, 물길이 아주 험해 배를 타고 무사히 건너기가 어렵다고 한다.

80 김세렴(金世濂)의 시 : 〈대탄(大灘)〉이다. 《東溟集 卷2》

81 이색(李穡)의 시 : 〈늦게 병탄에서 묵다(晩宿幷灘)〉이다. 《牧隱藁 牧隱詩藁 卷32》

순식간에 험한 물길 만나자 놀라 소리치네 遇險驚呼頃刻間
늦게 모래톱에 정박하니 바람 이슬 차갑고 晩泊沙洲風露冷
등불 하나 깜빡이며 구름 낀 산을 비추네 一燈明滅照雲山

하였다.

자은탄(自銀灘) 군 북쪽 44리에 있다. 곧 회수의 여울이다. 그 하류에 또 사탄(斜灘)이 있다.

족성도(簇城島) 원회도(遠會島)라고도 부른다. 군 서쪽 45리에 있다. 한수와 회수가 서로 만나는 곳으로, 그 아래가 병탄이다. 물살이 아주 거센데 그 가운데 우뚝 솟았으니 마치 황하의 지주(砥柱)[82]와 같다.

토산土産

백점토(白粘土), 군 남쪽 15리 부로현촌(富老峴村)에서 난다. 석회(石灰), 잣〔海松子〕, 밤〔栗〕, 송이버섯〔松蕈〕, 산갓〔山芥〕, 당귀(當歸), 용문산(龍門山)에서 난다. 창출(蒼朮), 마〔山藥〕, 작약(芍藥), 복령(茯苓), 연소(軟蔬), 용문산에서 나는 것이 좋다. 산무애뱀〔白花蛇〕, 쏘가리〔錦鱗魚〕, 누치〔訥魚〕

학교學校

향교(鄕校) 군 서쪽 3리에 있다.

82 지주(砥柱) : 황하 가운데 있는 산 또는 돌 이름이다. 황하 삼문협(三門峽) 동북쪽에 있다.

서원(書院) 미원폐현(迷原廢縣) 서쪽에 있다. 본조의 조광조(趙光祖)가 독서하고 유람하던 곳인데, 후대의 사람이 이로 인해 서원을 짓고 사당을 세워 제사 지낸다.

궁실 宮室

객관(客館)

우역 郵驛

오빈역(娛賓驛) 군 남쪽 10리에 있다.

월계원(月溪院) 월계구(月溪口)에 있다.

다락원(多樂院) 다로락구(多勞樂口)에 있다.

말원(末院) 군 서쪽 40리에 있다.

초원(草院) 군 서쪽 30리에 있다.

관량 關梁

월계구(月溪口) 군 서쪽 30리에 있다. 두 산이 마주 섰는데 그 사이로 강이 흐르고 길이 산벼랑으로 나서 구불구불 10리를 이어지니 속칭 월계천(月溪遷)이라고 한다. 이곳에서 동쪽 15리에 또 다로락구가 있다. 모두 요해처이니 예전에는 모두 원(院)이 있었다.

고산교(孤山橋) 군 남쪽 13리에 있다. 작은 시내에 걸쳐 놓였는데 고산 아래에 있으므로 속칭 고산교라고 한다.

용진나루〔龍津渡〕 군 서쪽 44리에 있다. 곧 회수를 건너는 나루이다. 나루 아래에 여울이 있는데, 가물면 여울을 통해 걸어서 건널 수 있다. ○ 본조 권근(權近)의 시[83]에,

작은 배 가벼이 일렁인다 푸른 물결에	小舟輕漾碧波間
편안히 건너네 마치 평탄한 길 가는 듯	穩涉眞同坦道安
지난 일 아득하여 온통 꿈인 듯한데	往事悠悠都是夢
바쁜 중생은 어느 때나 한가하려나	浮生役役幾時閑
세상의 칭찬과 비난에 이름 얽매이고	物情毁譽名爲累
벼슬길 오르고 내림에 마음 졸이네	宦路升沈膽可寒
영천[84]에 가서 아직 귀를 씻지 못하니	未向潁川成洗耳
맑은 강에 비친 찌든 얼굴 심히 부끄럽구나	淸江深愧照塵顔

하였다.

사묘祠廟

사직단(社稷壇) 군 서쪽에 있다.

문묘(文廟) 향교(鄕校)에 있다.

성황사(城隍祠) 군 서쪽 10리에 있다.

83 권근(權近)의 시 : 〈용진을 건너다가 감응해 다시 앞의 운을 쓰다(渡龍津有感復用前韻)〉이다. 《陽村集 卷8》

84 영천(潁川) : 요(堯) 임금이 천하(天下)를 물려주려 한다는 말을 듣고 은자(隱者) 허유(許由)가 귀를 씻었다고 전하는 물 이름이다.

여단(厲壇) 군 북쪽에 있다.

능묘陵墓

김사형(金士衡) 묘 군 서쪽 30리 중은동(中隱洞)에 있다.

유관(柳寬) 묘 군 남쪽 15리 왕충리(王忠里)에 있다.

김자지(金自知) 묘, 김여지(金汝知) 묘 모두 군 남쪽 20리에 있다.

강맹경(姜孟卿) 묘 군 북쪽 5리에 있다.

이숭원(李崇元) 묘 군 동쪽 15리에 있다.

김하(金何) 묘 군 남쪽 20리에 있다.

이준경(李浚慶) 묘 군 서쪽 명점리(鳴岾里)에 있다.

이제신(李濟臣) 묘 군 북쪽 40리 야미곡(耶美谷)에 있다.

이덕형(李德馨) 묘 군 서쪽 30리 중은동에 있다.

이호민(李好閔) 묘 군 북쪽 10리에 있다.

사찰寺刹

소설암(小雪菴) 미원폐현(迷原廢縣)의 용문산(龍門山) 북쪽 기슭에 있다. 고려의 승(僧) 보우(普愚)가 머물렀다. 보우가 중국에 들어가 법(法)을 얻고 돌아와서 소설산인(小雪山人)이라고 자호(自號)하였으므로 이렇게 이름 지은 것이다. 권근(權近)이 찬술한 보우의 사리탑비(舍利塔碑)가 있다.

사나사(舍那寺) 용문산에 있다.

서방사(西方寺) 마유산(馬遊山)에 있다.

중은사(中隱寺) 군 서쪽 30리 중은산(中隱山) 서쪽에 있다. ○ 본조의 이덕형(李德馨)이 중은사에서 달을 보며 앉아 지은 시[85]에,

> 갠 하늘 달빛이 흰 장막에 비치니　霽月通綃幕
> 산봉우리 위로 둥근 달이 떴구나　脩峯上玉盤
> 어두운 티끌을 옛 시 읊어 떨치며　暗塵翻舊咏
> 적적하게 밤늦도록 홀로 앉아 있구나　岑寂坐更闌

하였다.

고적古蹟

미원폐현(迷原廢縣) 군 북쪽 43리에 있다. 고려 공민왕(恭愍王) 5년(1356)에 국사(國師) 보우(普愚)가 군의 미원장(迷原莊), 소설암(小雪菴)에 머무른다 하여 장(莊)을 승격시켜 현(縣)으로 삼았는데, 얼마 뒤 땅이 좁고 사람이 적다 하여 현을 폐지하고 도로 군에 편입시켰다.

함공성(咸公城) 군 동쪽 30리에 있다. 돌로 쌓았고 둘레가 2만 9005자이다. 고려 때 군의 사람들이 이곳에서 몽고(蒙古)의 군사를 피하였다.

의구총(義狗塚) 오빈역(娛賓驛) 남쪽 길가에 있다. 민간에 전하기를, 예전에 한 노파가 개를 길렀는데 산불이 나서 번지자 개가 강에 뛰어들어 물을 적셔 불 끄는 것을 도왔다. 산불이 꺼졌을 때 개는 힘이 다해 죽고 마니, 사람들이 의롭게 여겨 장사 지내 주었다고 한다.

85 이덕형(李德馨)이……시 : 〈중추에 아계사에서 달을 감상하며 단 스님에게 써 주다(中秋賞月于丫溪寺仍書贈壇師)〉이다. 《漢陰文稿 卷1》

돌 돛대〔石檣〕 군 동북쪽 1리에 있다. 돌 돛대가 우뚝 섰는데 높이가 2장(丈)이다. 옛 사찰의 터라고 전해진다.[86] 혹 말하기를, 전대(前代 고려)에 주현(州縣)에서 구리나 돌로 배의 돛대 형태를 만들어 땅의 승한 기운을 누른 것이 곳곳에 있는데 이는 그중 하나라고 한다.

명환名宦

신라

자옥(子玉) 원성왕(元聖王) 때 자옥을 양근현(楊根縣) 소수(小守)로 삼았는데, 집사(執事) 모초(毛肖)가 논박하며 말하기를 "자옥은 문적(文籍) 출신이 아니므로 지방관의 직임을 맡겨서는 안 됩니다."라고 하니, 시중(侍中)이 논의하며 말하기를 "비록 문적 출신이 아니기는 하나 일찍이 당(唐)나라에 들어가 학생(學生)이 되었으니, 쓰는 것이 낫지 않겠습니까."라고 하니, 왕이 따랐다.

본조

이원(李原) 태조조(太祖朝)에 양근(楊根)에 부임하였다. 굳건하고 바르며 절제하니 은혜로운 정사가 있었다. 그 후에 또 경기 관찰사(京畿觀察使)가 되었다.

86 옛……전해진다 : 옛 사찰의 터에 있다고 한 것으로 보아 돌 돛대는 사찰 앞에 세웠던 당간(幢竿)을 지칭하는 듯하다.

강석덕(姜碩德) 장헌왕(莊憲王 세종)이 그의 학행(學行)을 알아보고 관품이 참하(參下)인데도 발탁하여 양근 군수(楊根郡守)로 삼았다. 정사를 펼침에 가르치고 기르는 일을 우선하고 공직을 수행함에 부지런히 힘쓰니, 아전과 백성이 그의 덕을 마음에 품었다.

유우流寓

이덕형(李德馨) 본조 선조(宣祖) 때의 이름난 재상이다. 일찍이 그의 어버이를 용진(龍津) 가의 중은산(中隱山) 아래에 장사하였는데, 광해군(光海君) 때 영의정으로서 직간(直諫)하다가 쫓겨나서 용진에 물러나 살았고 이곳에서 죽었다. 상주(尙州)에 상세하다.

인물人物

고려

함규(咸規) 태조(太祖)의 공신(功臣)으로, 관직이 광평시랑(廣平侍郎)에 이르렀다.

함유일(咸有一) 함규의 5세손이다. 인종(仁宗) 때 서경(西京)에서 반란이 일어나자, 서리(胥吏)로서 종군(從軍)하여 공(功)이 있었으니, 선발되어 선군기사(選軍記事)가 되었다. 여러 자리를 거쳐 감찰어사(監察御史)가 되었고, 관직이 공부 상서(工部尙書)에 이르러 치사(致仕)하였다. 함유일은 청렴하고 절제하여 집안일을 잊었고, 거치는 곳마다 모두 명성과 공적이 있었으며, 무격(巫覡)에 미혹되지 않고 음사(淫祠)를 모두 철훼하였다. 그 아내가 일찍이 말하기를 "여러 아이들이 공이 살아 계실 때 자못 일어서길 바라신다면, 재산을 늘리는 일을 어찌 생각하지 않으십니까."라고 하니, 답하기를 "나는 의지한 데 없이 홀로 서서 근검(勤儉)과 수절(守節)로 가문을 세웠으니, 아이들도 응당 정직(正直)과 절검(節儉)으로 명(命)을 기다리게 할 뿐입니다."라고 하였다. 아들 함순(咸淳)은 과거에 급제하여 문장(文章)으로 세상에 이름났다.

열녀 列女

신아(愼娥) 이름은 옥금(玉今)으로, 군의 아전인 이순명(李順命)의 아내이다. 이순명이 병으로 죽자 몸이 상할 정도로 지나치게 슬퍼하면서 예(禮)를 행하였다. 상을 마치고서 부모가 일찍 상부(喪夫)한 딸을 불쌍히 여겨 개가(改嫁)시키고자 하였는데, 옥금이 죽음을 각오하고 아뢰었으나 받아들여지지 않고 중매가 정해지고 말았다. 옥금이 피할 수 없음을 알고서 목욕한 후 옷을 갈아입고 스스로 목을 매어 죽었다. 본조 연산군(燕山君) 때 정려(旌閭)하였다.

지평현砥平縣

동쪽으로 강원도 원주(原州) 경계까지 47리이고, 남쪽으로 여주(驪州) 경계까지 16리이고, 서쪽으로 양근군(楊根郡) 경계까지 21리이고, 북쪽으로 강원도 홍천현(洪川縣) 경계까지 43리이다. 서울까지의 거리는 162리이다.

한전旱田

수전水田

건치연혁建置沿革

본래 고구려의 지현현(砥峴縣)이다. 신라 경덕왕(景德王) 때 지평(砥平)이라고 이름을 바꾸고 삭주(朔州)의 영현(領縣)으로 삼았다. 고려 현종(顯宗) 때 광주(廣州)에 편입시켰고, 신우(辛禑) 때 지평현(砥平縣)을 다시 설치하였다. 유모(乳母) 장씨(張氏)의 본향이라 하여 설치하였다. 본조(本朝)에서 이를 따랐다. 관장하는 면(面)은 5개이고, 관원은 현감(縣監)과 1인으로 종6품이다. 다른 현감도 같다. ○ 고려 때 여러 작은 현(縣)을 주부(州府)에 병합하였다. 명종(明宗) 이후에 점차 분리하여 감무(監務)를 두었는데 모두 참외(參外)의 권무직(權務職)과 여러 사(司)의 이전(吏典)이 맡도록 하였다. 그러나 품계가 낮고 사람이 한미하니 쓸모없이 되어 비천한 백성만 피해를 입었다. 신우 11년(1385)에 정몽주(鄭夢周)가 건의하여 6품 이상의 조관(朝官)을 가려 파견해 중한 직임으로 중하게 대하였으나, 감무라는 이름은 계속 두었다. 본조의 태종(太宗) 13년(1413)에 고쳐 현감으로 삼았으니, 다른 도(道)도 이와 같다. **훈도(訓導)이다.** 1인이다.

군명郡名

지현(砥峴)

산천山川

용문산(龍門山) 현 서쪽 20리에 있다. 일명 미지산(彌智山)이라고도 한다. 양근군(楊根郡)에도 보인다.

부동산(不動山) 현 북쪽 30리에 있다.

운악산(雲嶽山) 현 남쪽 18리에 있다. 철(鐵)이 생산되어, 고려 말에 철장(鐵場)을 두었다.

추읍산(趨揖山) 현 서남쪽 20리 여주(驪州)와의 경계에 있다. 운악산에서 끊어졌다가 다시 일어나 이 산을 이룬다.

송현(松峴) 현 동쪽 30리 원주(原州)와의 경계에 있다.

구질현(仇叱峴) 현 동쪽 15리에 있다.

장생동(長生洞) 용문산 백운봉(白雲峯)의 동쪽에 있으니 거리는 현 서쪽

20리이다. 동의 입구는 굽이졌는데 가운데는 평평하고 탁 트였으니 장생동이라고 부른다.

봉천(鳳川) 전곡천(田谷川)이라고도 부른다. 현 서쪽 10리에 있다. 부동산 및 용문산 동쪽에서 발원해 합쳐져 서쪽으로 흐르다가 양근군 경계에 이르러 강물로 들어간다. 그 상류에 광탄(廣灘)과 봉황애(鳳凰崖)가 있는데, 물과 바위의 경치가 빼어난 곳으로 일컬어진다.

토산 土産

도기(陶器), 녹반(綠礬), 현 북쪽의 월로리(月老里)에서 난다. 석회(石灰), 밤〔栗〕, 연소(軟蔬), 용문산에서 나는 것이 좋다. 산갓〔山芥〕, 당귀(當歸), 용문산에서 난다. 창출(蒼朮), 작약(芍藥), 복령(茯苓), 하수오(何首烏)

학교 學校

향교(鄕校) 현 남쪽 1리에 있다.

용문산서원(龍門山書院) 현 서쪽 15리에 있다. 효종(孝宗) 때 건립되었는데 고을 사람 조욱(趙昱)이 은거한 곳이다.

궁실 宮室

객관(客館)

우역郵驛

전곡역(田谷驛) 현 서쪽 5리에 있다.

백동역(白冬驛) 현 북쪽 30리에 있다.

지덕원(之德院) 현 서쪽 15리에 있다.

사묘祠廟

사직단(社稷壇) 현 서쪽에 있다.

문묘(文廟) 향교(鄕校)에 있다.

성황사(城隍祠) 현 북쪽에 있다.

여단(厲壇) 현 북쪽에 있다.

능묘陵墓

조욱(趙昱) 묘 현 서쪽 20리에 있다.

사찰寺刹

상원사(上元寺) 일명 상원사(上院寺)라고도 한다. 용문산(龍門山)에 있다. 본조의 세조(世祖)가 일찍이 이곳에 행차하셨다. 본조 김시습(金時習)의 시[87]에,

87 본조의……시 : 김시습이 상원사에 대한 시를 읊었다고 하였으나, 세조가 행차한 곳은 오대산(五臺山) 상원사(上院寺)이고 김시습의 시도 오대산 상원사에 대해 읊은 것이었다.

옛 전각에 향 연기 그득하고 古殿香煙合
삼문의 자물쇠는 열려 있구나 三門獸鑰開
텅 빈 뜰에 새들 재잘거리고 庭空喧鳥雀
묵은 바위에는 이끼가 꼈네 巖老襯莓苔
아름다운 나무 해를 향해 자라고 琪樹日應長
어여쁜 복사꽃 봄에 절로 피었네 蟠桃春自開
맑고 깨끗해 속세의 때가 없으니 淡然無外累
단아한 경계가 마치 천태[88] 같구나 雅境似天台

하였다.

용문사(龍門寺) 용문산에 있다. 산의 본래 이름은 미지(彌智)였는데 용문산이라고 부르는 것은 이 절 때문이다. 절에 이색(李穡)의 〈대장전기(大藏殿記)〉[89]가 있다.

윤필암(潤筆菴) 용문산에 있다. ○ 고려 이색이 왕명으로 나옹(懶翁)의 부도명(浮屠銘)을 찬술하였는데, 그 문도들이 윤필물(潤筆物)[90]을 보내자 이색이 받지 않고 그것으로 폐사(廢寺)를 중수하게 하였으니, 이로 인해 이렇게 이름 지었다.

《매월당집(梅月堂集)》 매월당시집 권10에 〈상원사(上院寺)〉라는 제목으로 실려 있다. 따라서 편찬자가 오인하여 잘못된 정보를 수록한 사례로 보인다.

88 천태(天台) : 중국 절강성(浙江省)에 있는 산 이름이다. 신선이 사는 곳이라고 하며, 불교 천태종의 발상지이기도 하다.

89 대장전기(大藏殿記) : 〈지평현 미지산 용문사 대장전기(砥平縣彌智山龍門寺大藏殿記)〉이다. 《牧隱藁 牧隱文藁 卷4》

90 윤필물(潤筆物) : 윤필은 본래 붓을 적셔 글을 쓰거나 그림을 그린다는 뜻이나, 글이나 그림을 부탁할 때 사례로 주는 재화나 물건을 지칭하기도 한다.

죽장암(竹杖菴) 용문산에 있다. ○ 이색의 〈중수기(重修記)〉[91]는 대략 다음과 같다.

"지평의 용문산은 세상에서 아는 바인데 그 이름이 곧 미지산(彌智山)이다. 예전에 개현암(開現菴)이라는 암자가 있었는데, 그 암자에서 도를 깨달은 이가 있었으나 지금은 그 이름이 전해지지 않는다. 그가 군왕(君王)에게 죽장(竹杖)을 하사받았으므로 암자를 죽장암이라고 편액하였으니, 산중의 사람들 사이에서 이와 같이 전해 온다. 암자가 산 가운데 높은 곳에 자리 잡아 마치 심장에 있는 듯하다면 상원사는 배꼽의 위치에 있다고 할 수 있다. 암자가 짙푸르게 우거진 숲을 벗어나 탁 트인 높은 곳에 있으니, 아래로 치악(雉嶽)과 여강(驪江)이 마치 손바닥 안에 있는 것처럼 보이고, 가까운 봉우리들이 좌우에 빙 둘러서서 머리 숙여 절하고 있는 듯하다. 이렇게 빼어나면서도 너그러운 모습이 사랑할 만하고 완상할 만한데, 사계절의 경치와 밤낮의 변화는 또 이루 다 말할 수 없다."[92]

운월암(雲月菴) 추읍산(趨揖山)에 있다.

고적 古蹟

보리사(菩提寺) 절은 없어졌으나 그 터가 용문산 장생동(長生洞) 북쪽에 있

91 중수기(重修記) : 〈지평현 미지산 죽장암 중영기(砥平縣彌智山竹杖菴重營記)〉이다. 《牧隱藁 牧隱文藁 卷2》

92 지평의……없다 : 〈지평현 미지산 죽장암 중영기(砥平縣彌智山竹杖菴重營記)〉의 일부를 인용한 것이다. 이색의 인식으로 오인될 수 있으나, 죽장암의 승 각조(覺照)가 이색에게 기문을 청탁하면서 말한 내용을 이색이 기문에 그대로 수록한 것이다. 《牧隱藁 牧隱文藁 卷2》

다. 고려 좌복야(左僕射) 최언위(崔彦撝)가 찬술한 승(僧) 대경(大鏡)의 현기탑비(玄機塔碑)[93]가 있는데, 곧 상주국(上柱國) 이환추(李桓樞)가 글씨를 쓰고 천복(天福) 4년(939) 기해년에 세운 것이다. 그 뒤의 산등성이에 신우(辛禑)의 유모인 장씨(張氏)의 무덤이 있다.

명환名宦

본조

허후(許厚) 인조(仁祖) 때 지평 현감(砥平縣監)이 되었다. 백성을 대하는 데에 공정하고 명확하고 신중하게 하는 세 가지를 요체로 삼았고, 정사를 행하는 데에 엄정함을 우선으로 하고 관대함을 나중으로 여겼다. 난리 이후 전토(田土)에 숨은 세금이 많았으니[94] 대개 여러 읍에서 사사로이 썼으나, 허후는 전토를 헤아리고 세금을 바로잡아 백성들이 편안하도록 하였다. 현에 내수사(內需司) 노비가 있었는데 그 세력을 등에 업고 백성에게 피해를 준 것이 10년이 되었으나 수령들이 감히 죄를 묻지 못하였다. 허후가 그 죄를 낱낱이 따져 법으로 처결해 죽이니 간사하고 교활한 일이 자취를 감춰

93 승(僧) 대경(大鏡)의 현기탑비(玄機塔碑) : 신라 말 고려 초의 선승(禪僧)인 여엄(麗嚴)의 탑비이다. 입적하자 고려 태조가 '대경대사'라는 시호(諡號)와 '현기탑'이라는 탑호(塔號)를 내렸다. 탑비는 현재 국립중앙박물관에 있다.

94 난리……많았으니 : 임진왜란 이후 유민(流民)이 모이지 않아 양전(量田)이 절반으로 줄었는데, 수십 년이 지나 개간된 논밭이 많아졌음에도 불구하고 지방 관청에서 호조에 보고하지 않았던 상황을 말한 것이다. 《記言 別集 卷26 觀雪先生行狀》

백성들이 크게 기뻐하였다. 이 때문에 옥에 갇혀 해를 넘기게 되었는데, 읍인(邑人)이 대궐로 가서 원통함을 호소하는 데다 마침 가물어 풀려났다.[95]

유우流寓

조욱(趙昱) 본조 중종(中宗) 때 사람으로 대대로 서울에서 살았다. 어려서 조광조(趙光祖)를 따라 배웠는데 침잠하여 연구하느라 먹고 자는 것을 잊는 데에 이르니, 조광조가 한번은 말하기를 "구도(求道)하는 돈독함이 조욱만 한 자가 없다."라고 하였다. 사화(士禍)가 일어났을 때, 조욱이 당시의 세상에 뜻을 끊고 용문산(龍門山) 아래에 자리 잡고 살면서 그 동(洞)을 둔촌(遯村)이라고 이름 지었고, 이치를 궁구하고 사람을 가르치는 것을 일로 삼으니, 배우는 자들이 용문(龍門) 선생이라고 일컬었다. 명종조(明宗朝)에 성수침(成守琛), 조식(曺植)과 함께 천거되어 장수 현감(長水縣監)이 되었다. 돌아와 용문산의 옛집에 은거하며 살다가 죽었다.

인물人物

고려

이적(李績) 고종(高宗) 때 여러 번 전공(戰功)을 세워 관직이 추밀사(樞密

95 마침 가물어 풀려났다 : 날이 가문 것이 억울한 옥사 때문이라 하여 풀려났다고 한다. 《國朝人物考 休逸》

事)에 이르렀다. 사람됨이 기쁨과 성냄을 나타내지 않아 평소에는 담력이 없어 보이나, 전장에서는 용맹을 떨쳐 사람들이 그에 미칠 수 없었다. 성품이 검소하여, 귀현(貴顯)하게 되었는데도 항상 누추한 집에 거처하며 태연하였다.

죽산현竹山縣

동쪽으로 음죽현(陰竹縣) 경계까지 22리이고, 남쪽으로 충청도 진천현(鎭川縣) 경계까지 26리, 같은 도 충주(忠州) 경계까지 20리이고, 서쪽으로 안성군(安城郡) 경계까지 23리이고, 북쪽으로 양지현(陽智縣) 경계까지 40리이다. 서울과의 거리는 170리이다.

한전旱田

수전水田

건치연혁建置沿革

본래 백제의 땅인데 고구려가 차지하여 개차산군(皆次山郡)으로 삼았다. 신라 경덕왕(景德王) 때 고쳐 개산군(介山郡)으로 삼았다. 고려 초에 죽주(竹州)로 고쳤고, 현종(顯宗) 때 광주(廣州)로 편입시켰으며, 명종(明宗) 때 다시 죽주를 분리하여 현(縣)으로 삼았다. 본조 태종(太宗) 13년(1413)에 고쳐 죽산현(竹山縣)으로 삼았고, 군현(郡縣)의 이름에 주(州) 자를 가진 것 중 도호부(都護府) 이하는 모두 산(山)이나 천(川) 자로 바꾸니, 주

(州)·목(牧)과 구별하기 위함이다. 뒤에도 이와 같다. 세종(世宗) 16년(1434) 충청도로부터 경기에 이속(移屬)하였다. 관장하는 면(面)은 9개이며, 관원은 현감(縣監)과 훈도(訓導)이다. 각 1인이다. 지금 증보하건대 광해군(光海君) 때 승격시켜 도호부(都護府)로 삼았다. 선조(宣祖) 26년(1593)에 음죽현(陰竹縣)을 병합하였다가 얼마 뒤에 분리하였다. 광해군 때 또 안성군(安城郡)을 없애 병합하였으나 얼마 뒤 다시 분리하여 설치하였다.

군명郡名

개산(介山), 죽주(竹州) 별호(別號)는 연창(延昌)이다.

형승形勝

왼편으로 여흥(驪興)과 접하고 오른편으로 위례(慰禮 직산)와 통하며 북쪽으로 남한(南漢 광주)과 연하고 남쪽으로 중원(中原 충주)에 이른다. 죽주는 왼편으로 여흥과 접하고 오른편으로 위례와 통하며 북쪽으로 남한과 연하고 남쪽으로 중원에 이르니, 충주와 청주로부터 왕경(王京)으로 가는 나그네들이 모여들며 사방으로 통하는 요충지이다.

산이 깨끗하고 물이 맑다. 무릇 여강(驪江)의 북쪽은 땅이 좁아 산이 험한 곳이 많고 평택(平澤)의 서쪽은 바다와 가까워 낮고 습한 곳이 많은데, 오직 죽산(竹山), 여흥, 서원(西原 청주) 등의 지역은 산세가 깨끗하고 깊으며 물 흐름이 맑고 부드럽다.

산천山川

비봉산(飛鳳山) 현 북쪽 4리에 있다. 진산(鎭山)이다. 산세가 날개를 편 듯하니, 그 비슷한 형태로써 이름을 지었다. 오른편에 지통사(智通寺)가 있으므로, 속칭 지통산(智通山)이라고도 한다.

구봉산(九峯山) 현 서북쪽 22리에 있다. 가로로 펼쳐진 것이 마치 병풍 같고 위에 아홉 마루〔九腦〕가 있으므로 그렇게 이름 지었다.

정배산(鼎陪山) 현 북쪽 15리에 있다. 한 봉우리가 우뚝 일어나 돌을 이고 있는데 가파르고 빼어나게 솟았으니 바라보면 기이하다.

건지산(乾至山) 현 북쪽 39리 이천부(利川府)와의 경계에 있다.

칠현산(七賢山) 도종산(道宗山)이라고도 한다. 현 남쪽 15리에 있다.

망이산(望爾山) 현 남쪽 25리 충주(忠州)와의 경계에 있다. 높고 둥글어 기운이 충만하니 바라보면 우뚝하다. 이 산에서 서쪽으로 뻗어 가 칠현산이 된다. 충주에도 보인다.

수정산(水晶山) 현 북쪽 35리에 있다. 건지산과 서로 잇닿았다. 산 위의 둥그런 바위에 굴이 뚫려 있는데, 그 안에 작은 암자가 있으니 굴암(窟菴)이라고 부른다. ○ 본조 허적(許樀)의 시[96]에,

수정이라는 산이 죽주에 있으니	水晶之山在竹州
굽이굽이 산기슭 들을 감싸 얽혔네	迴麓抱野盤綢繆
가래 상수리 단풍 녹 솔 전나무 우거지고	梓櫟楓枏松檜稠
해 뜨니 불그레한 안개 공중에 떠 있누나	日出紫煙半空浮

96 허적(許樀)의 시 : 〈수정산을 노래하다 웅 스님 속리산에 떠나보내며〔水晶山歌送雄師之俗離〕〉이다. 《水色集 卷1》

하였다.

문수산(文殊山) 현 서쪽 40리에 있다. 가로로 펼쳐져 잇달았으니 그 남쪽 머리를 쌍령산(雙嶺山)이라고 한다.

생현(柱峴) 현 동북쪽 15리 이천부와의 경계에 있다.

천민천(天民川) 현 동쪽 10리에 있다. 건지(乾至)와 구봉(九峯) 두 산에서 발원하여 동쪽으로 흘러 현 동쪽을 지나고 음죽현(陰竹縣) 백족산(百足山) 아래에서 틀어 북쪽으로 흐르며 여주(驪州) 땅에 이르러 한수(漢水)에 들어간다.

대사천(大寺川) 현 남쪽 1리에 있다. 현 서쪽 15리의 덕현(德峴) 및 칠현산에서 발원하여 북쪽으로 흘러 천민천과 합한다.

월라지(月羅池) 현 동쪽 10리에 있다.

맹동지(孟洞池) 현 북쪽 30리에 있다. 둑의 길이는 80보이고, 못의 둘레는 300보이다.

토산土產

삼〔麻〕, 자기(磁器), 도기(陶器), 석회(石灰), 밤〔栗〕, 순채〔蓴〕

성곽城郭

산성(山城) 곧 죽주(竹州)의 옛 성이다. 비봉산(飛鳳山)의 동쪽 머리에 자리 잡았으니, 거리는 현 동북쪽 5리이다. 돌로 쌓았고, 둘레는 5리이다. 동쪽, 남쪽, 북쪽에 문이 있고, 안에는 우물 2개와 못 하나가 있다. 본조 선조(宣

祖) 때 중수(重修)하고 포루(砲樓)를 세웠는데, 지금은 다시 무너졌다.

학교學校

향교(鄕校) 현 서쪽 3리에 있다.

궁실宮室

연창관(延昌館) 곧 객관(客館)이다. ○ 본조 함부림(咸傅霖)의 시에,

시내 평탄히 흐르니 들 넓은 줄 알겠고	川平知野闊
꽃잎 떨어지니 봄 깊은 줄 깨닫네	花落覺春深
나그네 길 위의 연창관	客路延昌館
솔바람이 내 마음 맑게 하누나	松風淸我心

하였다.

향사당(鄕射堂) 객관 동쪽에 있다.

봉서루(鳳棲樓) 객관 동쪽에 있다.

봉수烽燧

건지산 봉수(乾至山烽燧) 동쪽으로 충청도 충주(忠州) 망이산(望爾山)과 응하고, 서쪽으로 용인현(龍仁縣) 보개산(寶蓋山)과 응한다.

우역郵驛

분행역(分行驛) 현 북쪽 10리에 있다. 예전에 누각이 있었다. 고려의 김황원(金黃元)이 대간(大諫)이 되었는데 언사(言事)로 임금의 뜻을 거슬러 성산(星山)으로 좌천되었다. 길이 이 역을 지나게 되었는데 마침 이재(李載)가 남쪽에서 돌아오고 있었으니, 곧 시를 지어 주기를,

분행역 길 위에서 어찌 시 없으리	分行路上豈無詩
사신(使臣)과 머물며 감회를 읊누나	留與皇華寄所思
갈대 쓸쓸히 흔들리네 가을 맑은 물가에	蘆葦蕭蕭秋水國
강산 어둑어둑해지네 석양 물드는 때에	江山杳杳夕陽時

하였고, 뒤에 이규보(李奎報)가 누차 이곳을 지나가면서 시를 짓되 그 운자를 쓰기를,[97]

황토 바른 벽에다 예전에 남긴 시	黃泥壁後昔留詩
마멸돼 자취 없으면 기억되지 못하리	漫滅無蹤莫記思
버드나무 예전 그 길에 그대로 섰고	柳樹依然前去路
강산은 예전 노닐 때와 한결같건만	江山一似舊遊時

하였다.

좌찬역(佐贊驛) 현 북쪽 45리에 있다.

태평원(太平院) 현 동쪽 5리 산성(山城) 아래에 있다. ○ 본조 홍여방(洪汝方)의 시에,

산과 물은 구름 안개에 잠기고	山水雲煙老

97 시를……쓰기를 : 〈분행역 현판의 시에 차운하여 옛 자취를 생각하다〔分行驛次板上韻憶舊〕〉를 인용하였다. 《東國李相國集 卷15》

뽕나무 삼나무는 세월에 깊도다　　桑麻歲月深
절구 찧는 노래 나무꾼 피리 소리　　舂歌與樵篴
이 모두 태평한 마음이어라　　俱是太平心

하였다.

장항원(獐項院) 현 서쪽 20리에 있다.

이원(梨院) 현 서북쪽 15리에 있다.

보현원(普賢院) 현 동쪽 20리에 있다.

통리원(通梨院) 현 남쪽 20리에 있다.

관량關梁

대교(大橋) 현 북쪽 10리에 있다. 천민천(天民川) 상류에 놓였다.

사묘祠廟

사직단(社稷壇) 현 서쪽에 있다.

문묘(文廟) 향교(鄕校)에 있다.

성황사(城隍祠) 현 북쪽 3리에 있다.

여단(厲壇) 현 북쪽에 있다.

능묘陵廟

박원형(朴元亨) 묘 현 북쪽 15리에 있다.

안규(安珪) 묘 현 서쪽 10리에 있다.

사찰 寺刹

칠장사(七長寺) 칠현산(七賢山)에 있다. ○ 고려 때 처음에는 《국사(國史)》[98]를 가야산(伽倻山) 해인사(海印寺)에 보관하였는데, 뒤에 왜구(倭寇)가 깊숙이 침입함으로 인해 선주(善州 선산)의 득익사(得益寺)로 옮겼고, 또 충주(忠州)의 개천사(開天寺)로 옮겼다. 신우(辛禑) 때 또 충주에서 이 절로 옮겨 보관하였다.

비족사(飛足寺) 구봉산(九峯山)에 있다.

장광사(長光寺), 지통사(智通寺) 모두 비봉산(飛鳳山)에 있다.

굴암(窟菴) 수정산(水晶山)에 있다. 굴이 뚫린 바위가 있는데 암자가 그 안에 자리 잡았으므로 그렇게 이름 지었다. ○ 허적(許稿)의 시[99]에,

푸른 산자락 높고 험한 바위 절벽	危巖峭壁碧山傍
우거진 수풀에 작은 사찰 중수했네	小刹重修草樹荒
문밖에 늘어선 천 개의 산봉우리	戶外森羅千嶂立
섬돌 앞에 굽이도는 한 줄기 시냇물	階前縈繞一川長
정계[100]를 오가며 번뇌를 끊었건만	揭來淨界諸緣盡

98 국사(國史) : 《고려실록(高麗實錄)》을 말한다. 조선 초 한양(漢陽)의 춘추관(春秋館) 사고(史庫)로 옮겨 《고려사(高麗史)》를 편찬하는 데 쓰였으나 임진왜란 때 소실되었다.

99 허적(許稿)의 시 : 〈굴암에 제하다〔題窟庵〕〉이다. 《水色集 卷1》

100 정계(淨界) : 깨끗한 곳, 정결한 세상이라는 뜻으로, 곧 불교의 정토(淨土)를 의미한다. 여기서는 속세와 대비되는 정결한 공간, 곧 굴암을 상징한다.

풍진세상에 돌아가면 만사로 바쁘겠지　　歸去塵寰萬事忙
지는 해 서풍에 고개 돌려 바라보니　　落日西風回首望
영릉[101]의 송백은 저 멀리 아득하여라　　英陵松柏遠蒼蒼

하였다.

고적古蹟

봉업사(奉業寺) 비봉산(飛鳳山) 아래에 있다. 고려 때 태조(太祖)의 진영(眞影)을 봉안하였다. 공민왕(恭愍王) 12년(1363) 2월에 어가(御駕)가 청주(淸州)에서 출발해 이 절에 행차하여 진전(眞殿)에 배알하였다. 지금은 석탑만 있다.

응석사(凝石寺) 생현(牲峴) 서쪽에 있다. 지금은 없어지고 터만 있다. ○ 고려 명종(明宗)이 잠저(潛邸)에 있을 때 소향사(燒香使)로서 이 절에 이르렀는데, 이 절 스님의 꿈에 태조가 나타나 명종에게 아홀(牙笏)[102] 하나를 내려 주면서 시를 읊기를,

너에게 아홀 하나를 주니　　授爾一牙笏
법사를 늘 곁에 두어라　　法師不離侍
구구구 년 동안 있다가　　居年九九九
칠칠이 동안 재위하리라　　享位七七二

101　영릉(英陵) : 여주(驪州)에 있는 세종(世宗)의 능이다. 수정산은 죽산현(竹山縣)과 이천부(利川府)의 경계에 있으며, 동쪽으로 이천부 너머에 여주의 영릉이 있다.
102　아홀(牙笏) : 상아로 만든 홀(笏)로, 높은 지위나 관직을 상징한다.

하니, 명종이 그 뜻을 풀이하지 못하였다. 그 후에 즉위하니 28년 동안 재위하다가, 최충헌(崔忠獻)에 의해 폐위되었다.[103]

왜루(倭壘) 현 서쪽 40리의 길 동쪽 둥근 봉우리에 있다. 만력(萬曆) 임진년(1592, 선조25)에 왜구가 진영을 이어서 주둔하던 곳이다.

명환名宦

고려

송문주(宋文胄) 고종(高宗) 23년(1236) 죽주 방호별감(竹州防護別監)이 되었는데, 몽고(蒙古)가 죽주성(竹州城)에 이르러 항복을 권유하였으나 송문주가 공격하여 쫓아 버렸다. 몽고가 다시 포(砲)로 성을 공격하니 사면의 성문이 번번이 부서졌으나, 성중(城中)에서도 포로 역공하니 몽고의 병사가 감히 접근하지 못하였다. 몽고가 또 사람 기름〔人油〕을 적신 짚을 준비해 불을 놓아 성을 공격하였는데, 성중에서 일시에 문을 열어 돌격하니 몽고의 죽은 자가 이루 셀 수 없이 많았다. 몽고가 백방으로 공격하였으나 끝내 빼앗지 못하였다. 송문주는 구주(龜州)에 있을 때 몽고가 성을 공격하는 기술을 숙지하였다. 그래서 작전을 계획할 때 먼저 헤아리지 못하는 경

103 고려……폐위되었다 : 명종(明宗)은 인종(仁宗)의 아들이자 의종(毅宗)의 아우이다. 1170년(의종24) 정중부(鄭仲夫) 등의 무신정변(武臣政變)으로 의종이 폐위되고 왕으로 추대되었으나, 1197년(명종27) 최충헌 형제에게 폐위되었다. 그러므로 태조가 꿈에 내린 시의 구구구(九九九)는 명종이 태어나 즉위하기까지의 기간 39년을, 칠칠이(七七二)는 재위 기간 28년을 의미한다. 3개의 9가 있으므로 39가 되며, 7과 7을 더하고 2를 곱하면 28이 된다.

우가 없었으니, 번번이 성중의 사람들에게 말하기를 "오늘은 적이 반드시 아무 기구를 설치할 것이니 응당 아무 기구를 준비하여 대응하라."라고 하였는데, 적들이 오면 과연 그러하였으므로 성안의 사람들이 모두 신명(神明)함을 칭송하였다. 공(功)으로 좌우위장군(左右衛將軍)에 제수되었다.

서원(徐遠) 죽주의 지주사(知州事)가 되었다. 정사의 치적이 있었으니 후인들이 칭송하고 경모하여 잊지 못하였다.

본조

이정신(李廷臣) 광해군(光海君)이 일찍이 이정신에게 경기 관찰사(京畿觀察使)를 맡겼는데 명망이 있었다. 특별히 죽산 부사(竹山府使)에 제수하니 산성을 수축하고 백성을 보살펴 은혜로운 정사가 백성에게 미쳤다.

인물 人物

고려

박인량(朴寅亮) 문종조(文宗朝)에 과거에 급제하였다. 문장이 바르고 아름다워서 남조(南朝 송나라)와 북조(北朝 요나라)에 보내는 주장(奏狀)이 모두 그의 손에서 나왔다. 희령(熙寧) 연간에 사신으로 송나라에 들어갔는데, 그가 저술한 척독(尺牘)과 제영(題詠)을 송나라 사람이 간행하여 《소화집(小華集)》이라고 하였다. 요(遼)나라가 압록강을 넘어와 경계를 정하고자 하였는데, 문종이 사신을 보내 청할 적에 박인량이 진정표(陳情表)를 지었다. 그 표문에 "넓은 천하에 이미 왕의 땅, 왕의 신하가 아님이 없는데,

이런 좁은 땅을 가지고 어찌 '내 강역이다.', '내가 다스린다.'라고 말씀하십니까." 하고, 또 "문양(汶陽)의 옛 땅을 돌려주어 작은 나라를 어루만져 편안케 하시고,[104] 장사(長沙)의 옹졸한 소매를 되돌려 태평성대에 손뼉 치며 춤추게 하소서."[105] 하니 요나라의 군주가 보고 그 일을 그만두었다. 숙종조(肅宗朝)에 참지정사(參知政事)가 되었다. 시호는 문열(文烈)이다.

박경인(朴景仁) 박인량의 아들이다. 어려서 배움에 힘썼고 글을 잘 지었다. 과거에 급제하고 여러 관직을 거쳐 좌습유(左拾遺)가 되었는데 언론(言論)이 강직하여 주저하는 바가 없었으니 당시의 여론이 그를 중히 여겼다. 관직이 좌복야(左僕射)에 이르렀다. 시호는 장간(章簡)이다.

박경백(朴景伯) 박경인의 아우이다. 선종조(宣宗朝)에 과거에 급제하여 관직이 상서(尙書)에 이르렀다. 아우 박경산(朴景山)도 대과에 급제하여 관직이 대경(大卿)에 이르렀다.

박서(朴犀) 아버지 박인석(朴仁碩)은 상서가 되었다. 박서는 씩씩하고 굳세어서 장수의 지략이 있었다. 고종(高宗) 때 서북면 병마사(西北面兵馬使)가 되어 구주성(龜州城)을 지키고 몽고(蒙古)의 군사를 물리치는 공(功)이

104 문양(汶陽)의……하시고 : 문양은 노(魯)나라의 땅인데 제(齊)나라에게 빼앗겼다가, 제나라가 진(晉)나라와 회맹할 때 다시 노나라에 돌려주었다. 《春秋左氏傳 成公2年》 여기서는 빼앗은 땅을 다시 돌려주고 작은 나라를 침범하지 말하는 의미로 쓰인다.

105 장사(長沙)의……하소서 : 한 경제(漢景帝) 복위 2년 제왕(諸王)이 조회 왔을 적에, 각각 앞에 나와서 축수(祝壽)며 춤을 추도록 명하였는데, 장사 정왕(長沙定王)은 단지 소매를 조금만 돌리면서 손을 들어 춤을 췄으므로 그 졸렬한 춤을 보고는 좌우가 모두 웃었다. 상이 괴이하게 여겨 그 이유를 묻자, 정왕이 "신은 나라가 작고 땅이 협소해서 소매를 돌릴 수가 없습니다."라고 하니, 황제가 무릉(武陵), 영릉(零陵), 계양(桂陽)의 땅을 더하게 해 주었다. 《史記集解 五宗世家》 여기서는 영토가 좁고 인구가 적다는 뜻으로 쓰였다.

있었다. 여러 관직을 거쳐 문하평장사(門下平章事)에 이르렀다. 구성(龜城)에 상세하다.

박효수(朴孝修) 충숙왕(忠肅王) 때 여러 관직을 거쳐 대언(代言)에 이르렀다. 박효수는 평소에 청렴하고 지조가 있었다. 윤신걸(尹莘傑)을 대신해 사(士)를 선발하였는데, 왕이 그의 청렴함을 가상히 여겨 은병(銀甁) 50개와 쌀 100섬을 내리고 학사연(學士宴)을 주관하게 하니 청렴과 절조가 더욱 드러났다. 뒤에 연창군(延昌君)에 봉해졌다.

박전지(朴全之) 약관(弱冠)이 되기도 전에 과거에 급제하여 사한(史翰)을 역임하였다. 황제의 조칙에 응하여 원(元)나라에 들어가 중원(中原)의 명사(名士)와 교유하였는데, 고금의 산천과 풍토를 서로 논의하여 정함에 마치 손바닥에 두고 가리키는 듯하니 원나라에서 정동성 도사(征東省都事)에 제수하였다. 돌아온 뒤에 충선왕(忠宣王)이 항상 좌우를 물리치고 박전지와 함께 정사를 모의하였다. 여러 관직을 거쳐 사림원 학사승지(詞林院學士承旨)가 되었고, 연흥군(延興君)에 봉해졌다. 충숙왕조에 정승(政丞)에 제수되었고, 치사(致仕)한 뒤 죽었다. 시호는 문광(文匡)이다.

박원(朴遠) 박전지의 아들이다. 충숙왕조에 과거에 급제하여 여러 관직을 거쳐 우부대언(右副代言)이 되고 정당문학(政堂文學)에 이르렀다.

박정유(朴挺蕤) 사람됨이 너그럽고 넓었다. 예종조(睿宗朝)에 과거에 급제하여 관직이 추밀원 부사(樞密院副使)에 이르렀다. 시호는 충질(忠質)이다.

안전(安戩) 어려서 과거에 급제하여 충렬왕(忠烈王) 때 관직이 지밀직사사(知密直司事)에 이르렀고 경상(慶尙), 충청(忠淸), 서북(西北) 3도(道)의 도지휘사(都指揮使)를 지냈다.

안극인(安克仁) 조부 안한평(安漢平)은 찬성사(贊成事)와 연흥부원군(延興

府院君)이 되었다. 안극인은 과거에 급제하여 관직이 중대광(重大匡) 우문관 대제학(右文館大提學)에 이르렀다. 시호는 문정(文貞)이다. 공민왕(恭愍王)의 정비(定妃)가 곧 그의 딸이다.

본조

안숙로(安淑老) 안극인의 아들이다. 관직이 서북면 도순문찰리사(西北面都巡問察理使)에 이르렀다.

안등(安騰) 안극인의 손자이다. 도승지와 형조 판서를 역임했다. 시호는 정경(貞景)이다.

안망지(安望之) 안숙로의 아들이다. 관직이 함길도 관찰사(咸吉道觀察使)에 이르렀다. 아들 안맹담(安孟聃)은 장헌왕(莊憲王 세종)의 딸 정의공주(貞懿公主)에게 장가들어 연창위(延昌尉)에 봉해졌다.

박원형(朴元亨) 과거에 급제하고 혜장왕조(惠莊王朝 세조)에 좌익 익대 공신(佐翼翊戴功臣)에 참여하여 관직이 의정부 영의정에 이르렀으며 연성부원군(延城府院君)에 봉해졌다. 청렴 검소하고 자신을 단속하였으며, 자식을 가르침에 법도가 있었다. 명(明)나라의 사신 장녕(張寧)과 진가유(陳嘉猷)가 왔을 때 박원형이 빈상(儐相)이 되었는데, 장녕이 말하기를 “그대 아들의 재주는 춘추(春秋) 시대에 태어났더라도 응당 숙향(叔向 양설힐)이나 자산(子産 정자산)의 아래에 있지 않을 것입니다.”라고 하였다. 시호는 문헌(文憲)이며 양도왕(襄悼王 예종)의 묘정(廟庭)에 배향되었다.

안초(安迢) 과거에 급제하여 관직이 형조 참판에 이르렀다. 일찍이 황해도 관찰사가 되었는데, 마침 흉년이 들었으나 마음을 다해 구휼하니 이 지역이 이에 힘입어 온전히 살아남았다.

박안성(朴安性) 박원형의 아들이다. 과거에 급제하여 관직이 영중추부사(領中樞府事)에 이르렀다. 시호는 정안(靖安)이다.

음죽현陰竹縣

동쪽으로 여주(驪州) 경계까지 16리이고, 남쪽으로 충청도 충주(忠州) 경계까지 15리이고, 서쪽으로 죽산현(竹山縣) 경계까지 26리이고, 북쪽으로 이천부(利川府) 경계까지 29리이다. 서울과의 거리는 195리이다.

한전旱田

수전水田

건치연혁建置沿革

본래 백제 땅인데 고구려가 차지하여 노음죽현(奴音竹縣)으로 삼았다. 신라 경덕왕(景德王) 때 음죽(陰竹)이라고 이름을 고치고 개산군(介山郡)의 영현(領縣)으로 삼았다. 고려 현종(顯宗) 때 충주(忠州)로 편입시켰다가, 뒤에 다시 음죽현을 설치하였다. 본조 태종(太宗) 13년(1413)에 충청도로부터 본도에 이속(移屬)하였다. 선조(宣祖) 때 죽산현(竹山縣)에 편입시켰다가 얼마 뒤 다시 분리해 설치하였다. 관장하는 면(面)은 5개이고, 관원은 현감(縣監)과 훈도(訓導)이다. 각 1인이다.

군명郡名

노음죽(奴音竹)

산천山川

성산(城山) 현 서쪽 5리에 있다.

백족산(百足山) 현 남쪽 15리에 있다.

영악산(靈嶽山) 현 북쪽 7리에 있다.

추택(楸澤) 현 동남쪽 15리에 있다.

만불지(萬佛池) 현 남쪽 25리에 있다.

천민천(天民川) 현 남쪽 16리에 있다.

토산土産

순채〔蓴〕 추택에서 난다.

학교學校

향교(鄕校) 현 북쪽 2리에 있다.

궁실宮室

객관(客館) 동쪽 가에 죽남루(竹南樓)가 있다.

우역 郵驛

유춘역(留春驛) 현 동쪽 5리에 있다.

무극역(無極驛) 현 남쪽 30리에 있다.

부민원(富民院) 현 동쪽 5리에 있다.

관사원(貫寺院) 현 남쪽 13리에 있다.

장해원(長海院) 현 동쪽 13리에 있다.

사묘 祠廟

사직단(社稷壇) 현 서쪽에 있다.

문묘(文廟) 향교에 있다.

성황사(城隍祠) 현 북쪽에 있다.

여단(厲壇) 현 북쪽에 있다.

사찰 寺刹

석남사(石南寺), 백족사(百足寺) 모두 백족산에 있다.

정수사(淨水寺), 호천사(昊天寺) 모두 영악산에 있다.

명환 名宦

고려

김이(金珥) 감무(監務)가 되었는데, 충렬왕(忠烈王)이 용안역(用安驛)에 행차하여 김이의 정사가 가장 특출하다는 말을 듣고, 차정하여 도평의 안독원(都評議案牘員)으로 삼았다.

양지현陽智縣

동쪽으로 이천부(利川府) 경계까지 12리이고, 남쪽으로 죽산현(竹山縣) 경계까지 37리, 안성군(安城郡) 경계까지 51리이고, 서쪽으로 용인현(龍仁縣) 경계까지 17리이고, 북쪽으로 광주(廣州) 경계까지 14리이다. 서울과의 거리는 111리이다.

한전旱田

수전水田

건치연혁建置沿革

본래 수주(水州)의 양량부곡(陽良部曲)인데, 본조 공정왕(恭靖王 정종) 1년(1399)에 떼어 내 양지현(陽智縣)을 설치하였다. 공정왕(恭定王 태종) 때 광주(廣州)의 추계향(秋溪鄕)으로 현을 옮기고, 죽주(竹州)의 고안(高安), 대곡(大谷), 목악(木嶽), 제촌(蹄村) 4개 부곡(部曲)을 함께 떼어 현에 편입시켰으며, 충청도로부터 본도에 이속하였다. 관장하는 면(面)은 6개이고, 관원은 현감(縣監)과 훈도(訓導)이다. 각 1인이다.

군명郡名

양량(陽良)

산천山川

정수산(定水山) 현 북쪽 2리에 있다. 진산(鎭山)이다. 일명 대해산(大海山)이라고도 한다.

신화산(神花山) 현 동쪽 32리에 있다.

어은산(御隱山) 현 남쪽 7리에 있다.

성륜산(聖輪山) 고양지(古陽智)에 있다.

구봉산(九峯山) 현 남쪽 30리에 있다. 죽산현(竹山縣)에도 보인다.

토산土産

석회(石灰)

학교學校

향교(鄕校) 현 서쪽 1리에 있다.

궁실宮室

객관(客館)

우역郵驛

승보원(承寶院) 현 남쪽 40리 죽산현과의 경계에 있다. 옛 이름은 산리원(酸梨院)이다.

사묘祠廟

사직단(社稷壇) 현 서쪽에 있다.

문묘(文廟) 향교에 있다.

성황사(城隍祠) 현 북쪽 3리에 있다.

여단(厲壇) 현 북쪽에 있다.

능묘陵墓

박은(朴誾) 묘 현 동쪽 15리에 있다.

사찰寺刹

신림사(神林寺) 신화산에 있다.

쌍령사(雙嶺寺) 성륜산에 있다.

용암사(龍巖寺) 구봉산에 있다.

보해사(普海寺) 정수산에 있다.

고적古蹟

고양지(古陽智) 현 남쪽 30리에 있다. 본조 태종(太宗) 때 이곳으로부터 지금의 읍치로 옮겼다.

고안부곡(高安部曲) 현 남쪽 30리에 있다.

대곡부곡(大谷部曲), **목악부곡**(木嶽部曲) 모두 현 남쪽 15리에 있다.

제촌부곡(蹄村部曲) 현 남쪽 60리에 있으니, 죽산(竹山)의 경계를 넘어 들어간다.[106]

○ 이상의 4개 부곡은 본래 죽산현(竹山縣) 땅이었는데, 본조 태종 때 떼어 편입시켰다.

106 죽산(竹山)의……들어간다 : 제촌부곡이 양지현과 붙어 있지 않고, 죽산현의 영역을 지나 따로 있다는 의미이다. 고려 시대와 조선 시대에는 소속 군현과 떨어져 있는 이러한 특수 지역이 광범위하게 존재했는데, 이를 월경지(越境地)라고 한다. 비입지(飛入地), 비월지(飛越地), 비지(飛地)라고도 한다.

과천현果川縣

동쪽으로 광주(廣州) 경계까지 13리이고, 남쪽으로 수원부(水原府) 경계까지 34리이고, 서쪽으로 금천현(衿川縣) 경계까지 20리, 안산군(安山郡) 경계까지 28리이고, 북쪽으로 노량(露梁)까지 20리이다. 서울과의 거리는 32리이다.

한전旱田

수전水田

건치연혁建置沿革

본래 백제 땅인데 고구려가 차지하여 율목군(栗木郡) 동사힐(冬斯肹)이라고도 한다. 으로 삼았다. 신라 경덕왕(景德王) 때 율진군(栗津郡)으로 고쳤다. 고려 초에 과주(果州)로 고쳤고, 현종(顯宗) 때 광주(廣州)로 편입시켰으나, 뒤에 다시 과주를 분리해 현(縣)으로 삼았다. 본조 태종(太宗) 13년(1413)에 고쳐 과천현(果川縣)으로 삼았다. 태종 14년에 현을 없애고 금천(衿川)과 병합하여 금과현(衿果縣)이라고 일컬었으나, 수개월이 지나 파하였다. 세조(世祖) 때 또 금천을 없애 현에 편입시켰으나 얼마 지나지 않아 각각 복구하였다. 관장하는 면(面)은 5개이고, 관원은 현감(縣監)과 훈도(訓導)이다. 각 1인이다.

군명郡名

율목(栗木), 율진(栗津), 과주(果州)

산천山川

관악산(冠嶽山) 현 서쪽 5리에 있다. 진산(鎭山)이다. 봉우리가 높고 험하며 기세가 우뚝 솟아 빼어나니, 곧 한양 도성에서 바라보이는 산이다. 산의 정상을 영주대(靈珠臺)라고 하는데, 바위가 당우(堂宇)처럼 빙 둘러 있다. 그 아래는 거의 천 길 낭떠러지이니 부여잡고 올라가면 정신이 아찔하다. 그 위에 수십 명이 앉을 만한데, 북쪽으로 경성(京城)을 돌아보고 서쪽으로 발해(渤海)를 바라보니 참으로 절경이다. ○ 세조(世祖)가 일찍이 이곳에 행차하여 올라가 보았고, 매양 날씨가 가물면 관리를 보내 비 오기를 빌도록 했다.

청계산(淸溪山) 현 동쪽 8리에 있다. 일명 청룡산(靑龍山)이라고도 한다.

수리산(修理山) 현 남쪽 25리에 있다.

호현(狐峴) 현 북쪽 10리 관악산 동쪽 줄기에 있다.

한강(漢江) 현 북쪽 20리를 지나니, 그 북쪽이 곧 한성부(漢城府)의 경계이다. 한성부에 상세하다.

청계(淸溪) 속칭 공수천(公需川)이라고 한다. 현 동쪽 1리에 있다. 청계산에서 나와 북쪽으로 흘러 양재역(良才驛) 동쪽을 지나고 광주(廣州)의 탄천(炭川)과 합하여 한강으로 들어간다.

호계(虎溪) 현 서쪽 17리에 있다. 관악산과 청계산 남쪽에서 나와서 서쪽으로 흘러 금천현(衿川縣)으로 들어간다.

토산土産

밤〔栗〕, 창출(蒼朮), 누치〔訥魚〕, 쏘가리〔錦鱗魚〕, 게〔蟹〕

공서公署

양재도 찰방사(良才道察訪司) 현 동쪽 15리에 있다. 양재(良才), 낙생(樂生), 구흥(駒興), 금령(金嶺), 좌찬(佐贊), 분행(分行), 무극(無極), 강복(康福), 가천(加川), 청호(菁好), 장족(長足), 동화(同化), 해문(海門) 등 13개의 역(驛)을 거느린다. ○ 찰방(察訪)은 1인으로 종6품이다. 다른 도도 같다.

학교學校

향교(鄕校) 현 서쪽 2리에 있다.

궁실宮室

객관(客館)

우역郵驛

양재역(良才驛) 현 동쪽 15리에 있다. 찰방사(察訪司)의 본역(本驛)이다.

흑석참(黑石站) 현 북쪽 25리에 있다. 좌도 수운 판관(左道水運判官)에 속한다.

노량(露梁) 노량나루〔露梁渡〕의 남안(南岸)에 있다.

인덕원(仁德院) 현 남쪽 15리에 있다.

미륵원(彌勒院) 현 서쪽 15리에 있다.

요광원(要光院) 현 북쪽 5리에 있다.

관량關梁

노량나루〔露梁渡〕 현 북쪽 22리에 있다. 도승(渡丞)이 있다. 한성부(漢城府)에 보인다.

사묘祠廟

사직단(社稷壇) 현 서쪽에 있다.

문묘(文廟) 향교(鄕校)에 있다.

성황사(城隍祠) 현 서쪽 3리에 있다.

여단(厲壇) 현 북쪽에 있다.

능묘陵墓

효령대군(孝寧大君) 묘 현 북쪽 15리 동적리(同積里)에 있다.

유정현(柳廷顯) 묘 현 서쪽 15리 관악산(冠嶽山) 남쪽 기슭에 있다. 이로 인해 그 지역을 정승우(政丞隅)라고 부른다.

정역(鄭易) 묘 현 동쪽 20리에 있다.

정도전(鄭道傳) 묘 현 동쪽 18리에 있다.

성석인(成石因) 묘 현 북쪽 5리에 있다.

이승소(李承召) 묘 현 북쪽 20리에 있다.

유맹문(柳孟聞) 묘 현 동쪽 20리 상초리(霜草里)에 있다.

상진(尙震) 묘 현 동북쪽 20리 상초리에 있다.

정유길(鄭惟吉) 묘, **정창연**(鄭昌衍) 묘 모두 현 북쪽 20리에 있다.

허엽(許曄) 묘 현 동북쪽 20리 상초리에 있다.

사찰寺刹

백화사(百華寺) 청계산(淸溪山)에 있다.

관악사(冠嶽寺) 관악산에 있다. ○ 본조 변계량(卞季良)의 시[107]에,

한가히 절집 찾으니 해 저물녘이로구나	蘭若閑尋薄暮時
겹겹 바위에 이끼 낀 사립문 멀리 보이네	重巖遙見亞苔扉
길은 묵은 절벽 따라 공중을 감아 오르고	徑緣古壁盤空上
등덩굴 새 가지가 앉은 자리에 드리우누나	藤長新枝入座垂

107 변계량(卞季良)의 시 : 〈관악사에 오르다〔登冠嶽寺〕〉이다. 《春亭集 卷1》

뜰의 나무는 외로운 학의 꿈을 고요히 흔들고 庭樹靜搖孤鶴夢
봉우리 구름 선정 든 승려 옷을 나직이 떨치네 嶂雲低拂定僧衣
십 년간의 학업은 결국 무슨 일이었던가 十年螢雪終何事
산 좋은데 일찍이 시 한 수도 없었네 山好曾無一首詩

하였다.

관음사(觀音寺) 관악산에 있다.

불성사(佛性寺) 관악산에 있다.

수원도호부水原都護府

동쪽으로 용인현(龍仁縣) 경계까지 21리이고, 남쪽으로 충청도 평택현(平澤縣) 경계까지 50리, 같은 현(縣)의 경계까지 59리, 진위현(振威縣) 경계까지 22리이고, 서쪽으로 남양부(南陽府) 경계까지 20리, 같은 부(府)의 경계까지 113리이고, 북쪽으로 과천현(果川縣) 경계까지 39리이다. 서울과의 거리는 88리이다.

한전旱田

수전水田

건치연혁建置沿革

본래 백제 땅인데 고구려가 차지하여 매홀군(買忽郡)으로 삼았다. 신라 경덕왕(景德王) 때 고쳐 수성군(水城郡)으로 삼았다. 고려 태조(太祖)가 승격시켜 수주(水州)로 삼았고, 태조가 남쪽을 정벌할 때 군(郡) 사람 김칠(金七)과 최승규(崔承珪) 등 200여 인이 귀순하여 온 힘을 다하니 그 공으로 승격시켰다. 원종(元宗) 때 고쳐 수원부(水原府)로 삼았다가 원종 12년

(1271) 착량(窄梁)을 지키던 몽고(蒙古) 병사가 대부도(大部島)에 들어가 거주민을 침범하고 약탈하니 섬사람들이 분노하여 몽고 병사를 죽이고 반란을 일으켰는데, 부사(副使) 안열(安悅)이 군사를 이끌고 토벌하여 평정하니 그 공으로 승격시켰다. 뒤에 수주목(水州牧)을 두었다. 충선왕(忠宣王) 초에 도로 수원부로 삼았고, 공민왕(恭愍王) 때 또 강등시켜 수원군(水原郡)으로 삼았는데 얼마 뒤 다시 부(府)로 삼았다. 공민왕 11년(1362)에 홍건적이 선봉군을 보내 양광도(楊廣道) 주군(州郡)의 항복을 받았는데 부(府) 사람들이 가장 먼저 맞이해 항복하였다. 이에 강등하여 군(郡)으로 삼았다가, 얼마 뒤 다시 부로 삼았다. 본조 태종(太宗) 13년(1413)에 도호부(都護府)로 삼았고, 세조(世祖) 때 진(鎭)을 설치하였다. 중종(中宗) 때 강등하여 군으로 삼았다가 부 사람 중에 부모를 죽인 자가 있었으므로 강등하였다. 얼마 뒤 도호부로 복구하였다. 뒤에 또 강등하여 현(縣)으로 삼았다가 또 복구하였다. ○ 이 뒤로는 주군(州郡)들이 관례에 따라 한시적으로 읍호가 강등된 것은 번다하여 다 기재하지 않았다. 관장하는 면(面)은 58개이고, 진관(鎭管)은 도호부 3개, 부평(富平), 남양(南陽), 인천(仁川) 군(郡) 2개, 안산(安山), 안성(安城) 현(縣) 7개이며, 진위(振威), 양천(陽川), 용인(龍仁), 금천(衿川), 양성(陽城), 통진(通津), 김포(金浦) 관원은 부사(府使), 판관(判官), 교수(敎授)이다. 각 1인이다.

군명郡名

매홀(買忽), 수성(水城), 수주(水州) 별호(別號)는 수성(隋城)이다.

형승形勝

북쪽으로 한수(漢水)를 두르고, 동쪽으로 높은 산을 바라보며, 남쪽으로 기름진 들에 임하고, 서쪽으로 큰 바다와 맞닿았다.

광악(光嶽 광교산)이 그 뒤에 버티고, 대진(大津)이 그 앞을 경계 지으며, 너른 땅이 그 왼편을 품고, 큰 바다가 그 서쪽에서 넘실댄다.

여러 주(州)를 통제한다.[108] 고려 이색(李穡)의 〈객사지정기(客舍池亭記)〉[109]

한강 남쪽의 거진(巨鎭)이다. 지지(地志)에 "들이 넓고 비옥하며 병졸이 많으니 실로 한강 남쪽의 큰 진이다."라고 하였다.

풍속風俗

농사에 힘쓴다.

궁술에 힘쓴다.

산천山川

발점산(鉢岾山) 부 남쪽 2리에 있다. 일명 남산(南山)이라고도 한다.

광교산(光敎山) 부 북쪽 30리에 있다. 용인현(龍仁縣)에도 보인다.

무봉산(舞鳳山) 부 동쪽 25리에 있다. 일명 만의산(萬義山)이라고도 한다.

108 여러 주(州)를 통제한다 : 수원(水原)이 경기 남부의 거진(巨鎭)으로서 관할 군현(郡縣)을 군사적으로 통솔하고 제어한다는 뜻이다.

109 이색(李穡)의 객사지정기(客舍池亭記) : 〈수원부 객사 지정기(水原府客舍池亭記)〉이다.《牧隱藁 牧隱文藁 卷4》

홍법산(弘法山) 부 서쪽 5리에 있다.

독성산(禿城山) 부 남쪽 7리에 있다. 홀로 솟아 있어 봉우리는 없고, 위에 고성(故城)이 있다. 산에 나무가 없어서 바라보면 대머리 같다.

성산(城山) 부 북쪽 1리에 있다. 토성(土城)이 있어서 이렇게 부른다. 그 북쪽 등성이를 화산(花山)이라고 한다.

건달산(乾達山) 부 서남쪽 20리에 있다.

팔달산(八達山) 부 북쪽 17리에 있다. 고조동(高祖洞)의 뒷산이다. 높거나 크지는 않으나 들판 가운데 우뚝 서 있어서 사방이 보이고 팔방으로 통하니 이렇게 이름 지었다.

증악산(証嶽山) 증악산(憎惡山)이라고도 부른다. 부 서쪽 13리 광주(廣州)와의 경계에 있다.

흥천산(興天山) 쌍부폐현(雙阜廢縣)에 있다.

바다〔海〕 부 서남쪽 63리에 있다.

대천(大川) 광교산의 여러 물이 부 북쪽 10리에서 만나서 부의 동남쪽을 지나고 60리를 흘러서 광덕현(廣德縣)에 이르러 여러 물들과 합하여 다라고비포(多羅高飛浦)가 된다.

갈천(葛川) 부 동쪽 15리에 있다. 곧 용인현 갈천의 하류이다. 속칭 오산천(烏山川)이라고 한다. 남쪽으로 흘러 진위현(振威縣)의 장호천(長好川)과 합하여 다라고비포로 들어간다.

구인포(仇二浦), **진목포**(眞木浦), **적진포**(赤津浦) 모두 쌍부폐현에 있다.

다라고비포(多羅高飛浦) 부 남쪽 67리에 있다. 대천과 갈천의 여러 물이 여기에서 합류하고, 또 남쪽으로 흘러 대진포(大津浦)가 된다.

대진포(大津浦) 부 남쪽 80리에 있다. 다라고비포와 아산(牙山), 신창(新昌)

의 여러 물들이 만나는 곳으로 서남쪽으로 대해(大海)와 맞닿았다. 높이가 50여 장(丈)인 바위가 있는데, 깎아지른 듯한 바위가 물 한가운데 우뚝 솟았으니 속칭 재신영공암(宰臣令公巖)이라고 한다. 홍주(洪州)에도 보인다.

양야곶(陽也串) 부 서쪽 50리에 있다. 둘레가 68리이다. 목장(牧場)이 있다.

홍원곶(洪源串) 용성폐현(龍城廢縣)에 있으니, 부와의 거리는 남쪽으로 50리이다. 둘레는 75리이다. 목장이 있다.

팔라곶(八羅串) 쌍부폐현에 있다.

오을미곶(吾乙未串), **대저지도**(大楮只島), **소저지도**(小楮只島), **응도**(鷹島), **구화도**(仇火島) 모두 쌍부폐현에 있으니, 부와의 거리는 서쪽으로 90리이다.

풍도(楓島) 부 서쪽 45리에 있다. 둘레는 20리이다. 강정왕(康靖王 성종) 17년(1486)에 남양(南陽)으로부터 예속하였다. 목장이 있다.

유문지(溜門池) 부 동남쪽에 있다. 둑의 길이는 150보이고, 못의 둘레는 2리이다.

기지(機池) 부 동쪽 15리에 있다.

손항지(孫項池) 쌍부폐현에 있다.

도제지(刀梯池) 신영장(新永莊)에 있으니, 부와의 거리는 남쪽으로 60리이다.

토산土産

백옥(白玉), 저지도(楮只島)에서 난다. **석회**(石灰), 호현리(好賢里)에서 난다. **소금**〔鹽〕, **밴댕이**〔蘇魚〕, **병어**(兵魚), **홍어**(洪魚), **조기**〔石首魚〕, **참조기**〔黃石首魚〕, **농어**〔鱸魚〕, **민어**(民魚), **뱅어**〔白魚〕, **숭어**〔秀魚〕, **준치**

〔眞魚〕, **오징어**〔烏賊魚〕, **꼴뚜기**〔好獨魚〕, **조개**〔蛤〕, **맛조개**〔竹蛤〕, **토화**(土花 미네굴), **굴**〔石花〕, **낙지**〔絡蹄〕, 곧 소팔초어(小八稍魚)이니, 뒤에도 모두 이와 같다. **대하**(大蝦), **자하**(紫蝦 곤쟁이), **게**〔蟹〕, **부레**〔魚鰾〕, **해파리**〔海膗〕

성곽 城郭

부성(府城) 흙으로 쌓았고, 둘레가 4035자이다. 지금은 모두 무너졌다.

독성산성(禿城山城) 돌로 쌓았고, 둘레는 -원문 6, 7자 결락-이다.[110] 동쪽, 남쪽, 서쪽에 문이 있다. 본조 이정귀(李廷龜)의 기문[111]에 "부(府)가 너른 들판 가운데 자리하여 의지할 만한 험준한 산과 계곡이 없는데, 치소 동쪽 7리의 길가에 불쑥 솟은 산이 있으니 민간에서 독성산(禿城山)이라고 부른다. 산에 나무가 없어 바라보면 대머리 같으니 산이 이러한 이름을 가진 것은 이 때문이다. 그러나 사람들이 산을 범상하게 보고 특별하게 여기지는 않았다. 그런데 만력(萬曆) 임진년(1592, 선조25)에 왜구(倭寇)가 크게 몰려와 도원수(都元帥) 권율(權慄)이 싸우며 다녔는데 이곳에 들어와 자리 잡고서 누차 적병을 물리쳤다. 이에 사람들이 이 성(城)의 형세가 좋아 나라의 요충지가 됨을 알게 되었다. 그 뒤에 조정에서 이 성을 쌓는 데 대해 논의하여, 방어사(防禦使) 변응성(邊應星)에게 명하여 성을 증축해 높이고

110 둘레는……이다 : 18세기 중반에 편찬된 《수원부읍지(水原府邑誌)》에 의하면 독성산성의 둘레는 5리라고 한다.
111 이정귀(李廷龜)의 기문 : 〈진남루기(鎭南樓記)〉이다. 《月沙集 卷37》

성안에 우물을 파서 방어하는 데 대비하였다. 그러자 성안에 사는 백성이 200여 호, 사찰과 관서가 모두 100여 구(區)가 되었다."라고 하였다.

학교學校

향교(鄕校) 부 서쪽 2리에 있다.

궁실宮室

객관(客館)

향사당(鄕射堂) 부사(府使)의 관아 동쪽에 있다.

군영(軍營) 객관의 서쪽에 있다.

운금루(雲錦樓) 객관 동쪽에 있다. 연못이 있는데, 못 가운데 섬이 있고 섬 위에 누각이 있다. 고려 말에 부사(府使) 전성안(全成安)이 건립하였다. 이숭인(李崇仁)의 시[112]에 "누각 아래 연꽃이 못 가득 피었을 테니, 수원의 유월은 역시 아름다우리.〔樓下荷花滿水開 隋城六月亦佳哉〕"라고 하였으니, 바로 이곳이다. 또 이색(李穡)의 기문이 있다.

진남루(鎭南樓) 변응성이 독성산성을 수축하고서 성 모퉁이의 벼랑에 초루(醮樓)를 세워 나그네가 모이는 곳으로 삼았는데 드넓게 탁 트여 아낄 만

112 이숭인(李崇仁)의 시 : 〈수원으로 가는 이 선생을 보내며〔送李生之水原〕〉이다. 《陶隱集 卷3》

하였다. 진남(鎭南)이라고 이름 지었다.[113]

봉수烽燧

흥천산 봉수(興天山烽燧) 남쪽으로 양성현(陽城縣) 괴태길곶(槐台吉串)에 응하고, 서쪽으로 남양부(南陽府)의 염불산(念佛山)에 응한다.

우역郵驛

장족역(長足驛) 부 동쪽 30리에 있다.

동화역(同化驛) 부 서쪽 7리에 있다.

청호역(菁好驛) 부 동쪽 25리에 있다.

오산원(烏山院) 부 동쪽 15리에 있다.

사원(蛇院) 부 남쪽 13리에 있다.

대제원(大梯院) 부 남쪽 5리에 있다.

관량關梁

혜남교(惠南橋) 부 동남쪽 5리에 있다. 대천(大川)에 걸쳐 놓였다.

대곶교(大串橋) 부 남쪽 50리 대천에 있다.

주교(舟橋) 부 북쪽 9리에 있다.

113 변응성이……지었다 : 이정귀의 〈진남루기〉 내용에 의거해 서술하였다. 《月沙集 卷37》

대진나루〔大津渡〕 부 남쪽 80리 대진포(大津浦)에 있다. 나루의 너비가 20리로, 그 남쪽은 곧 충청도 홍주(洪州)의 경계이다. 바람과 파도가 아주 거세다.

사묘祠廟

사직단(社稷壇) 부 서쪽에 있다.

문묘(文廟) 향교(鄕校)에 있다.

성황사(城隍祠) 부 동쪽 5리에 있다.

여단(厲壇) 부 북쪽에 있다.

능묘陵廟

최상저(崔尙翥) 묘 홍법산(弘法山)에 있다.

덕원군(德源君) 묘 부 남쪽 30리에 있다.

이종생(李從生) 묘 부 서북쪽 15리에 있다.

사찰寺刹

만의사(萬義寺) 무봉산(舞鳳山)에 있다. ○ 신우(辛禑) 때 우리 태조(太祖)가 거의(擧義)하여 의주(義州)에서 회군(回軍)하였는데, 승(僧) 신조(神照)가 휘하에 있으면서 함께 대책(大策)을 세웠다. 공양왕(恭讓王) 때 특별히 공패(功牌)를 하사하여 이 절을 주관하도록 하고, 노비와 전토(田土)

를 내려 주어 법손(法孫)에게 전해지도록 하였다.

창성사(彰聖寺) 광교산(光敎山)에 있다. ○ 이색(李穡)이 찬술한 고려 승 천희(千熙)의 비명(碑銘)이 있다.

고적古蹟

쌍부폐현(雙阜廢縣) 부 서쪽 45리 고육포(古六浦)에 있다. 고려 현종(顯宗) 때 없애 편입시켰고, 본조에서 이를 따랐다.

용성폐현(龍城廢縣) 부 남쪽 50리에 있다. 고구려 때 상홀현(上忽縣)으로 삼았는데, 차홀(車忽)이라고도 한다. 신라 때 차성(車城)이라고 고치고 당은군(唐恩郡)의 영현(領縣)으로 삼았다. 고려 초에 지금의 이름으로 고쳤고, 현종 때 편입되었으니, 본조에서 이를 따랐다.

정송폐현(貞松廢縣) 부 서쪽 15리 고송산부곡(古松山部曲)에 있다.

광덕폐현(廣德廢縣) 부 남쪽 10리에 있다.

○ 위의 두 현(縣)은 고려 현종 9년(1018)에 없애 편입시켰고, 본조가 이를 따랐다.

포내미부곡(浦內彌部曲), 육내미부곡(陸內彌部曲) 모두 부 남쪽 60리에 있다.

양간처(楊干處) 부 남쪽 30리에 있다. 본래 인주(仁州) 땅에 속하였는데, 우리 태종(太祖) 18년(1418)년에 부로 편입되었다.

삼봉처(三峯處) 부 서쪽 60리에 있다.

오타장(五朶莊) 부 남쪽 65리에 있다. 《고려사(高麗史)》에 "영신현(永新

縣)은 오타(五朶)라고도 한다."[114]라고 하였는데 잘못이다. 영신은 지금 진위현(振威縣)에 속한다.

신영장(新永莊) 부 남쪽 60리에 있다. 처음에는 양성현(陽城縣)에 속했는데, 우리 태조(太祖) 7년(1398)에 본부(本府)에 편입되었다. ○ 살펴보건대 《동국여지승람(東國輿地勝覽)》에서 말하기를 "신라가 주군(州郡)을 설치할 때 그 전정(田丁)과 호구(戶口)가 현(縣)이 되기에 부족한 곳은 혹 향(鄕)을 두거나 부곡(部曲)을 두고서 그 소재한 고을의 땅으로 삼았다. 고려 때는 또 소(所)라고 하는 곳이 있었는데, 금소(金所), 은소(銀所), 동소(銅所), 철소(鐵所), 사소(絲所), 주소(紬所), 지소(紙所), 와소(瓦所), 탄소(炭所), 염소(鹽所), 묵소(墨所), 곽소(藿所), 자기소(磁器所), 어량소(魚梁所), 강소(薑所)라는 구별이 있어서 각기 그 물건을 바쳤다. 또 처(處)라는 곳이 있었고, 또 장(莊)이라는 곳이 있었는데, 각 궁전(宮殿)과 사원(寺院) 및 내장택(內莊宅)에 분속하여 그 세(稅)를 바쳤다."라고 하였으니,[115] 지금 그 지명이 옛 이름을 그대로 따른 것이 많다. 그래서 혹 연혁(沿革)과 사적(事蹟)이 고증할 만하거나 지형이 따로 멀리 떨어진 곳은 고적조에 붙여서 보여 주었다.[116] 다른 읍도 이와 같다.

반룡사(盤龍寺) 예전에 객관 남쪽에 있었다. 지금은 없어지고 그 터에 여염

114 영신현(永新縣)은 오타(五朶)라고도 한다 : 《고려사(高麗史)》 권56 〈지리지(地理志) 1 양광도(楊廣道) 수주(水州)〉에 보인다.

115 동국여지승람(東國輿地勝覽)에서……하였으니 : 이 내용은 《신증동국여지승람》 권7 〈경기 여주목〉 고적조에 보인다.

116 연혁(沿革)과……주었다 : 향(鄕), 부곡(部曲), 소(所), 처(處), 장(莊) 등의 지명을 가진 곳 중 역사를 고증할 수 있거나 위치가 따로 떨어진 곳은 이 수원도호부 편과 같이 그 역사와 위치를 고적조에 수록해 두겠다는 의미로 보인다.

집이 들어섰다.

명환名宦

고려

신안지(愼安之) 예종조(睿宗朝)에 나가 수주(水州)의 지주사(知州事)가 되었다. 정사가 청렴하고 엄숙하니 아전은 두려워하고 백성은 따랐다.

김정순(金正純) 예종조에 수주 지주사가 되었다. 평소 관리의 사무에 익숙하지 않았는데, 장부에 개의치 않고 다만 대체(大體)를 거행할 뿐이었으나 또한 잘못되는 일이 없었다.

윤승해(尹承解) 수주 판관(水州判官)이 되었다. 이에 앞서 주를 다스린 자들은 청렴한 이가 드물고 정사가 모두 고식적이었는데, 윤승해가 한번 법으로 바로잡으니 사람들이 두려워하고 꺼려 감히 죄를 범하는 자가 없었다.

이윤수(李允綏) 명종조(明宗朝)에 수주 지주사가 되었다.

이성(李晟) 사록(司錄)이 되었다. 임기가 다하자 죽계(竹溪)의 정사(精舍)로 돌아가 벼슬을 바라지 않았다. 관직에 있을 때 청렴결백하다고 칭송되었다.

김흥조(金興祖) 공민왕(恭愍王) 때 수원 부사(水原府使)가 되었는데 치적이 자못 드러났다.

본조

맹사성(孟思誠) 수원 판관이 되었다. 청렴결백하여 은혜로운 정사가 있었다.

이예손(李禮孫) 수원 부사가 되었다.

문근(文瑾)[117]

우성전(禹性傳) 선조조(宣祖朝)에 수원 현감(水原縣監)이 되었다. 청렴결백함이 비할 데 없고 백성을 정성으로 무휼하니, 백성들이 추사(追思)하여 선정비(善政碑)를 세웠다.

변응성(邊應星) 선조조에 방어사 겸 수원부사(防禦使兼水原府使)로서 산성을 고쳐 쌓고 군졸을 무휼하였다.

정엽(鄭曄) 선조 말에 수원 부사가 되었다. 무휼하는 데 정성을 다하니 군민(軍民)이 안도하였다. 돌에 새겨 덕을 칭송하였다.

인물人物

고려

최자성(崔滋盛) 과거에 급제해 벼슬에 나아갔다. 인종조(仁宗朝)에 관직이 중서시랑평장사(中書侍郎平章事)에 이르렀고 개부의동삼사(開府儀同三司)가 더해졌는데, 누차 글을 올려 치사(致仕)하였다. 시호는 충렬(忠烈)이다.

최누백(崔婁伯) 아버지 최상저(崔尙翥)가 부의 관리가 되었는데, 사냥을 하다가 호랑이에게 해를 입었다. 최누백이 그때 15세였는데 호랑이를 잡고자 하였으나 어머니가 말렸다. 그러자 최누백이 "아버지의 원수를 차마 갚

117 문근(文瑾) : 문근은 중종(中宗) 초에 수원 부사(水原府使)를 지냈다. 《신증동국여지승람》 권9 〈경기 수원도호부〉에는 문근과 권복(權福)이 "모두 부사가 되었다.〔俱爲府使〕"라고 되어 있다.

지 않겠습니까."라고 말하고, 바로 도끼를 메고 호랑이를 쫓았다. 호랑이가 이미 먹고서 배가 부른 채 누워 있었는데, 최누백이 바로 앞에서 "네가 내 아버지를 먹었으니, 나는 응당 너를 먹겠다."라고 꾸짖었다. 그러자 호랑이가 꼬리를 흔들고 엎드리니, 단숨에 도끼로 찍고 그 배를 갈라 아버지의 뼈를 수습하였다. 홍법산(弘法山) 서쪽에 장사 지내고 마침내 여묘(廬墓)하였다. 하루는 설핏 잠들었는데 꿈에 아버지가 와서 시를 읊기를,

수풀 헤치고 효자의 여막에 이르니	披榛到孝子廬
감동하여 눈물이 끝없이 흐르네	情多感淚無窮
흙을 져다가 매일 무덤 위에 보태니	負土日加塚上
그 마음 아는 건 명월 청풍이러라	知音明月淸風
살아 계시면 봉양하고 돌아가시면 지키니	生則養死則守
누가 말했던가 효에 시작도 끝도 없다고	誰謂孝無始終

하였다. 복(服)을 마치고, 호랑이 고기를 가져다가 먹었다. 의종조(毅宗朝)에 문과에 급제하여 여러 관직을 거쳐 기거사인(起居舍人)과 한림학사(翰林學士)가 되었다.

부평도호부富平都護府

동쪽으로 금천현(衿川縣) 경계까지 34리, 양천현(陽川縣) 경계까지 15리이고, 남쪽으로 안산군(安山郡) 경계까지 48리, 인천부(仁川府) 경계까지 15리이고, 서쪽으로 대해(大海)까지 14리이고, 북쪽으로 김포현(金浦縣) 경계까지 17리, 통진현(通津縣) 경계까지 36리이다. 서울과의 거리는 55리이다.

한전旱田

수전水田

건치연혁建置沿革

본래 백제 미초홀(彌超忽) 땅인데 고구려가 차지하여 주부토군(主夫吐郡)으로 삼았다. 신라 경덕왕(景德王) 때 장제군(長堤郡)으로 고쳤다. 고려 초에 수주(樹州)로 고쳤고, 의종(毅宗) 때 안남도호부(安南都護府)로 고쳤으며, 고종(高宗) 때 계양(桂陽)으로 고쳐 불렀다. 충렬왕(忠烈王) 때 길주목(吉州牧)으로 승격되었고, 충선왕(忠宣王) 초에 부평부(富平府)로 고쳤다. 본조 공정왕(恭定王 태종) 13년(1413)에 도호부(都

護府)로 삼았고, 장헌왕(莊憲王 세종) 22년(1440)에 현(縣)으로 강등되었다가, 얼마 뒤 도호부로 복구하였다. 관장하는 면(面)은 □□이고,[118] 관원은 부사(府使)와 교수(敎授)이다. 각 1인이다.

군명郡名

장제(長堤), 수주(樹州), 안남(安南), 계양(桂陽), 길주(吉州)

형승形勝

세 면이 모두 물이다. 고려 이규보(李奎報)의 〈망해지(望海誌)〉[119]에 "계양의 경계가 한 면은 육지와 통하고 세 면은 모두 물이다."라고 하였다.

낮고 습한 땅이다. 이규보의 〈자오당기(自娛堂記)〉[120]

풍속風俗

사람이 순박하고 일이 간소하다. 이규보의 말[121]

118 □□이고 : 《여지도서(輿地圖書)》에 의하면 부평도호부의 관할 면은 15개이다.

119 이규보(李奎報)의 망해지(望海誌) : 〈계양 망해지(桂陽望海志)〉이다. 《東國李相國集 卷24》

120 이규보의 자오당기(自娛堂記) : 〈계양 자오당기(桂陽自娛堂記)〉이다. 《東國李相國集 卷24》

121 이규보의 말 : 이규보가 부평에 부임한 소회를 읊은 시인 〈통판 정군에게 보이다(示通判鄭君)〉에 "사람이 순박하고 일이 간소해……"라는 구절이 있다. 일이 간소하다는 것은 관리의 입장에서 사무가 많지 않다는 뜻이다. 《東國李相國集 卷15》

산천山川

계양산(桂陽山) 부 북쪽 2리에 있다. 진산(鎭山)이다. 일명 안남산(安南山)이라고도 한다. 서해(西海)를 굽어보면, 바다의 섬들이 모두 눈 아래에 있다.

원적산(元積山) 부 서쪽 15리에 있다.

축곶산(杻串山) 부 서쪽 15리에 있다.

바다〔海〕 부 서쪽 14리에 있다.

직포(直浦) 부 동쪽 10리에 있다. 적유산(狄踰山)에서 발원하여 동쪽으로 흐르다가 양천현(陽川縣)에 이르러 한강(漢江)에 들어간다.

굴포천(掘浦川) 대교천(大橋川)이라고도 한다. 부 동쪽 7리에 있다. 원적산에서 발원하여 북쪽으로 흐르다가 김포현(金浦縣)을 지나 동쪽으로 한강에 들어간다.

물차도(勿次島) 부 서쪽 15리에 있다. 둘레가 300보이다.

호도(虎島) 부 서쪽 10리에 있다. 둘레가 200보이다.

응도(鷹島) 부 서쪽 15리에 있다. 둘레가 300보이다.

정자도(亭子島) 부 서쪽 15리에 있다. 둘레가 100보이다.

문지도(文知島) 부 서쪽 10리에 있다. 둘레가 200보이다.

청라도(靑羅島) 부 서쪽 10리에 있다. 둘레가 800보이다.

일도(一島) 부 서쪽 8리에 있다. 둘레가 300보이다.

장도(獐島) 부 서쪽 6리에 있다. 둘레가 500보이다.

율도(栗島) 부 서쪽 10리에 있다. 둘레가 800보이다.

서천도(西遷島) 부 서쪽 25리에 있다. 둘레가 800보이다.

기도(箕島) 부 서쪽 20리에 있다. 둘레가 50보이다.

전지지(全之池) 부 남쪽 3리에 있다.

토산 土産

흑점석(黑粘石), 안남산(安南山)에서 난다. 소금〔鹽〕, 조기〔石首魚〕, 토화(土花 미네굴), 굴〔石花〕, 부레〔魚鰾〕, 낙지〔絡蹄〕, 맛조개〔竹蛤〕, 소라(小螺), 게〔蟹〕, 자하(紫蝦 곤쟁이), 중하(中蝦)

학교 學校

향교(鄕校) 부 북쪽 2리에 있다.

궁실 宮室

객관(客館)

봉수 烽燧

축곶산 봉수(杻串山烽燧) 남쪽으로 인천부(仁川府)의 성산(城山)에 응하고, 북쪽으로 김포현(金浦縣)의 백석산(白石山)에 응한다.

우역 郵驛

금륜역(金輪驛) 부 북쪽 13리에 있다.

구슬원(球瑟院) 부 북쪽 10리에 있다.

대야원(大也院) 부 남쪽 15리에 있다.

관량關梁

대교(大橋) 부 동쪽 7리에 있다. 굴포천(掘浦川)에 걸쳐 놓였다. 돌로 홍교(虹橋)를 만드니 아래로 배가 지나다닌다.

사묘祠廟

사직단(社稷壇) 부 서쪽에 있다.

문묘(文廟) 향교에 있다.

성황사(城隍祠) 부 북쪽 2리에 있다.

여단(厲壇) 부 북쪽에 있다.

능묘陵墓

유순정(柳順汀) 묘 부 동쪽 25리에 있다.

사찰寺刹

만일사(萬日寺) 계양산(桂陽山)에 있다. ○ 이규보(李奎報)의 시[122]에,

해 저물녘 어둑어둑한데 물은 홀로 밝고 斜日溟濛水獨明

어지러운 산들 구불구불 길이 곧지 않구나 亂山蟠屈路難平

122 이규보(李奎報)의 시 : 〈현 상인의 화답을 받고 다시 앞의 운을 써서 짓다〔玄上人見和復用前韻〕〉이다. 《東國李相國集 卷15》

구름이 먼 포구에 흐릿하니 천 돛의 색이요 雲迷極浦千帆色
바람이 긴 강에 불어 가니 한 피리 소리로다 風落長江一笛聲
몇 사람을 건넜을까 배는 절로 떠 있고 渡了幾人舟自泛
호랑이 울음 그치자 새들이 지저귀네 噪殘孤虎鳥猶鳴
오가면서 강호의 흥취 깊이 누렸는데 揭來深得江湖興
홀연히 일어나네 만리 밖의 고향 생각 忽起蓴鱸萬里情

하였다.

명월사(明月寺) 계양산에 있다. ○ 이규보의 시[123]에,

우거진 수풀은 헤쳐 가기 어렵고 荒榛撥難開
돌이 많은 길 평탄한 곳 드무네 石逕少平曠
나무 끝에 절이 나타나 보이니 木末得招提
건물이 바위 봉우리를 의지했구나 架屋依巖嶂
누가 그 이름을 지었나 何人命其名
명월이라고 편액했구나 明月以標榜
달로써 마음을 맑히고자 함이지 欲將月澄心
달이 바라볼 만하기 때문이겠나 豈爲月可望
선방(禪房)이 누각보다 더 높으니 丈室高於樓
멀리 넓은 바다를 굽어보누나 逈壓滄海廣
듣건대 하늘은 오르기 어렵댔는데 舊聞天難升
홀연히 하늘 위에 있게 되었네 忽已在天上

123 이규보의 시 : 〈벗들과 함께 명월사에서 노닐다〔與寮友諸君遊明月寺〕〉이다. 《東國李相國集 卷15》

물빛이 멀수록 더욱 하야니 水色遠愈白
서릿빛 비단을 펼친 듯하고 霜練鋪一樣
검은 구름과 갠 하늘의 노을이 陰雲與霽霞
잠깐 사이에 천만 형상 만드네 傾刻千萬狀
큰 배가 물결 가운데 점처럼 보여 大船點波心
가벼운 갈매기 물결에 떠가는 듯 麼若輕鷗漾
저 배에 탄 어부에게 말하노니 寄語漁舟子
마음 써서 상앗대 잘 젓게나 着意好搖槳
자네들 한가히 노니는 모습을 將爾閑遊形
내 시에 본떠서 넣고자 하니 入我詩比況

하였다.

봉일사(奉日寺) 계양산에 있다.

고적 古蹟

계양산고성(桂陽山古城) 돌로 쌓았고, 둘레는 1937자이다. 삼국(三國) 때의 옛 성이라고 전하는데 지금은 모두 무너졌다.

척서정(滌暑亭) 옛 터가 부 □□□리에 있다. 이규보의 기문[124]에 이르기를 "계양에는 노닐 만한 좋은 경치의 산수가 없는데, 오직 남산(南山) 곁에 정자 하나가 있을 뿐이다. 부로(父老)들에게 전해 오기를, 고(故) 상신(相臣) 허홍재(許洪材) 공이 일찍이 이 고을을 맡아 다스릴 때 처음 그 자리를 잡

124 이규보의 기문 : 〈계양 초정기(桂陽草亭記)〉이다. 《東國李相國集 卷24》

고 돌을 쌓아 대(臺)를 만들었고, 고 태수(太守) 이실충(李實忠)이 물길을 터서 못을 만들고 그 위에 정자를 세웠다고 한다. 물이 바위 틈에서 나오는데 얼음같이 매우 차가우니, 한여름이라도 들어가 목욕하면 모발이 곤두설 정도라 오래 있을 수 없다. 게다가 서린 소나무와 우거진 나무로 그늘져 서늘하여 맑은 바람이 절로 불어오고 따가운 햇살이 괴롭히지 않으니 더위를 피하기에 아주 좋다. 그래서 척서(滌暑)라고 편액한 것인데, 고을 사람들은 아직도 초정(草亭)이라고 부른다. 황폐해진 지 오래여서 내가 보고 마음이 상한지라, 옛 재목을 수습해 다시 짓고서 그 대개(大槪)를 적어 뒤에 오는 자들에게 전한다."라고 하였다. ○ 이규보의 시[125]에,

바위 뚫어 흐르는 물을 끌어와	鑿巖通湧溜
못 만들어 날 듯한 정자 세웠네	瀦沼跨飛欞
바라보니 고깃배 떠 있는 듯	望恐浮漁艇
다가가니 그림 병풍에 들어가는 듯	來疑入畫屛
물의 신선은 기이함을 모아 두었고	水仙應蓄異
땅의 여신은 신령함을 품어 두었네	地媼正儲靈
들판 풍경은 처마 앞에 펼쳐지고	野色簷前擁
샘물 소리는 자리 아래서 들리네	泉聲座底聽
맑은 바람이 이 여름에 불어오고	淸風當夏足
흰 이슬은 가을 오기 전에 내리네	白露未秋零
비단 이끼가 옥섬돌에 끼었고	錦蘚纏珉砌
얼음 음료는 옥병에서 차갑네	氷漿凍玉甁

125 이규보의 시 : 〈남산의 모정에 제하다(題南山茅亭)〉이다. 《東國李相國集 卷15》

산이 뚫려 더욱 멀리 보이고　岫穿增遠眺
계곡 트여 먼 데 소리 들리네　洞豁助遐聆
높이 선 나무는 푸른 깃발 세운 듯　樹卓高幢碧
길게 서린 솔은 푸른 일산 펼친 듯　松張偃蓋青
허공이 일찍이 터를 잡았고　許公曾相地
이 태수 처음으로 정자 세웠네　李守始開亭
감당나무 시와 짝 이루고자[126]　欲配甘棠詠
중건하고서 이 명을 새기네　重營刻此銘

하였다.

명환名宦

고려

현덕수(玄德秀) 명종(明宗) 때 안남 도호부사(安南都護府使)가 되었다. 정사에 청렴결백함을 중시하니 이민(吏民)이 경외하였고, 음사(淫祀)[127]를 아주 미워하니 무격(巫覡)이 고을 경내에 발 들일 수 없었다.

126 감당나무……이루고자 : 주(周)나라의 소공(召公)이 선정(善政)을 베풀고 떠나자, 백성들이 그가 일찍이 쉬어 간 감당나무를 소중히 여기고 이에 대한 시를 지어 읊었다고 한다.《詩經 召南 甘棠》 전 지방관인 허홍재(許洪材)와 이실충(李實忠)이 쉬어 간 척서정(滌暑亭)에 대한 시를 읊어, 소공의 감당나무 시에 부합하겠다는 의미가 담겨 있다.

127 음사(淫祀) : 예제(禮制)에 맞지 않는 제사, 또는 함부로 지나치게 지내는 제사를 말한다.《예기(禮記)》〈곡례 하(曲禮下)〉에 "제사 지낼 대상이 아닌데 제사 지내는 것을 음사라고 한다."라고 하였다.

이인로(李仁老) 명종조에 계양 관기(桂陽管記)에 임명되었다.

이규보(李奎報) 고종(高宗) 때 좌사간(左司諫)을 지내다 나와서 계양 부사(桂陽副使)가 되었다.

본조

권천(權踐), **목진공**(睦進恭), **이사관**(李士寬), **김연지**(金連枝) 모두 부평 부사(富平府使)가 되었다.

인물 人物

고려

윤징고(尹徵古) 성종(成宗) 말에 과거에 급제하여 감찰어사(監察御史)에 제수되고 현종조(顯宗朝)에 내사사인(內史舍人)에 제수되었다. 성품이 신중하고 엄정하며, 풍모가 아름답고 해서(楷書)를 잘 썼다. 이르는 데마다 결정이 공평하고 합당하며, 사람의 단점을 말하지 않으니 사람들이 그를 경외하고 사랑하였다. 추충 좌리 공신(推忠佐理功臣)이 내려졌다. 죽게 되자, 왕이 "세상에 다시 이런 사람이 있을까."라고 말하며 재삼 한탄하고 애석해했다. 시호는 장경(莊景)이다.

손변(孫抃) 과거에 급제하였다. 고종조(高宗朝)에 관직이 추밀원 부사(樞密院副使), 수 사공 상서성 좌복야(守司空尙書省左僕射)에 이르렀다. 성품이 강직하고 굳세며, 관리의 사무를 잘하여 결정이 물 흐르듯 하니, 이르는 곳마다 명성이 있었다.

이위(李瑋) 과거에 급제해 여러 관직을 거쳐 호부 원외랑(戶部員外郎)이 되었다. 청렴과 근면으로 알려졌다. 뒤에 좌리 공신(佐理功臣)이 내려졌고, 계양백(桂陽伯)에 봉해졌다. 85세에 죽었고, 시호는 장숙(莊肅)이다.

남양도호부南陽都護府

동쪽으로 수원부(水原府) 경계까지 24리이고, 남쪽으로 같은 부(府) 쌍부현(雙阜縣) 경계까지 20리이고, 서쪽으로 화량(花梁)까지 41리이고, 북쪽으로 안산군(安山郡) 경계까지 43리이다. 서울과의 거리는 105리이다.

한전旱田

수전水田

건치연혁建置沿革

본래 백제 땅인데 고구려가 차지하여 당성군(唐城郡)으로 삼았다. 신라 경덕왕(景德王) 때 당은(唐恩)으로 고쳤고, 고려 초에 다시 당성군으로 삼았다. 현종(顯宗) 때 수주(水州)에 편입시켰고, 뒤에 인주(仁州)로 이속시켰으며, 명종(明宗) 때 다시 당성군을 설치하였다. 충렬왕(忠烈王) 때 승격시켜 익주(益州)로 삼았다가 고을 사람 홍다구(洪茶丘)[128]가 원

128 홍다구(洪茶丘) : 1244~1291. 본관이 남양이며, 할아버지 홍대순(洪大純), 아버지 홍복

(元)나라에서 벼슬하여 정동행성 우승(征東行省右丞)이 되었다 하여 승격시켰다. 얼마 뒤에 강녕도호부(江寧都護府)로 승격시켰다. 또 승격시켜 익주목(益州牧)으로 삼았다가, 충선왕(忠宣王) 초에 강등시켜 남양부(南陽府)로 삼았다. 본조 공정왕(恭定王 태종) 13년(1413)에 도호부(都護府)로 삼았고, 인조(仁祖) 때 강등시켜 현(縣)으로 삼았다가, 얼마 뒤에 다시 도호부로 삼았다. 관장하는 면(面)은 14개이고, 관원은 부사(府使)와 교수(教授)이다. 각 1인이다.

군명郡名

당성(唐城), 당은(唐恩), 익주(益州), 강녕(江寧)

형승形勝

바다가 삼면을 둘렀다.

산천山川

비봉산(飛鳳山) 부 동쪽 7리에 있다. 진산(鎭山)이다.

원(洪福源)이 몽고의 고려 침략에 협력하였다. 홍다구는 몽고에서 태어나 성장하였고, 무공으로 용맹을 떨쳐 원 세조(元世祖)의 총애를 받았다고 한다. 고려에 주둔하면서 부원 세력의 중심이 되었고 삼별초의 난을 평정하였으며, 일본 정벌을 위한 준비를 감독하기도 하였다.

염불산(念佛山) 부 서쪽 25리에 있다.

청명산(晴明山) 부 서쪽 22리에 있다.

절명산(絶命山) 부 서쪽 20리에 있다.

해운산(海雲山) 부 서쪽 20리에 있다.

사나산(舍那山) 부 동쪽 15리에 있다.

바다〔海〕 부 서쪽 54리에 있다.

사나천(舍那川) 부 동쪽 15리에 있다.

수흘도(愁訖島) 부 서쪽 41리에 있다.

우음도(亐音島) 부 서쪽 45리에 있다.

선감미도(仙甘彌島) 부 서쪽 50리에 있다. 목장(牧場)이 있다.

대부도(大部島) 부 서쪽 53리에 있다. 썰물 때면 육지와 이어진다. 목장이 있다.

영흥도(靈興島) 대부도의 서쪽에 있다. 목장이 있다.

소물도(召勿島) 강정왕(康靖王 성종) 17년(1486)에 안산군(安山郡)으로 이속(移屬)하였다가, 공희왕(恭僖王 중종) 14년(1519)에 안산으로부터 도로 본부에 속하게 했다.

덕적도(德積島) 덕물도(德物島)라고도 한다. 부 □□□리에 있다.[129] 둘레가 30리이다. 목장이 있다. 당(唐)나라 소정방(蘇定方)이 백제를 정벌할 때 군사를 이끌고 등주(登州) 성산(成山)으로부터 바다를 건너 나라의 서쪽 덕물도에 이르렀다고 하였는데[130] 그 덕물도가 바로 이 섬이다. 예전에는 본

129 부 □□□리에 있다 : 《신증동국여지승람》과 《동국여지지》의 〈경기 인천도호부〉 산천조에 의하면 덕적도는 인천도호부의 서쪽 120리에 있는데, 남양도호부와의 거리는 분명치 않다.

130 당(唐)나라……하였는데 : 《삼국사기(三國史記)》 권28 〈백제본기(百濟本紀)〉 의자왕 20년에 "소정방이 군사를 이끌고 성산으로부터 바다를 건너 나라 서쪽 덕물도에 이르렀다.

부에 속했는데, 강정왕 17년에 인주부(仁州府)로 이속하였다.

독갑도(禿甲島) 덕적도 남쪽에 있다. 둘레가 25리이다. 목장이 있다.

승황도(昇黃島) 독갑도 서남쪽에 있다. 둘레가 45리이다. 목장이 있다.

풍도(楓島) 성종 17년(1486)에 수원부(水原府)로 이속하였다.

신야곶도(新也串島) 강정왕 17년(1486)에 인천부(仁川府)로 이속하였다.

이칙도(伊則島) 독갑도 동쪽에 있다. 둘레가 35리이다. 목장이 있다.

제부도(濟扶島) 선감미도 남쪽에 있다.

탄모로도(炭毛老島) 소우도(小牛島) 남쪽에 있다.

오질도(於叱島) 부 서쪽에 있다. 목장이 있다.

소우도(小牛島) 대부도 서쪽에 있다.

입파도(立波島) 풍도 동쪽에 있다.

선협도(仙俠島) 독갑도 서쪽에 있다.

구을압도(仇乙鴨島) 신야관도 서쪽에 있다.

결오리도(結吾里島) 오질도 북쪽에 있다.

토산土産

경석(磬石), 부 동쪽 사나사(舍那寺)의 서쪽에서 난다. 돌 색은 청색과 백색이 섞여 무늬가 있다. 본조 장헌왕(莊憲王 세종) 9년(1427)에 채취하여 경쇠를 만들었는데 소리가 음률에 맞았다. 정옥사(碇玉沙), 석회(石灰), 감〔柿〕, 국원(國苑)에서 난다. 소금〔鹽〕, 밴댕이〔蘇魚〕, 숭어〔秀魚〕, 전어(錢

〔蘇定方引軍, 自城山濟海, 至國西德物島.〕"라고 하였다.

魚), 준치〔眞魚〕, 조기〔石首魚〕, 참조기〔黃石首魚〕, 꼴뚜기〔好獨魚〕, 민어(民魚), 농어〔鱸魚〕, 홍어(洪魚), 뱅어〔白魚〕, 은구어(銀口魚 은어), 오징어〔烏賊魚〕, 낙지〔絡蹄〕, 조개〔蛤〕, 토화(土花 미네굴), 굴〔石花〕, 소라(小螺), 해파리〔海䑋〕, 대하(大蝦), 쌀새우〔白蝦〕, 자하(紫蝦 곤쟁이), 게〔蟹〕, 부레〔魚鰾〕, 맛조개〔竹蛤〕

공서公署

화량 첨절제사진(花梁僉節制使鎭) 부 서쪽 30리에 있다. 진(鎭)의 관할은 영종포(永宗浦), 초지량(草芝梁), 제물량(濟物梁)이다. ○ 첨절세사(僉節制使)는 1인으로 종3품이다. 다른 진도 같다. ○ 진에 예전에는 수군절도사(水軍節度使)를 두었는데, 본조 강정왕(康靖王 성종) 16년에 혁파하였다.

영종포 만호진(永宗浦萬戶鎭) 부 남쪽 20리에 있다. ○ 수군만호(水軍萬戶)는 1인으로 종4품이다. 다른 만호도 같다.

학교學校

향교(鄕校) 부 동쪽 2리에 있다.

궁실宮室

상명정(尙明亭) 객관(客館) 북쪽에 있다.

봉선대(鳳仙臺) 부 북쪽 20리에 있다. 작은 언덕이 바닷가에 튀어나와 있는데 대(臺)가 그 위에 있다. 큰 바다가 훤히 보이고 긴 소나무가 줄지어 섰으니 유람하는 자들의 발길이 계속 이어진다.

봉수烽燧

염불산 봉수(念佛山烽燧) 동쪽으로 수원(水原) 흥천산(興天山)에 응하고, 북쪽으로 해운산(海雲山)에 응한다.

해운산 봉수(海雲山烽燧) 북쪽으로 안산군(安山郡) 오질이도(吾叱耳島)에 응하고, 남쪽으로 염불산(念佛山)에 응한다.

우역郵驛

해문역(海門驛) 부 동쪽 1리에 있다.

진수원(鎭水院) 부 동쪽 1리에 있다.

사묘祠廟

사직단(社稷壇) 부 서쪽에 있다.

문묘(文廟) 향교에 있다.

성황사(城隍祠) 부 서쪽 30리에 있다.

여단(厲壇) 부 북쪽에 있다.

능묘陵墓

홍언필(洪彦弼) 묘, 홍섬(洪暹) 묘 부 서쪽 20리 청명산(晴明山) 남쪽 기슭의 홍법리(弘法里)에 있다.

사찰寺刹

사나사(舍那寺) 사나산(舍那山)에 있다.

봉림사(鳳林寺) 비봉산(飛鳳山)에 있다.

홍법사(弘法寺) 청명산(晴明山)에 있다.

장생사(長生寺) 절명산(絶命山)에 있다.

고적古蹟

고당성(古唐城) 주 서쪽 20리에 있다. 옛 성이 있는데 둘레가 2415자이다. 세상에 전하기를, 당(唐)나라 말에 학사(學士) 8인을 보내 고구려에 가서 가르치도록 하였는데 홍(洪)[131]이 그중 한 사람이다. 그 자손이 대대로 귀히 되니 사는 곳을 당성(唐城)이라 이름하였다고 한다. 지금은 과원(菓園)이 되었으니 장원서(掌苑署)에 속한다.

석산성(石山城) 부 서쪽 33리에 있다. 돌로 쌓았고, 둘레가 2900자이다. 지금

131 홍(洪) : 남양 홍씨(南陽洪氏)의 시조 홍천하(洪天河)를 말한다. 고구려 영류왕(營留王) 때 당나라에서 보낸 팔학사의 일원으로 건너와 유학(儒學)을 가르쳤는데 연개소문(淵蓋蘇文)의 난으로 인해 신라로 피신하였고 선덕여왕(善德女王) 때 당성백(唐城伯)에 봉해졌다고 전한다.

은 모두 무너졌다. ○ 무릇 나라 안의 고적에는 작은 산성이 많은데, 이는 삼국(三國) 때 쌓은 것들이다. 읍(邑)과 가까운 것은 현읍(縣邑)을 보호하기 위해 쌓았고, 나머지는 모두 지역민이 쌓아 병란을 피하고자 한 것이다.

재양폐현(載陽廢縣) 부 동쪽 10리에 있다. 옛 안양현(安陽縣)인데, 고려 현종(顯宗) 때 재양으로 고치고 얼마 뒤 수주(水州)에 편입시켰다. 또 인주(仁州)에 이속시켰고, 뒤에 본부(本府)에 편입시켰다. 본조에서 이를 따랐다.

명환名宦

신라

극정(極正) 흥덕왕(興德王) 4년(829) 당은군(唐恩郡)을 당성진(唐城鎭)으로 삼고 사찬(沙湌) 극정에게 지키도록 하였다.

고려

정도전(鄭道傳) 공양왕조(恭讓王朝)에 수령으로 나가기를 자청하여 남양에 부임하였다. 뒤에 왕이 정도전에게 이르기를 "남양의 백성이 경의 은혜로운 정사에 감복하여 지금까지도 칭송한다."라고 하였다.

본조

민효남(閔孝男) 남양 부사(南陽府使)가 되었다. 은혜로운 정사가 있었다.

안당(安瑭) 남양 부사가 되었다. 청렴하고 삼가며 주도면밀하였고, 백성을 사랑하고 폐단을 개혁하는 데 힘썼다. 연산군(燕山君)이 토목 공사를 많이

할 때에 급박하게 징구(徵求)하였는데, 안당이 경영함에 방도가 있었으니 백성들이 번다하거나 동요하지 않아 온 경내가 그에게 힘입었다.

인물人物

고려

홍관(洪灌) 배움에 힘썼고 글씨를 잘 썼다. 과거에 급제하여 보문학사(寶文學士)를 거쳤고 인종조(仁宗朝)에 수 사공 상서성 좌복야(守司空尙書省左僕射)에 제수되었다. 이자겸(李資謙)의 난 때 왕을 곁에서 모시다가 적에게 살해당하였다. 시호는 충평(忠平)이다.

홍자번(洪子藩) 충렬왕(忠烈王) 때 사람이다. 관직이 첨의중찬(僉議中贊)에 이르렀고, 경흥군(慶興君)에 봉해졌다. 시호는 충정(忠正)이다. 홍자번이 세 번 수상(首相)이 되었는데, 논의한 바가 바름을 잃지 않았다. 뒤에 충선왕(忠宣王)의 묘정에 배향되었다.

홍경(洪敬) 홍자번의 아들이다. 관직이 첨의찬성사(僉議贊成事)에 이르렀다. 시호는 양순(良順)이다.

본조

홍여방(洪汝方) 문과(文科)에 급제하여 관직이 이조 판서에 이르렀다. 시호는 문량(文良)이다.

홍달손(洪達孫) 무예(武藝)로 현달하였다. 혜장왕조(惠莊王朝 세조)에 정난좌익 공신(靖難佐翼功臣)으로서 관직이 좌의정에 이르렀고 남양부원군

(南陽府院君)에 봉해졌다. 시호는 안무(安武)이다.

홍일동(洪逸童) 문과에 급제하여 관직이 동지중추부사(同知中樞府事)에 이르렀다. 성품이 분방하고 천진하여 겉치레를 하지 않았고 사부(詞賦)를 잘 지었으며 술 1섬을 먹을 수 있었다. 한번은 입시하여 일을 논하는데 □□□ 왕이[132] "당장 이놈을 죽여 부처님께 바치겠다." 하고, 검을 가져오라고 명하였다. 그래도 홍일동은 태연자약하게 논변하여 두려운 기색이 없었으니 임금이 술을 내려 달래며 마음을 풀도록 하였다.

홍응(洪應) 문과에 장원 급제하여 세조조와 성종조에 벼슬하였다. 관직이 의정부 좌의정에 이르렀고 익대 좌리 공신(翊戴佐理功臣)에 참여하였으며 익성부원군(益城府院君)에 봉해졌다. 죽으니 시호를 충정(忠貞)이라 하였다. 문장으로 이름났고 글씨를 잘 썼으며 풍모가 단아하고 몸가짐에 법도가 있었으니 사람들이 어진 재상이라고 칭송하였다. 강정왕(康靖王 성종)의 묘정에 배향되었다.

홍형(洪泂) 참판(參判) 홍자경(洪子儆)의 증손이다. 홍형은 과거에 급제하여 여러 관직을 거쳐 승정원 승지에 이르렀다. 사람됨이 단정하고 거동에 법도가 있었다. 연산군 초에 부제학(副提學)이 되었는데 매양 시강(侍講)하고 나와서 탄식하기를 "임금의 마음이 바깥으로 치닫고 학문에 뜻이 없으니 장차 법도를 무너뜨려 우리 국가를 어지럽게 할까 두렵구나."라고 하였다. 그때는 아직 임금의 마음이 거칠어지기 전인데 뒤에 과연 들어맞았으니 그의 식견이 이와 같이 정미하였다. 아우인 홍식(洪湜) 또한 관직이

132 한번은……왕이 : 《필원잡기(筆苑雜記)》 권1에는 "한번은 임금 앞에서 불사(佛事)를 논하였는데 세조(世祖)가 거짓 노하여 말하기를"이라고 되어 있다.

승지에 이르렀는데, 연산군 갑자년(1504, 연산군10)에 죽음을 당했다.

홍한(洪瀚) 홍식의 아우이다. 과거에 급제하여 성종 초에 관직이 참의(參議)에 이르렀다. 성품이 강직하여 허가하는 일이 적었으니 권신(權臣)들에게 미움을 받았다. 연산군 때 사화가 일어나자 결국 장을 맞고 유배에 처해졌는데 도중에 죽었다. 공희왕(恭僖王 중종) 초에 이조 참판에 추증되었다.

홍유손(洪裕孫) 혜장왕조(惠莊王朝 세조)에 공생(貢生 향교의 교생)으로서 진사시에 합격하였고, 김시습(金時習), 남효온(南孝溫)과 우애가 좋았다. 산수를 자유로이 유람하고 뜻이 고매하였으며, 문장이 기이하고 굳건하여 고인(古人)의 경지에 근접하였다. 소총자(篠叢子)라고 자호(自號)하였다. 76세에 아들 홍지성(洪至誠)을 낳았는데, 홍지성 또한 고문(古文)을 좋아하고 경(經), 사(史), 자(子)의 서(書)와 백가(百家)의 어(語)에 두루 통달하여 강설을 잘하였으니 한 시대 문학(文學)의 선비 중에 그의 제자가 많았다.

전림(田霖) 무과에 급제하여 공희왕조(恭僖王朝 중종)에 관직이 판윤(判尹)에 이르렀다. 시호는 위절(威節)이다. 누차 간악한 적을 평정하였으며, 사람됨이 청백하고 엄격하였으며 용력(勇力)이 뛰어났다.

홍언필(洪彦弼) 홍형의 아들이다. 중종(中宗) 초에 과거에 급제하여 여러 관직을 거쳐 의정부 좌의정에 이르렀고 인종(仁宗)이 즉위하자 영의정에 올랐다. 성품이 검소하였고 경서와 사서를 두루 통달하였다. 시호는 문희(文僖)이며 인종의 묘정에 배향되었다.

홍섬(洪暹) 홍언필의 아들이다. 학문을 두루 섭렵했고 문장을 잘 지었다. 과거에 급제하여 명종조(明宗朝)에 여러 관직을 거쳐 의정부 좌찬성(議政府左贊成)과 양관(兩館)의 대제학(大提學)에 이르렀다. 선조(宣祖)가 즉위하여 영의정에 제수하자 벼슬에서 물러나기를 청하였으나, 임금이 허락하지 않았다. 아버지 홍언필이 살아 있을 때 홍섬이 함께 고관대작에 올라 있었는데도 집에서는 자제(子弟)의 예(禮)를 행하여 집 밖으로 명을 전하러 다니니 사람들이 혹 현달한 관리인 줄 알지 못하였다. 성품이 청렴하고 조심성이 있으니 세 번 영의정이 되었으나 항상 경계하고 두려워하는 마음을 지녔다.

홍담(洪曇) 홍섬의 종제(從弟)이다. 과거에 급제하여 여러 관직을 거쳐 의정부 좌참찬(議政府左參贊)에 이르렀다. 성품이 지극히 효성스러워 상례와 제례에 예(禮)를 극진히 행하니 선조가 명하여 정려(旌閭)하였다.

인천도호부仁川都護府

동쪽으로 안산군(安山郡) 경계까지 41리, 금천현(衿川縣) 경계까지 34리이고, 남쪽으로 대해(大海)까지 7리이고, 서쪽으로 제물량(濟物梁)까지 17리이고, 북쪽으로 부평부(富平府) 경계까지 24리이다. 서울과의 거리는 77리이다.

한전旱田

수전水田

건치연혁建置沿革

본래 백제의 미추홀(彌趨忽)인데 고구려가 매소홀현(買召忽縣)이라고 하였다. 신라 경덕왕(景德王) 때 소성(邵城)이라고 이름을 바꾸고 율진군(栗津郡)의 영현(領縣)으로 삼았다. 고려 현종(顯宗) 때 수주(樹州)로 편입시켰다가 숙종(肅宗) 때 경원군(慶源郡)으로 승격시켰고, 인종(仁宗) 때 또 인주(仁州)로 고쳤으며, 숙종 때 왕후 이씨(李氏)의 본향이라 하여 승격시켰고, 인종 때 또 순덕왕후(順德王后) 이씨(李氏)의 본향이라 하여 승격시켜 주(州)로 삼았다. 공양왕(恭讓王) 2년(1390)에 경원부(慶源府)

로 승격시켰다. 왕이 처음 즉위하여 7대의 어향(御鄕)이라 하여 승격시키고 주 호장(州戶長)에게 홍정(紅鞓)을 하사하였다. 본조 초에 다시 인주라고 하였고, 공정왕(恭定王 태종) 13년(1413)에 인천군(仁川郡)으로 고쳤으며, 혜장왕(惠莊王 세조) 6년(1460)에 도호부(都護府)로 승격시켰다. 소헌왕후(昭憲王后)의 외향(外鄕)이라 하여 승격시켰다. 관장하는 면(面)은 9개이고, 관원은 부사(府使)와 교수(敎授)이다. 각 1인이다.

군명 郡名

미추홀(彌趨忽), 추(趨)는 추(鄒)라고도 쓴다. 소성(邵城), 경원(慶源), 인주(仁州)

산천 山川

소래산(蘇來山) 부 동쪽 24리에 있다. 진산(鎭山)이다.

남산(南山) 부와의 거리는 2리이다.

주안산(朱雁山) 부 북쪽 11리에 있다.

청량산(淸涼山) 부 남쪽 7리에 있다. 속칭 청룡산(靑龍山)이라고도 한다.

바다〔海〕 주 서남쪽 9리에 있다.

동방천(東方川) 부 동쪽 24리에 있다. 소래산에서 발원하여 남쪽으로 흘러 바다로 들어간다.

자연도(紫燕島) 부 서쪽 27리에 있다. 둘레가 55리이다. 목장(牧場)이 있다. 《대명일통지(大明一統志)》에 "예전에 객관(客館)이 있었는데 경원정(慶

源亭)이라고 했다."라고 하였다.

삼목도(三木島) 부 서쪽 10리에 있다. 둘레가 10리이다. 목장이 있다.

용류도(龍流島) 부 서쪽 55리에 있다. 둘레가 25리이다. 목장이 있다.

무의도(無衣島) 부 서쪽 57리에 있다. 둘레가 28리이다. 목장이 있다.

사탄도(沙呑島) 용류도와 서로 이어져 있다. 둘레가 5리이다.

원도(猿島) 부 서쪽 12리에 있다. 섬 가운데 여러 섬의 신에게 제사를 지내는 단(壇)이 있는데 봄과 가을에 악해독제(嶽海瀆祭 산천과 바다에 지내는 제사)를 수령이 직접 지낸다.

수이도(愁伊島) 주 서쪽 14리에 있다.

언질도(言叱島) 주 남쪽 9리에 있다. 속칭 품관산(品官山)이라고 한다.

덕적도(德積島) 덕물도(德物島)라고도 한다. 부 서쪽 120리에 있다. 둘레가 30리이다. 목장이 있다. 당(唐)의 소정방(蘇定方)이 백제를 정벌할 때 군사를 이끌고 등주(登州) 성산(成山)으로부터 바다를 건너 나라의 서쪽 덕물도에 이르렀다고 하는데, 바로 이 섬이다. 본래 남양부(南陽府)에 속했는데 강정왕(康靖王 성종) 17년(1486)에 본부로 이속시켰다.

사야곶도(士也串島) 부 서쪽 118리에 있다. 둘레가 10리이다. 목장이 있다. 본래 남양부에 속했는데 강정왕 17년에 본부로 이속되었다.

대지(大池) 부 북쪽 4리에 있다. ○ 대(大)는 방언(方言)인 한(漢), 한(韓), 한(干) 등과 같은 뜻이다. 뒤에 나오는 대지(大池), 대택(大澤), 대천(大川)이라고 칭하는 따위는 모두 이와 같다.

토산土産

백옥(白玉), 수이도에서 난다. **정옥사**(碇玉沙), **쑥**〔艾〕, 속칭 사자족(獅子足)이라고 한다. 쑥은 뜸을 떠서 병을 치료하는 데 쓴다. **소금**〔鹽〕, **농어**〔鱸魚〕, **홍어**(洪魚), **광어**(廣魚), **밴댕이**〔蘇魚〕, **조기**〔石首魚〕, **참조기**〔黃石首魚〕, **꼴뚜기**〔好獨魚〕, **민어**(民魚), **상어**〔鯊魚〕, **붕어**〔鯽魚〕, **전어**(錢魚), **망둑어**〔魟魚〕, **숭어**〔秀魚〕, **준치**〔眞魚〕, **병어**(兵魚), **오징어**〔烏賊魚〕, **낙지**〔絡蹄〕, **조개**〔蛤〕, **맛조개**〔竹蛤〕, **해파리**〔海膗〕, **토화**(土花 미네굴), **굴**〔石花〕, **소라**(小螺), **게**〔蟹〕, **대하**(大蝦), **쌀새우**〔白蝦〕, **자하**(紫蝦 곤쟁이), **부레**〔魚鰾〕

공서公署

제물량 만호진(濟物梁萬戶鎭) 부 서쪽 19리에 있다. 수군 만호(水軍萬戶) 1인이다.

중림도 찰방사(重林道察訪司) 부 남쪽 33리에 있다. 중림(重林), 경신(慶信), 반유(盤乳), 석곡(石谷), 금륜(金輪), 종생(終生), 남산(南山) 등 7개의 역을 거느린다. ○ 찰방(察訪) 1인이다. 예전에는 승(丞)이었는데 지금은 참하(參下) 찰방(察訪)을 둔다.

학교學校

향교(鄕校) 부 동쪽 1리에 있다.

궁실 宮室

객관(客館)

향사당(鄕射堂)

능허대(凌虛臺) 부 남쪽 10리에 있다. 청량산의 한 줄기가 바닷가로 튀어나와 해변이 끊어졌다가 다시 일어나니 대(臺)가 그 위에 있다. 대해(大海)가 그 아래를 두르고 있으니 그곳에 올라 바라보는 경치가 지극하다.

봉수 烽燧

성산 봉수(城山烽燧) 부 남쪽 2리에 있다. 남쪽으로 안산군(安山郡) 오질이(吾叱耳)에 응하고, 북쪽으로 부평부(富平府) 축곶산(杻串山)에 응한다.

우역 郵驛

중림역(重林驛) 부 서쪽 33리에 있다. 찰방사(察訪司)의 본역(本驛)이다.

경신역(慶信驛) 부 동쪽 10리에 있다.

진라원(珍羅院) 부 동쪽 30리에 있다.

제물원(濟物院) 부 서쪽 25리에 있다.

사묘 祠廟

사직단(社稷壇) 부 서쪽에 있다.

문묘(文廟) 향교에 있다.

성황사(城隍祠) 부 남쪽 1리에 있다.

원도사(猿島祠) 이 섬에 여러 섬의 신을 합사(合祠)하여 봄가을로 본읍에서 제를 지낸다.

여단(厲壇) 부 북쪽에 있다.

능묘陵墓

하연(河演) 묘 소래산에 있다.

이칙(李則) 묘 부 서쪽 17리에 있다.

사찰寺刹

효일사(曉日寺) 소래산에 있다.

주안사(朱鴈寺) 주안산에 있다.

청량사(淸涼寺) 청량산에 있다.

고적古蹟

미추홀(彌趨忽) 주몽(朱蒙)의 맏아들 비류(沸流)와 둘째 아들 온조(溫祚)가 졸본부여(卒本扶餘)에서 열 명의 신하를 거느리고 남쪽으로 떠났는데 백성들이 많이 따랐다. 이윽고 한산(漢山) 부아악(負兒嶽)에 올라가 살 만한 곳을 바라보았는데, 비류가 바닷가에 살고자 하니 열 명의 신하가 간하기를 "이 한강 남쪽의 땅은 북쪽으로 한수(漢水)를 두르고 동쪽으로 높은 산에 의지하며 남쪽으로 기름진 땅을 바라보고 서쪽으로 큰 바다가 가로막았습니다. 하늘이 내린 험준함과 땅이 주는 이로움이 다른 곳에서는 얻기 어려운 형세이니 이곳에 도읍을 정함이 또한 마땅하지 않겠습니까."라고 하였는데, 비류가 듣지 않고 백성을 나누어 미추홀로 가니, 온조는 열 명의 신하를 거느리고 위례성(慰禮城)에 도읍하였다. 얼마 지난 후 비류가 미추홀의 땅이 습하고 물이 짜서 안착하지 못하고 위례성에 와서 보니 도읍이 안정되고 백성이 평안하였다. 그리하여 후회하면서 죽으니 그의 신하와 백성들이 모두 온조에게 귀의하였다.

이포부곡(梨浦部曲) 부 남쪽에 있는데 물길로 30리이다. 육로로 가면 안산(安山), 광주(廣州), 남양(南陽) 땅을 거쳐야 비로소 그곳에 다다르는데 거의 100리쯤 된다.

남산고성(南山古城) 돌로 쌓았고 둘레는 430자이다.

명환名宦

고려

박정유(朴挺蕤) 예종조(睿宗朝)에 경원군(慶源郡)의 판관(判官)으로 선발되었다. 인종(仁宗) 초에 여러 관직을 거쳐 좌정언(左正言)이 되었는데 왕의 뜻에 거스르는 말을 하여 인주(仁州) 수령으로 나가게 되었다. 정사를 처리함이 항상 한결같아 고과(考課)가 당시에 최고였으니, 발탁되어 중시어사(中侍御史)가 되었다.

본조

신개(申槪) 인주의 수령이 되었다. 은혜로운 정사가 있었다.

민의생(閔義生) 인천군(仁川郡)의 수령이 되었다.

이시언(李時彦) 소경왕(昭敬王 선조) 때 인천 부사(仁川府使)가 되었다. 청렴함과 간소함으로 정사를 하니, 그가 수원 부사(水原府使)에 제수되자 읍민들이 상서하여 계속 머무르게 해 달라고 간청하였다. 이에 명하여 그대로 인천 부사를 맡도록 하였다.

유우流寓

하우명(河友明) 본래 진주(晉州) 사람이다. 국초의 영의정 하연(河演)의 아들이다. 본부의 소래산 아래에 살았다. 효행이 순수하고 돈독하였으니, 어머니 이씨(李氏)를 섬김에 정성을 다하여 봉양하였고, 돌아가신 후에는 여묘살이에 예를 다하였으며 평생 철마다 나는 산물을 사당에 올리지 않고는 입에 넣지 않았다. 이에 조정에서 정려(旌閭)를 명하였다. 관직이 동지중추부사(同知中樞府事)에 이르렀다.

인물人物

고려

이허겸(李許謙) 그 선조는 신라의 큰 벼슬아치로 사신이 되어 당(唐)나라에 갔는데 천자가 가상히 여겨 이씨 성을 내렸고, 자손이 소성현(邵城縣)에 옮겨 사니 바로 인주(仁州)이다. 이허겸은 여러 벼슬을 거쳐 소성백(邵城伯)에 봉해졌고, 아들 이한(李翰)은 관직이 상서성 우복야(尙書省右僕射)에 이르렀다.

이자연(李子淵) 이한의 아들이다. 덕종조(德宗朝)에 과거에 장원 급제하여 문종조(文宗朝)에 관직이 문하시중(門下侍中)에 이르고 경원군 개국백(慶源君開國伯)에 봉해졌다. 한번은 임금께 아뢰기를 "천지의 재이(災異)와 상서(祥瑞)는 늘 정사(政事)와 형정(刑政)의 득실과 상응합니다. 청컨대 이부(吏部)와 형부(刑部)로 하여금 사리를 엄정하게 하도록 하소서."라고 하니, 왕이 따랐다. 시호는 장화(章和)이며, 문종의 묘정에 배향되었다. 네 아들이 모두 재상이 되었고, 세 딸이 모두 문종의 비가 되었다. 손자와 증손 중에 공경(公卿)과 후비(后妃)가 된 자 또한 수십 인이다.

이자량(李資諒) 이자연의 손자로 경원백(慶源伯) 이호(李顥)의 아들이다. 처음에 문종의 외척(外戚)으로 관직에 나왔는데 여러 벼슬을 거쳐 형부 시랑(刑部侍郞)에 이르렀다. 한번은 사신이 되어 송(宋)나라에 갔는데, 휘종(徽宗)이 예모전(睿謨殿)에 행차하여 연회를 베풀고 시를 지어 보이면서 수창을 명하였다. 이자량이 바로 수창하여 올렸는데 시어가 농후하면서도 겸하여 경계하는 뜻이 담기니 휘종이 가상히 여겼다. 돌아가려 할 때 휘종이 은밀히 말하기를 "너희 나라는 여진(女眞)과 땅을 접하였다고 하니, 다음에 내조할 때는 여진인 여러 명과 함께 오라."라고 하였다. 이에 이자량이 아뢰기를 "여진인은 인면수심(人面獸心)이라 이적 중에서도 가장 탐욕스러우니 상국(上國)과 통해서는 안 될 것입니다."라고 하였다. 뒤에 송나라가 여진과 교통하였는데 결국 정강(靖康)의 변을 당하고 말았다. 이자량의 사람됨은 독서를 좋아하고 항상 손자(孫子)와 오자(吳子)의 병법을 익히니 공명(功名)을 이루는 일로 자임하였다. 졸하니 관직이 수 사공 중서시랑평장사(守司空中書侍郎平章事)였다.

이자인(李資仁) 이자연의 손자로 문하시중 이정(李頲)의 아들이다. 문종조에 과거에 급제하였다. 한번은 요(遼)나라에 사신으로 갔는데 사신의 일을 잘 수행했다. 뒤에 관직이 상서성 좌승(尙書省左丞)에 이르렀다.

이자현(李資玄) 이자연의 손자로 재상 이의(李顗)의 아들이다. 용모가 빼어나고 품성이 총명했다. 과거에 급제하여 대악서 승(大樂署丞)이 되었으나 홀연히 관직을 버리고 춘천(春州) 청평산(淸平山)에 들어가 은거하여 스스로 즐겼다. 예종이 조서를 내려 여러 번 불렀으나 이자현이 표(表)를 올려 말하기를 "새의 본성에 따라 새를 길러 종과 북을 치는 근심이 없게 하시고, 물고기를 보고 물고기의 본성을 알아 강호에서 노니는 성정을 보전하게 해 주소서."라고 하였다. 왕이 그가 오지 않을 것을 알고 남경(南京)에 행차하여 그의 동생인 상서(尙書) 이자덕(李資德)을 보내 행재소에 오도록 하였다. 이자현이 부름에 응하여 오자 왕이 특별히 전(殿) 위에 올라 절하게 하였다. 왕이 양성(養性)의 요결을 물으니, 대답하기를 "욕심을 줄이는 것만큼 좋은 것이 없습니다."라고 하였다. 얼마 되지 않아 산으로 돌아갈 것을 간곡히 청하니 차와 향, 도복을 하사하여 돌려보냈다. 졸하니 시호를 진락(眞樂)이라 하였다. 춘천부(春川府)에 또 보인다.

이예(李預) 이자연의 동생 이자상(李子祥)의 아들이다. 문종조에 과거에 급제하여 예종조에 관직이 중서시랑평장사(中書侍郎平章事)에 이르렀다. 딸이 선종(宣宗)의 비가 되었다.

이오(李頫) 이예의 동생이다. 과거에 급제하여 한림원(翰林院)을 맡았다. 문종(文宗), 순종(順宗), 선종(宣宗), 헌종(獻宗), 숙종(肅宗), 예종(睿宗)의 6대를 섬기면서 관직이 문하시랑평장사 문덕전태학사 판상서예부사(門下侍郞平章事文德殿太學士判尙書禮部事)에 이르렀다. 시호는 문량(文良)이다.

이영(李穎) 용모와 위의가 단정하고 널리 배워 아는 것이 많으며 초서와 예서를 잘 썼다. 고종조(高宗朝)에 과거에 급제하여 한림원(翰林院)을 맡았고 원종조(元宗朝)에 우부승지(右副承旨)에 제수되었다. 원(元)나라 선무사(宣撫使) 조양필(趙良弼)이 이영을 한번 만나 보고는 늦게서야 그를 알게 된 것을 한스러워했다. 뒤에 고려 사신을 만나면 반드시 편지를 부쳐 뜻을 전했다. 충렬왕(忠烈王)이 즉위하여 추밀부사 예부상서(樞密副使禮部尙書)에 제수하였으나, 치사(致仕)하였다.

안산군安山郡

동쪽으로 과천현(果川縣) 경계까지 5리이고, 남쪽으로 남양부(南陽府) 경계까지 35리이고, 서쪽으로 인천부(仁川府) 경계까지 11리이고, 북쪽으로 금천현(衿川縣) 경계까지 14리이다. 서울과의 거리는 51리이다.

한전旱田

수전水田

건치연혁建置沿革

본래 백제의 땅인데 고구려가 차지하여 장항구현(獐項口縣)으로 삼았다. 신라 경덕왕(景德王) 때에 고쳐 장구군(獐口郡)으로 삼았다. 고려 초에 안산군(安山郡)으로 고쳤고, 현종(顯宗) 때에 수주(水州)에 편입시켰다가 뒤에 다시 안산현(安山縣)을 두었다. 충렬왕(忠烈王) 때에 승격시켜 안산군(安山郡)으로 삼았다. 문종(文宗)이 탄생한 땅이라고 하여 승격시켰다. 본조에서 그대로 따랐다. 관장하는 면(面)은 6개이고, 관원은 군수(郡守)와 훈도(訓導)이다. 각 1인이다.

군명郡名

장구(獐口)

산천山川

수리산(修理山) 군 동쪽 1리에 있다. 일명 견불산(見佛山)이라고도 한다.

취암(鷲巖) 수리산에 있다.

오자산(五子山) 군 서쪽 10리에 있다.

광덕산(廣德山) 군 서쪽 7리에 있다.

바다〔海〕 군 서쪽 30리에 있다.

오질이도(吾叱耳島) 군 서쪽 47리에 있다.

석을주도(石乙注島) 군 서쪽 40리에 있다.

소홀도(召忽島) 군 서쪽 15리에 있다. 둘레는 32리이고 목장이 있다. 본래 남양부(南陽府)에 예속되어 있었는데 강정왕(康靖王 성종(成宗)) 17년(1486)에 안산군(安山郡)에 이속(移屬)하였다.

여월음양(余月音洋) 오질이도 서쪽에서 물길로 50리 거리이다. 조운선(漕運船)이 경유하는 곳이다.

별사곶(別士串) 군 서쪽 12리에 있다.

토산土産

쑥〔艾〕, 석회(石灰), 소금〔鹽〕, 밴댕이〔蘇魚〕, 숭어〔秀魚〕, 조기〔石首魚〕, 참조기〔黃石首魚〕, 뱅어〔白魚〕, 은구어(銀口魚 은어), 병어(兵魚), 농어

〔鱸魚〕, 홍어(洪魚), 준치〔眞魚〕, 민어(民魚), 전어(錢魚), 꼴뚜기〔好獨魚〕, 오징어〔烏賊魚〕, 낙지〔絡蹄〕, 해파리〔海䑋〕, 조개〔蛤〕, 맛조개〔竹蛤〕, 굴〔石花〕, 토화(土花 미네굴), 소라(小螺), 게〔蟹〕, 대하(大蝦), 자하(紫蝦 곤쟁이), 부레〔魚鰾〕

공서公署

초지량 만호진(草芝梁萬戶鎭) 군 서남쪽 30리에 있다. ○ 수군만호(水軍萬戶)는 1인이다.

학교學校

향교(鄕校) 군 동쪽 1리에 있다.

궁실宮室

객관(客館)

봉수烽燧

오질이도 봉수(吾叱耳島烽燧) 남쪽으로 남양(南陽) 해운산(海雲山)에 응하고, 북쪽으로 인천(仁川) 성산(城山)에 응한다.

우역郵驛

석곡역(石谷驛) 군 서쪽 7리에 있다.

쌍록원(雙鹿院) 군 남쪽 5리에 있다.

사묘祠廟

사직단(社稷壇) 군 서쪽에 있다.

문묘(文廟) 향교에 있다.

성황사(城隍祠) 두 개의 성황사가 있는데 하나는 군 서쪽 21리에 있고 하나는 군 서쪽 32리에 있다.

여단(厲壇) 군 북쪽에 있다.

능묘陵墓

강희맹(姜希孟) 묘 군 서쪽 15리에 있다.

유자신(柳自新) 묘 군 서쪽 21리에 있다.

한준겸(韓浚謙) 묘 군 서쪽 20리 대월촌(大月村)에 있다.

장유(張維) 묘 군 서쪽 27리에 있다.

사찰寺刹

원당사(元堂寺) 수리산에 있다.

정수암(淨水菴) 수리산에 있다. 매우 높고 멀리까지 볼 수 있어 올라 조망

(眺望)하기에 적격이다. ○ 본조 장유(張維)의 시[133]에,

아스라한 안개와 노을 너머	縹緲煙霞外
사찰이 견고하게 조성되어 있네	精藍結構牢
층층 벼랑은 가파른 골짝을 굽어보고	層崖臨絶壑
만상은 추호를 굽어본다	萬象俯秋毫
세상은 어떤 물건을 용납하는가	世界容何物
강산만은 우리들에게 속해 있네	江山屬我曹
흰 구름 발밑에서 피어나니	白雲生脚底
높은 곳에 오른 줄을 이제야 깨닫네	始覺致身高

하였다.

수월암(水月菴) 안양산(安陽山)에 있다.

고적古蹟

장항고현(獐項古縣) 현재 안산군 서쪽 30리에 있다.

옛 토성〔古土城〕 군 서쪽 25리에 있다. 둘레는 9560자인데 무너져 겨우 형태와 터만 남아 있다.

고소릉(古昭陵) 군 서쪽 23리에 있다. 문종(文宗)의 현덕왕후(顯德王后)를 처음 이곳에 장사 지내고 소릉이라 불렀다. 세조(世祖) 때의 일이다.

133 장유(張維)의 시 : 〈암천사(巖泉寺)〉이다. 《谿谷集 卷27》

명환名宦

본조

조석문(曺錫文) 안산군의 지주사(知州事)가 되었다. 정최(政最)[134]라 하여 홍주 목사(洪州牧使)로 승진하였다.

인물人物

고려

김은부(金殷傅) 성품이 근검(勤儉)하였다. 목종(穆宗) 때에 어주사(御廚使)가 되었다. 현종(顯宗)이 거란을 피해 남하하였는데 김은부는 이때에 공주 절도사(公州節度使)가 되어 마음을 다해 현종을 접대하였다. 이 일로 인해 자신의 딸을 현종에게 시집보냈는데 바로 원성왕후(元成王后)이다. 원혜왕후(元惠王后)와 원평왕후(元平王后) 또한 김은부의 딸이다. 뒤에 호부 상서(戶部尙書)에 제수되었다. 딸이 왕후였기 때문에 사후에 개부의동삼사 수사공 상주국 안산군개국후(開府儀同三司守司空上柱國安山郡開國侯)에 증직되었다.

134 정최(政最) : 도목 정사(都目政事)에서 최상등(最上等)을 받는 것을 말한다.

안성군安城郡

동쪽으로 죽산현(竹山縣) 경계까지 16리이고, 남쪽으로 충청도 직산현(稷山縣) 경계까지 25리이고, 서쪽으로 양성현(陽城縣) 경계까지 17리이고, 북쪽으로 양지현(陽智縣) 경계까지 19리이다. 서울과의 거리는 152리이다.

한전旱田

수전水田

건치연혁建置沿革

본래 백제의 땅인데 고구려가 차지하여 내혜홀(奈兮忽)로 삼았다. 신라 경덕왕(景德王) 때에 고쳐 백성군(白城郡)으로 삼았다. 고려 초에 안성현(安城縣)으로 고쳤다. 현종(顯宗) 때에 수주(水州)에 편입시켰다가 뒤에 천안부(天安府)에 이속시켰다. 명종(明宗) 초에 다시 안성현(安城縣)을 두었다. 공민왕(恭愍王) 때에 승격하여 군이 되었다. 공민왕 10년(1361)에 홍건적(紅巾賊)이 송도(松都)를 침입하자 공민왕은 남쪽으로 피난하였다. 홍건적이 선봉을 보내 양광도(楊廣道)에 항복을 권유하자 적이 이르는 인근 주(州)와 군(郡)은 감히 적의 예봉을 꺾을 수 없었다. 안성현의 사람이 거짓으로 항복하여 연회를 열어 호궤하였고 적들이 취한 틈을 타 괴수 여섯 명을 참하였는데, 적이 이 일로 말미암아 감히 남하하지 못하였다. 이 공으로 군으로 승격하였다. **본조에서 그대로 따랐다. 공정왕**(恭定王 태종) **13년**(1413)**에 충청도에서 본도**(本道)**로 이속하였다.** 공민왕이 안성현을 이미 군으로 승격시켜 수주(水州)의 양량(陽良), 감미탄(甘彌呑), 마전(馬田), 신곡(薪谷) 네 부곡(部曲)을 떼어 안성현에 더해 주었다. 뒤에 김용(金鏞)이 뇌물을 받고 마전과 신곡을 다시 수주에 이속시켰다. 본조의 공정왕 1년에 또 양량을 분리하여 양지현(陽智縣)을 두었다. **관원은 군수**(郡守)**와 훈도**(訓導)**이다.** 각 1인이다.

군명郡名

백성(白城) 광해군(光海君) 때에 죽산부(竹山府)에 편입되었다가 얼마 뒤에 다시 분리하여 설치하였다. 관장하는 면(面)은 12개이다.

형승形勝

천흥산(天興山)**과 청룡산**(靑龍山)**이 병풍처럼 에워싸 둘러서 있다.** 본조 권근(權近)의 〈극적루기(克敵樓記)〉[135]

135 권근(權近)의 극적루기(克敵樓記) : 《양촌집(陽村集)》 권13에 있다.

산천山川

서운산(瑞雲山) 군 남쪽 20리에 있다. 청룡산이라고도 한다. 서쪽 봉우리에 단(壇)이 있는데 단 아래에 우물 3개가 있다. 가뭄이 들면 우물을 수리하고 기우제를 지내곤 하는데 매번 비가 내렸다.

백운산(白雲山) 군 동쪽 14리에 있다.

보산(寶山) 군 북쪽 20리에 있다.

구포산(九苞山) 군 북쪽 5리에 있다.

비봉산(飛鳳山) 군 북쪽 2리에 있다. 진산(鎭山)이다. 옛 성터가 있다.

남천(南川) 군 남쪽 2리에 있다. 백운산에서 발원하여 서쪽으로 양성현(陽城縣)의 소사천(素沙川)으로 흘러 들어간다.

목동지(木洞池) 군 남쪽 17리에 있다. 제방은 길이가 100보이고 못의 둘레는 2리이다. 목동지 동쪽에 또 두 개의 못이 있는데 하나는 연화지(蓮花池)이고 하나는 곡지(曲池)이다.

토산土産

명주실〔絲〕, 삼〔麻〕, 자기(磁器), 도기(陶器), 안식향(安息香)

학교學校

향교(鄕校) 군 동쪽 2리에 있다.

궁실宮室

객관(客館)

향사당(鄕射堂) 객관의 남쪽에 있다.

우역郵驛

강부역(康富驛) 군 동쪽 5리에 있다.

광보원(光寶院) 군 동쪽 10리에 있다.

대비원(大悲院) 군 서쪽 5리에 있다.

사묘祠廟

사직단(社稷壇) 군 서쪽에 있다.

문묘(文廟) 향교에 있다.

성황사(城隍祠) 군 북쪽 3리에 있다.

여단(厲壇) 군 북쪽에 있다.

사찰寺刹

청룡사(青龍寺), 석남사(石南寺) 모두 서운산에 있다.

금강사(金剛寺) 백운산에 있다.

봉안사(鳳安寺) 구포산에 있다.

고적古蹟

감미탄부곡(甘彌呑部曲), **마전부곡**(馬田部曲) 모두 군 동쪽 10리에 있다.

홍계남루(洪季男壘) 군 남쪽 15리에 있다. 만력(萬曆) 임진년(1592, 선조25) 왜란 때에 홍계남이 향병(鄕兵)을 일으켜 적을 격퇴하고 이곳에 군사를 주둔시켰다. 지금도 옛 누가 남아 있다.

명환名宦

본조

정수홍(鄭守弘)

김겸(金謙)

유우流寓

유운(柳雲) 본조 공희왕(恭僖王 중종(中宗)) 기묘년(1519, 중종14)에 충청도 관찰사가 되었는데 대간(臺諫)에게 탄핵을 받았다. 기묘사화가 일어나자 남곤(南袞)은 유운이 반드시 원망하는 마음을 가졌을 것이라 생각하여 유운을 대사헌(大司憲)에 제수하였다. 그런데 유운은 당인(黨人)을 처벌해서는 안 된다고 극론하였고, 또 당인을 바로잡고 구제하지 않았다는 이유로 대사간 윤희인(尹希仁)을 탄핵했다가 마침내 배척을 받아 안성에서 우거하다 졸하였다. 저서로는《진수해범(進修楷範)》이 있다.

인물 人物

고려

이영(李永) 애초에 군(郡)의 서리(胥吏)가 되어 정조 주사(政曹主事)에게 문서를 올리면서 읍만 하고 절을 하지 않자 주사가 노하여 꾸짖었다. 이영이 즉시 그 문서를 찢으며 말하기를 "나는 과거를 보아 벼슬할 수 있는데 어찌 너희들에게 예를 행할 수 있겠는가."라고 하였다. 숙종 때에 을과로 발탁되었고 인종 초에 지어사대사(知御史臺事)가 되었다. 이자겸(李資謙)이 한안인(韓安仁)을 살해하였는데 이영은 한안인의 매서(妹壻)라는 이유로 연좌되어 진도(珍島)에 유배되었다. 어머니와 자식이 장차 연좌되어 노비가 될 것이라는 말을 듣고는 말하기를 "나는 자신을 돌이켜 보아 허물이 없었기 때문에 죽음을 인내하며 기다렸다. 만약 노모가 자식의 일 때문에 연좌되어 천한 노비가 된다면 내 구차히 살아 무엇 하겠는가."라고 하고는 한 말의 술을 마시고 원통해하다 죽었다. 이자겸이 술사(術士)를 보내 길옆에 매장하게 하였는데 소와 말이 감히 밟지 않았다. 이자겸이 실각하자 첨서추밀원사(簽書樞密院事)에 증직되었다.

김유성(金有成) 15세에 과거에 급제하여 덕원부 서기(德源府書記)에 조용(調用)되었고 관직은 태복윤(太僕尹)에 이르렀다. 원종(元宗) 때에 원 세조(元世祖)가 본국으로 하여금 일본을 불러 회유하게 하였는데, 김유성이 서장관(書狀官)에 충원되어 가서 일본을 설득하였다.[136] 후에 원나라가 다

136 원종(元宗)……설득하였다 : 역사서에 수록된 이 사건의 전말은 다음과 같다. 원종 때 원 세조가 비서감(秘書監) 조양필(趙良弼)을 보내 일본을 선무(宣撫)하려고 고려로 하여금

시 고려에게 일본으로 사신을 보내게 하였는데, 충렬왕(忠烈王)이 김유성이 사령(辭令)에 능하다는 이유로 선유사(宣諭使)로 삼아 서장관 곽린(郭麟)과 함께 파견하였다. 이윽고 일본으로 떠났지만 모두 억류되어 돌아오지 못하였다. 국가가 김유성을 가상히 여겨 집안에 세록(世祿)을 내려 주었다.

본조

홍계남(洪季男) 본읍 품관(品官)의 첩의 아들로 어머니가 관비(官婢)이기 때문에 관에서 작은 일을 맡고 있었다. 사람이 비범하여 기지와 용력이 남들보다 뛰어났다. 만력(萬曆) 임진년(1592, 선조25)에 왜구가 경기 일대를 점령하였는데, 홍계남이 향병을 일으켜 적을 토벌하여 사로잡거나 죽인 왜구가 매우 많았다. 적이 홍계남을 두려워하여 연비장군(燕飛將軍)이라 부르며 감히 근방의 읍을 노략질하지 않았다. 소경왕(昭敬王 선조)이 이 일로 홍계남을 방어사(防禦使)로 삼았고 뒤에 여러 차례 주(州)와 부(府)를 다스리게 하였는데 직임을 잘 수행하였다. 아들 홍세호(洪世豪) 또한 군수가 되었다.

길을 안내하게 했다. 김유성은 당시 서장관이 되어 조양필과 함께 일본으로 가 무엇이 순리에 맞는지, 어떤 선택이 화복을 가져올지를 잘 설득했다. 이에 일본은 황제의 명에 따라 사신을 보내 원나라에 조회하게 되었고, 그 공으로 김유성은 거듭 승진해 감찰어사(監察御史)가 되었다. 《高麗史 卷106 金有成列傳》

진위현振威縣

동쪽으로 양성현(陽城縣) 경계까지 13리이고, 남쪽으로 충청도 직산현(稷山縣) 경계까지 37리이고, 서쪽으로 수원부(水原府) 경계까지 12리이고, 북쪽으로 용인현(龍仁縣) 경계까지 13리[137]이다. 서울과의 거리는 118리이다.

한전旱田

수전水田

건치연혁建置沿革

본래 백제의 땅이었는데 고구려가 차지하여 부산현(釜山縣)으로 삼았다. 옛 연달부곡(淵達部曲)인데, 금산(金山)이라고도 하고 송촌활달(松村活達)이라고도 한다. 신라 경덕왕(景德王) 때에 진위(振威)로 개명하고 수성군(水城郡)의 영현(領縣)으로 삼았다. 고려에 이르러 수주(水州)에 편

137 13리 : 《신증동국여지승람》 권10 〈경기 진위현〉에는 용인현까지 '33리'로 되어 있고, 《여지도서(輿地圖書)》에는 '10리'로 되어 있다.

입시켰는데 명종(明宗) 초에 다시 진위를 설치하였다. 본조에서 그대로 따랐다. 태조(太祖) 7년(1398)에 충청에서 본도(本道)로 이속하였다. 관장하는 면(面)은 10개이다. 관원은 현령(縣令)과 1인으로 종5품이다. 다른 현령도 같다. 훈도(訓導)이다. 1인이다.

군명郡名

부산(釜山), 연달(淵達)

형승形勝

길이 남북으로 통한다. 본조 하륜(河崙)의 〈현관기(縣館記)〉[138]

산천山川

부산(釜山) 현 동쪽 2리에 있다. 진산(鎭山)이다.

무봉산(舞鳳山) 현 동쪽 5리에 있다. 수원부(水原府)에도 보인다.

천덕산(天德山) 현 동쪽 5리에 있다. 양성현(陽城縣)에도 보인다.

장호천(長好川) 현 남쪽 1리에 있다. 장호천의 원류(源流)는 두 개인데, 하나는 용인(龍仁)의 경내 처인폐현(處仁廢縣) 동쪽에서 나오고, 하나는 옛 양지현(陽智縣) 서쪽에서 나와 합류하여 현의 남쪽을 경유하고 또 서쪽으

138 하륜(河崙)의 현관기(縣館記) : 〈진위현 객관기(振威縣客館記)〉이다.《浩亭集 卷2》

로 수원부 다라고비포(多羅高飛浦)로 흘러간다.

청호지(菁好池) 현 북쪽 12리 수원부 경계에 있다. 길이는 150보이다.

토산土産

붕어〔鯽魚〕, **게**〔蟹〕, **백토**(白土)

궁실宮室

객관(客館)

부산정(釜山亭) 객관의 북쪽에 있다.

학교學校

향교(鄕校) 현 동쪽 1리에 있다.

우역郵驛

장호원(長好院) 현 남쪽 2리에 있다.

이방원(李方院) 현 북쪽 10리에 있다.

백현원(白峴院) 현 남쪽 10리에 있다.

갈원(葛院) 현 남쪽 20리에 있다.

사묘祠廟

사직단(社稷壇) 현 서쪽에 있다.

문묘(文廟) 향교에 있다.

성황사(城隍祠) 현 북쪽 1리에 있다.

여단(厲壇) 현 북쪽에 있다.

사찰寺刹

만기사(萬奇寺) 무봉산에 있다.

고적古蹟

영신폐현(永新廢縣) 현 남쪽 15리에 있다. 영풍(永豐)이라고도 한다. 예전에는 양성현(陽城縣)에 속했는데, 본조 공정왕(恭定王 태종) 때에 견아상착(犬牙相錯)[139]이라는 이유로 수원부에 이속되었다가 장헌왕(莊憲王 세종) 때에 진위현에 이속되었다.

송장부곡(松莊部曲) 현 남쪽 10리에 있다. 예전에는 수원부에 속했는데, 본조 장헌왕 때에 진위현에 이속되었다.

139 견아상착(犬牙相錯) : 각 고을의 경계선이 구불구불 드나들어서 개의 어금니처럼 서로 어긋나 있음을 말한다.

인물 人物

본조

김지(金漬) 과거에 급제하였고 관직은 성균관 사예(成均館司藝)에 이르렀다. 성품이 옛것을 좋아하고 음률(音律)에 밝았다. 집이 가난하였지만 늘 태연하였다.

양천현陽川縣

동쪽으로 양화나루〔楊花渡〕까지 17리이고, 서쪽으로 부평부(富平府) 경계까지 14리이고, 남쪽으로 같은 부(府) 경계까지 15리이고, 북쪽으로 북포(北浦)까지 3리, 김포현(金浦縣) 경계까지 13리이다. 서울과의 거리는 31리이다.

한전旱田

수전水田

건치연혁建置沿革

본래 백제의 땅인데, 고구려가 차지하여 제차파의현(齊次巴衣縣)으로 삼았다. 신라 경덕왕(景德王) 때 공암(孔巖)으로 고쳐 율진군(栗津郡)의 영현(領縣)으로 삼았다. 고려 현종(顯宗) 때 수주(樹州)에 편입시켰고 충선왕(忠宣王) 초에 다시 양천현(陽川縣)을 두었다. 본조에서 그대로 따랐다. 관장하는 면은 3개이다. 관원은 현령(縣令)과 훈도(訓導)이다. 각 1인이다.

군명郡名

공암(孔巖) 별호는 파릉(巴陵)이다.

산천山川

성산(城山) 현 북쪽 1리에 있다. 진산(鎭山)이다. 옛 성이 있는데 산을 두르고 있으며 둘레는 720자이다. 지금은 무너졌다.

주룡산(駐龍山) 현 서쪽 9리에 있다. 일명 화개산(花開山)이라고도 한다.

마산(馬山) 현 남쪽 17리에 있다.

선유봉(仙遊峯) 현 동쪽 16리 양화나루〔楊花渡〕에 있다. 속칭 양화도산(楊花渡山)이라고 한다. 작은 돌 봉우리가 강 가운데에 우뚝 솟아 있는데, 명나라 사신(使臣) 주지번(朱之蕃)이 일찍이 이곳에서 노닐면서 석벽(石壁)에 '지주(砥柱)'라는 두 글자를 새겼다.

한강(漢江) 한성부(漢城府) 경계로부터 현 북쪽 2리를 지난다. 속칭 북포(北浦)라고 하고 서쪽으로 김포현(金浦縣) 경계로 흘러 들어간다.

철곶포(鐵串浦) 현 동쪽 13리에 있다. 즉 금천현(衿川縣) 호계(虎溪)의 하류로 한강으로 흘러 들어간다.

장택(長澤) 현 남쪽 10리에 있다.

토산土産

뱅어〔白魚〕, 웅어〔葦魚〕, 면어(綿魚), 붕어〔鯽魚〕, 숭어〔秀魚〕, 게〔蟹〕

학교學校

향교(鄕校) 현 북쪽에 있다.

궁실宮室

객관(客館)

망호정(望湖亭) 객관 동쪽에 있다. 본조 유사눌(柳思訥)의 시에 "구름은 푸른 산속을 오가고, 조수는 백사장 가에 드나든다.〔雲去雲來靑嶂裏 潮生潮落白沙邊〕"라고 하였다.

소요정(逍遙亭) 공암진(孔巖津) 가에 있다. 본조의 심정(沈貞)이 이곳에 정자를 지어 당세 문인들의 제영시(題詠詩)를 두루 구하여 걸어 두었는데 지금은 무너져 터만 남아 있다.

봉수烽燧

화개산 봉수(花開山烽燧) 동쪽으로 경도(京都)의 목멱산(木覓山) 제3봉수와 응하고, 서쪽으로 김포현(金浦縣) 북성산(北城山)과 응한다.

우역郵驛

남산역(南山驛) 현 남쪽 7리에 있다.

관량關梁

공암나루〔孔巖渡〕 현 동쪽 3리에 있는데 바로 한강을 건너는 나루이다. 바위가 강가에 서 있는데 바위에 구멍이 있기 때문에 명명하였고, 또 다른 이름은 투금나루〔投金渡〕이다. 고려 공민왕(恭愍王) 때에 평민인 형제가 함께 길을 가다 아우가 황금 두 덩이를 주워 하나를 형에게 주었다. 나루에 이르러 함께 배를 타고 강을 건너다 아우가 갑자기 강물에 황금을 던졌다. 형이 괴이하게 여겨 물어보자 아우가 답하기를 "제가 평소에 형을 아끼는 마음이 돈독하였는데 지금 형에게 황금을 나누어 주고 나니 홀연 형을 시기하는 마음이 생겼습니다. 이 황금은 상서롭지 못한 물건이니 강물에 던져 버리고 잊는 것만 못합니다."라고 하였다. 형이 말하기를 "너의 말이 진실로 옳다."라고 하고는 형 또한 황금을 강물에 던졌다. 같은 배에 있던 사람들은 모두 어리석은 평민이었기 때문에 형제의 성명을 물은 사람이 없다고 한다.

사묘祠廟

사직단(社稷壇) 현 서쪽에 있다.

문묘(文廟) 향교에 있다.

성황사(城隍祠) 성산(城山)에 있다.

여단(厲壇) 현 북쪽에 있다.

능묘陵墓

정희계(鄭熙啓) 묘 현 남쪽 18리에 있다.

김수동(金壽童) 묘 현 남쪽 15리에 있다.

심수경(沈守慶) 묘 화개산 동쪽에 있다.

고적古蹟

인물人物

고려

허경(許慶) 과거에 급제하여 문학(文學)으로 현달하였다. 성품은 청렴하고 충성스러웠다. 예종조(睿宗朝)에 관직이 문하시랑 동중서문하평장사(門下侍郎同中書門下平章事)에 이르렀다.

허재(許載) 도필리(刀筆吏) 출신으로 구성(九城)의 역사(役事)에 기용되어 중군 녹사(中軍綠事)로 길주(吉州)를 지키고 있었는데 여진족(女眞族)이 와서 공격하자 굳게 지켰다. 관직은 동중서문하평장사(同中書門下平章事)에 이르렀다.

허수(許邃) 허재의 후손으로, 관직이 예부상서 한림학사승지(禮部尙書翰林學士承旨)에 이르러 치사(致仕)하였다.

허공(許珙) 허재의 후손으로, 아버지는 허수인데 예부 상서(禮部尙書)가 되었다. 고종(高宗) 말에 과거에 급제하였다. 충렬왕(忠烈王) 때에 충렬왕이 원나라에 있었는데 허공은 홍자번(洪子藩)과 함께 남아 왕경(王京)을 지켰다. 합단(哈丹)이 국경을 침범하자[140] 사람들은 모두 강도(江都)로 들어가 피하고자 하였는데 허공만은 불가하다고 말하였다. 훗날에 원나라 황제가 가장 먼저 강도로 천도할 것을 도모한 사람에 대해 조서를 보내 물어보니 국인(國人)들이 비로소 탄복하였다. 허공은 천성이 공손하고 검소하여 밥 먹을 때에 한 그릇을 넘지 않았고 이불은 베로 자리는 부들로 만들 정도로 담박하게 처신하였다. 관직이 첨의중찬(僉議中贊)에 이르렀다. 시호는 문경(文敬)이며 충렬왕의 묘정(廟庭)에 배향되었다.

허종(許悰) 허공의 손자이다. 충렬왕이 궁중에서 길렀는데 장성하자 충선왕(忠宣王)의 딸에게 장가들었다. 허종은 어려서 부귀하게 자랐지만 예를 지키고 베풀기를 좋아하였다. 수사도 안정부원군(守司徒定安府院君)에 제수되었다. 전후로 원나라에 가서 다년간 머물며 생활하였다.[141]

허금(許錦) 허공의 현손(玄孫)이다. 공민왕(恭愍王) 때 과거에 급제하였고 관직이 전리 판서(典理判書)에 이르렀다. 성품이 담담하고 조용하였고 역사서를 즐겨 보았으며 불교(佛敎)를 싫어하였고 벼슬살이를 좋아하지 않았다. 전야(田野)로 물러나 살면서 야당(埜堂)이라 자호하였다. 늘 약을 제조하여 사람을 살렸는데, 질병을 앓던 사람들 모두 허공에게 도움을 받았

140 합단(哈丹)이 국경을 침범하자 : 합단은 원나라의 반군(叛軍) 내안(乃顔)의 부장으로 1287년(충렬왕13) 원 세조(元世祖) 때 만주에서 반란을 일으켰으나 원나라 장수 내만대(乃蠻帶)에게 패하자 방향을 바꾸어 고려의 동북 변경을 침입하였는데 이 일을 두고 한 말이다.

141 전후로……생활하였다 : 충렬왕 때 수 사공(守司空)으로 임명되었는데 얼마 되지 않아 파직되었고 황제의 명령으로 원나라로 가서 3년 동안 머물렀으며, 후에 충혜왕을 따라 원나라로 들어가서 5년 동안 체류한 사실이 있다.《高麗史 卷105 許悰列傳》

다. 50세가 되기 전에 사망하였으니 세상 사람들이 모두 애석하게 여겼다.

본조

최숙정(崔淑精) 강정왕(康靖王 성종) 때에 관직이 홍문관 부제학(弘文館副提學)에 이르렀다. 박람(博覽)하고 시를 잘 지어 성현(成俔)과 명성이 나란하였다.

용인현龍仁縣

동쪽으로 양지현(陽智縣) 경계까지 24리이고, 남쪽으로 양성현(陽城縣) 경계까지 45리, 진위현(振威縣) 경계까지 45리이고, 남쪽으로 수원부(水原府) 경계까지 16리이고, 북쪽으로 광주(廣州) 경계까지 15리이다. 서울과의 거리는 65리이다.

한전旱田

수전水田

건치연혁建置沿革

본래 백제 땅인데 고구려가 차지하여 구성현(駒城縣)으로 삼았다. 일명 멸조(滅鳥)라고도 한다. 신라 경덕왕(景德王) 때에 거서(巨黍)로 개명하여 한주(漢州)의 영현(領縣)으로 삼았다. 고려 초에 용구(龍駒)로 개명하여 광주(廣州)에 편입시켰고, 명종(明宗) 때에 다시 용구현(龍駒縣)을 두었다. 본조 공정왕(恭定王 태종) 13년(1413)에 처인현(處仁縣)을 병합하여 고쳐 용인현(龍仁縣)으로 삼았다. 관장하는 면(面)은 16개이다. 관원은 현령(縣令)과 훈도(訓導)이다. 각 1인이다.

군명郡名

구성(駒城), 거서(巨黍), 용구(龍駒)

형승形勝

왕도(王都)에 접해 있어 빈객들이 모여든다. 본조 김수녕(金壽寧)의 〈신정기(新亭記)〉[142]

산천山川

보개산(寶蓋山) 현 동쪽 13리에 있다.

부아산(負兒山) 현 남쪽 22리에 있다. 봉우리 위에 또 작은 봉우리가 있는데, 마치 사람이 아이를 업고 있는 모습과 같기 때문에 이름 지어졌다.

광교산(光敎山) 현 서쪽 20리에 있다.

선장산(禪長山) 현 동쪽 15리에 있다.

남곡(南谷) 현 동쪽 30리에 있다. 고려 사람인 이석지(李釋之)가 거주하던 곳이다.

장장천(莊莊川) 현 서쪽 10리에 있다. 선장산 남동(南洞)에서 발원하여 광교

142 김수녕(金壽寧)의 신정기(新亭記) : 〈용인 신정기(龍仁新亭記)〉이다. 《東文選 卷82》

산 동쪽에 이르러 합하여 북쪽으로 흘러 광주(廣州)의 탄천(炭川)이 된다.

금령천(金嶺川) 금령역(金嶺驛) 남쪽에 있다. 양지현(陽智縣) 소로동(所路洞)에서 발원하여 북쪽으로 광주의 소천(昭川)으로 흘러 들어간다.

갈천(葛川) 또 다른 이름은 구흥천(駒興川)이다. 현 남쪽 10리에 있다. 보개산 남쪽에서 발원하여 수원부(水原府) 경계를 흘러가 다라고비포(多羅高飛浦)로 들어간다.

토산土産

명주실〔絲〕, 삼〔麻〕, 석회(石灰)

학교學校

향교(鄕校) 예전에는 현 동쪽 2리에 있었는데 지금은 현 북쪽 1리로 옮겼다.

충렬서원(忠烈書院) 현 동쪽 15리에 있다. 읍인(邑人)이 정몽주(鄭夢周)의 터가 있던 곳에 서원을 건립하였다. 소경왕(昭敬王 선조)이 사액(賜額)하였다.

심곡서원(深谷書院) 현 서쪽 10리에 있다. 조광조(趙光祖)의 묘소가 있던 곳이다. 선조(宣祖) 때에 학자들이 그곳에 서원을 건립하고 사당을 세워 조광조를 제사 지냈다. 효종(孝宗)이 사액하였다.

궁실宮室

객관(客館)

향사당(鄕射堂) 객관 북쪽에 있다.

신정(新亭) 객관 동쪽에 있다.

양벽정(漾碧亭) 객관 동쪽에 있는데 양벽정은 못가에 임해 있다. 홍치(弘治) 정사년(1497, 연산군3)에 현령(縣令) 김우(金祐)가 중건하였다. 홍귀달(洪貴達)이 명명하고 기문(記文)을 지었다.[143]

봉수烽燧

보개산 봉수(寶蓋山烽燧) 동쪽으로 죽산현(竹山縣) 건지산(乾至山)과 응하고 북쪽으로 광주(廣州) 천천현(穿川峴)과 응한다.

우역郵驛

구흥역(駒興驛) 현 남쪽 5리에 있다.

금령역(金嶺驛) 현 동쪽 30리에 있다.

보시원(普施院) 현 서쪽 10리에 있다.

홍화원(弘化院) 현 남쪽 20리에 있다.

금령원(金嶺院) 금령역과의 거리가 3리이다.

143 홍귀달(洪貴達)이……지었다 : 〈양벽정기(漾碧亭記)〉이다. 《虛白亭集 卷2》

관량關梁

금령교(金嶺橋) 금령천에 있다.

사묘祠廟

사직단(社稷壇) 현 서쪽에 있다.

문묘(文廟) 향교에 있다.

성황사(城隍祠) 현 동쪽 1리에 있다.

여단(厲壇) 현 북쪽에 있다.

능묘陵墓

정몽주(鄭夢周) 묘 현 동쪽 15리에 있다.

남은(南誾) 묘 처인현(處仁縣) 동쪽 6리에 있다.

심온(沈溫) 묘 현 서쪽 10리 가산리(嘉山里)에 있다.

이귀령(李貴齡) 묘 현 동남쪽 30리에 있다.

이석형(李石亨) 묘 현 동쪽 15리에 있다.

조광조(趙光祖) 묘 현 서쪽 10리 심곡(深谷)에 있다.

이자(李耔) 묘 현 남쪽 15리 기곡(器谷)에 있다.

오윤겸(吳允謙) 묘 현 동쪽 16리에 있다.

사찰寺刹

성불사(成佛寺) 광교산에 있다.

선장사(禪長寺) 선장산에 있다.

향수사(香水寺) 현 동쪽 20리에 있다.

서봉사(瑞峯寺) 광교산에 있다. 이 사찰에 고려 이지명(李知命)이 찬술한 현오국사비(玄悟國師碑)[144]가 있다.

고적古蹟

처인폐현(處仁廢縣) 현 남쪽 35리에 있다. 본래 수원부 처인부곡(處仁部曲)이었는데, 본조 태조(太祖) 6년(1397)에 비로소 현을 두었고 공정왕(恭定王) 13년(1413)에 현에 편입되었다. 현재 흙으로 쌓은 폐성(廢城)이 남아 있다. ○ 고려 고종(高宗) 때에 강화(江華)로 천도하자 원나라 황제가 노하여 군사를 보내와 이 일을 따져 물었다. 원나라 장수 살알(撒歹)이 어사잡단(御史雜端) 설신(薛愼)을 군중에 붙잡아 두고 송경(松京)에 이르러 강을 건너 남하하려고 하였다. 설신이 살알에게 말하기를 "우리나라 속담에 '이국(異國)의 대관(大官) 중에 남강(南江)을 건너는 사람은 길하지 못하다.'라는 말이 있습니다."라고 하였다. 살알은 이 말을 듣지 않고 한양산

144 현오국사비(玄悟國師碑) : 고려 시대의 선승(禪僧) 종린(宗璘, 1127~1179)의 탑비이다. 종린은 1139년(인종17) 13세에 인종의 명으로 대각국사(大覺國師) 의천(義天)의 제자인 징엄(澄儼)에게 출가하였다. 1141년 불일사(佛日寺)에서 구족계를 받았고, 1171년(명종1) 명종이 만수(萬繡) 가사를 하사하고 좌세(佐世)라는 호를 내렸다. 화엄학에 밝았으며, 1179년 세수 53세, 법랍 40년으로 입적했다. 명종이 현오국사라는 시호를 내렸다.

성(漢陽山城)에 이르러 성을 함락하고 다음으로 처인성에 이르렀는데 날아온 화살에 맞아 죽었다. 그러자 원나라 병사가 송경으로 회군하고는 설신이 식견이 있다고 여겨 강화로 돌려보냈다.

보개산성(寶蓋山城) 돌로 쌓은 성으로 둘레가 2529자이다. 삼국 시대에 향민(鄕民)이 험준한 형세에 의지하여 지키던 곳이라고 전해진다. 지금은 모두 무너졌다.

왜루(倭壘) 현 서쪽 10리 큰 길가 산기슭에 있다. 있다. 만력(萬曆) 임진년(1592, 선조25)에 왜구가 진영을 연이어서 주둔한 곳이다.

인물 人物

고려

이석지(李釋之) 그의 선조는 영천(永川) 사람인데 후에 이주하여 용인현 사람이 되었다. 공민왕(恭愍王) 때에 과거에 급제하여 정언(正言)이 되었는데 언사(言事)로 인해 재상들의 심기를 거스르는 일이 여러 번 일어나 명망이 있었다. 남곡(南谷)으로 물러나 노년을 보냈는데 이색(李穡)이 기문을 지어[145] 이 일을 이야기하였다. 손자인 이종검(李宗儉)과 이종겸(李宗謙)은 본조 초에 또한 일찍이 남곡으로 물러나 거처하면서 효우당(孝友堂)을 짓고 산수를 벗 삼아 스스로 즐겼다.

145 이색(李穡)이 기문을 지어 : 〈남곡기(南谷記)〉이다.《牧隱藁 牧隱文藁 卷1》

본조

이백지(李伯持) 아버지는 이사위(李士渭)인데 개성 유후(開城留後)를 지냈다. 이백지는 문과에 급제하여 여러 관직을 거쳐 강원도 관찰사가 되었고 청백(淸白)으로 세상에 이름이 알려졌다.

이길보(李吉甫) 이백지의 증손이다. 두 번 과거에 급제하였고 관직이 경기 관찰사에 이르렀다. 아우인 이우보(李祐甫)는 관직이 홍문관 직제학(弘文館直提學)에 이르렀다.

김포군金浦郡

동쪽으로 양천현(陽川縣) 경계까지 22리이고, 남쪽으로 부평부(富平府) 경계까지 10리이고, 서쪽으로 대해(大海)까지 26리이고, 북쪽으로 통진현(通津縣) 경계까지 17리이다. 서울과의 거리는 63리이다.

한전旱田

수전水田

건치연혁建置沿革

본래 백제 땅인데 고구려가 차지하여 금포현(黔浦縣)으로 삼았다. 신라 경덕왕(景德王) 때에 김포(金浦)로 개명하여 장제군(長堤郡)의 영현(領縣)으로 삼았다. 고려 초에 수주(樹州)로 편입되었다가 명종(明宗) 때에 다시 김포현(金浦縣)을 두었다. 본조 태종(太宗) 때에 부평부(富平府)로 편입되었다가 얼마 뒤에 다시 분리하여 김포현을 두었다. 태종 14년(1414)에 양천현(陽川縣)을 폐지하고 김포현에 병합하여 김양현(金陽縣)이라 불렀다. 얼마 뒤에 양천현을 금천현(衿川縣)에 편입하고 김포현을 폐지하여 부평부에 편입하였는데 16년에 다시 분리하여 김포현을 두었다. 관장하는 면(面)은 □개[146]이다. 관원은 현령(縣令)과 훈도(訓導)이다. 각 1인이다. 지금 증보하건대 인조(仁祖) 때에 김포현에 장릉(章陵)을 옮겨 군으로 승격되었다. 치소는 현 북쪽 6리로 옮겼다.

군명郡名

금포(黔浦)

산천山川

북성산(北城山) 현 남쪽 5리에 있다. 진산(鎭山)이다. 북성산 위에 옛 성이 있는데 산을 둘러싸고 있다. 둘레는 2650자이다.

백석산(白石山) 현 서쪽 20리에 있다.

망산(望山) 현 남쪽 2리에 있다.

가현산(歌絃山) 현 서쪽 15리에 있다.

천등산(天燈山) 현 동쪽 12리에 있다.

운요산(雲腰山) 현 북쪽 16리에 있다.

바다〔海〕 현 서쪽 26리에 있다.

한강(漢江) 양천현으로부터 김포현 북쪽 5리를 경유하는데, 현 경계에 있는 사람들은 고도강(孤島江)이라 부른다. 고려 때에는 양주포(楊州浦)라 불

146 □개 : 《여지도서(輿地圖書)》에 의하면 김포군의 관할 면은 8개이다.

렸다고 한다.

고도강(孤島江) 현 북쪽 5리에 있다. 양화나루(楊花渡)의 하류이다.

굴포(掘浦) 인천부(仁川府) 정항(井項)에서 발원하여 현 동쪽 17리를 흘러 한강으로 유입되어 조수와 서로 통한다.

조도(助島) 현 북쪽 5리에 있다.

토산土産

황옥(黃玉), 현 서쪽 검단리(黔丹里) 애갈산(艾葛山)에서 난다. 청옥(靑玉), 현 동쪽 임촌(林村)에서 난다. 숭어〔秀魚〕, 웅어〔葦魚〕, 면어(綿魚), 굴〔石花〕, 토화(土花 미네굴), 게〔蟹〕, 부레〔魚鰾〕, 뱅어〔白魚〕

학교學校

향교(鄕校) 현 동쪽 1리에 있다.

중봉서원(重峯書院) 군 서쪽 5리에 있다. 효종(孝宗) 때 읍의 사람들이 조헌(趙憲)이 거주하던 땅에 서원을 건립하고 사당을 세워 조헌을 제사 지냈다.

궁실宮室

객관(客館)

봉수烽燧

북성산 봉수(北城山烽燧) 서쪽으로 통진현(通津縣) 남산(南山)에 응하고 동쪽으로 양천현 개화산(開花山)에 응한다.

백석산 봉수(白石山烽燧) 북쪽으로 통진현 수안성산(守安城山)에 응하고 남쪽으로 부평부 축곶산(杻串山)에 응한다.

우역郵驛

광인원(廣因院) 현 서쪽 15리에 있다.

관량關梁

천등교(天登橋) 현 동쪽 15리에 있다. 또 다른 이름은 굴포교(掘浦橋)인데 굴포에 걸쳐 놓였다. 옛날에는 해마다 교량을 조성하였는데 그 비용을 감당할 수 없었다. 양성지(梁誠之)가 공조 판서가 되어 주청(奏請)하여 나룻배를 두었고, 효종 때에 읍의 사람들이 비용을 모아 돌다리를 만들었는데 교량의 길이가 40여 보였다. 교량 아래에는 반원형의 문을 나열하여 만들어 배가 통행할 수 있다.

나진교(羅津橋) 현 서북쪽 5리에 있다.

절근교(折斤橋) 현 동쪽 8리에 있다. 돌로 만들었다.

사묘祠廟

사직단(社稷壇) 현 서쪽에 있다.

문묘(文廟) 향교에 있다.

성황사(城隍祠) 현 북쪽 1리에 있다.

여단(厲壇) 현 북쪽에 있다.

능묘陵墓

장릉(章陵) 군 □□□에[147] 있다.

한백륜(韓伯倫) 묘 현 서쪽 12리에 있다.

사찰寺刹

운요사(雲腰寺) 운요산에 있다.

고산사(孤山寺) 망산에 있다.

망해암(望海菴) 가현산 남쪽에 있다. 창해를 굽어보고 있어 경치가 경기에 속한 현(縣) 중에 으뜸이다.

만수사(萬水寺) 상두산(象頭山)에 있다.

가경사(佳景寺) 가현산에 있다.

147 □□□에 : 《여지도서(輿地圖書)》에는 '남쪽 5리'로 되어 있다.

고적古蹟

고김포(古金浦) 북성산 남쪽에 있다. 현재 관아와의 거리는 6리이다. 본조 인조(仁祖) 때에 이곳에 장릉을 옮기고서 지금의 관아가 있는 곳으로 현을 옮겼다.

조헌(趙憲) **집터** 군 서쪽 5리에 있다. 향인(鄕人)이 비(碑)를 세워 유허(遺墟)를 표시해 두었는데 이정귀(李廷龜)가 그 일을 기록하였고[148] 이 글을 비에 새긴 것이다. 효종(孝宗) 때에 또 이곳에 중봉서원(重峯書院)을 건립하였다.

유우流寓

조문숙(趙文琡) 본조 □□[149] 때의 사람이다. 과거에 급제하여 관직이 사헌부 집의(司憲府執義)에 이르렀고 효행(孝行)이 있었다.

인물人物

고려

정극영(鄭克永) 숙종조(肅宗朝)에 과거에 장원 급제하였고 누차 승진하여 좌간의대부 중서사인(左諫議大夫中書舍人)에 이르렀다. 일찍이 표문(表

148 이정귀(李廷龜)가……기록하였고 : 〈중봉 조공 김포 고택비(重峯趙公金浦故宅碑)〉이다. 《月沙集 卷45》

149 본조 □□ : 《성종실록(成宗實錄)》에 의하면 조문숙은 성종 때에 활동했던 인물이다.

文)을 올려 신하들을 초빙하여 가르침을 구할 것을 청하였다. 인종(仁宗) 초에 한림학사(翰林學士)에 제수되었는데, 한안인(韓安仁)의 표제(表弟)라는 이유로 이자겸(李資謙)의 눈 밖에 나 남쪽 변방으로 유배를 갔다. 이자겸이 실각하자 소환되어 판위위사사 한림학사(判衛尉寺事翰林學士)가 되었다. 일찍이 최홍사(崔弘嗣)를 따라 송나라에 간 적이 있는데, 그의 저술이 중국 사람들에게 크게 칭찬을 받았다.

금의(琴儀) 본래 봉화(奉化) 사람인데 호적을 김포로 하사받았다. 자세한 내용은 봉화현 인물 아래에 보인다.

본조

조헌(趙憲) 어릴 때에 이지함(李之菡)에게 배웠고, 후에 성혼(成渾)과 이이(李珥)를 스승으로 섬기며 배우기를 독실하게 하고 행실에 힘썼다. 선조(宣祖) 초에 문과에 급제하였다. 질정관(質正官)으로 연경(燕京)에 가서 중국의 제도를 보고 돌아와 수십 조목을 글로 지어 올려[150] 시행할 것을 청하였지만 본조에서는 받아들이지 않았다. 후에 통진 현감(通津縣監), 보은 현감(報恩縣監)이 되었다. 왜인의 수괴 평수길(平秀吉)이 수차례 사신을 보내와 화친을 요구하자 사람들은 왜에 대해 근심하지 않았다. 그러나 조헌만은 왜가 반드시 난을 일으킬 것을 알고는 상소하여 말하기를 "명나라가 통일되어 있는데 평수길이 찬탈하려 하니 화친을 맺어서는 안 됩니다."라고 하였고, 또 시정(時政)에 대해 극론하다 길주(吉州)로 유배를 갔다. 왜의

150 수십……올려 : 조헌이 질정관(質正官)으로 명(明)나라를 다녀와 올린 〈동환봉사(東還封事)〉를 말한다.

사신이 재차 이르자 적소(謫所)에서 글을 올려 사신의 목을 베고 명나라에 이 사실을 아뢸 것을 청하였다. 후에 또 궐에 나아가 글을 올려 병비(兵備)를 삼엄하게 하고 명나라에 이 사실을 아뢰고 여러 나라에 두루 알려 왜를 막을 것을 청하니, 글에 담긴 간절한 말이 수만 마디였다. 그러나 이 글이 모두 받아들여지지 않자 마침내 통곡하며 도성 문을 나왔다. 이듬해에 왜가 대거 침입하여 삼경(三京)[151]은 함락되고 성상은 서쪽으로 피난 가게 되었다. 조헌은 호서(湖西) 옥천(沃川)에 우거하고 있었는데 격문(檄文)을 돌려 의병(義兵)을 일으켜 청주(淸州)에 주둔하고 있던 왜적을 격파하였다. 또 금산(錦山)에서 전투를 치렀는데, 병사의 수는 적고 힘이 다하자 조헌이 전투를 더욱 독려하며 말하기를 "사생(死生)과 진퇴(進退)는 '의(義)' 자에 부끄러움이 없어야 한다."라고 하니 병사들이 모두 죽음을 불사하였다. 조헌의 아들 조완기(趙完基)는 군이 패하는 것을 보고 일부러 복장을 다르게 입어 아버지를 위해 대신 죽기를 원하여 적에게 죽음을 당하였다.[152] 휘하의 병사 700인이 모두 조헌과 함께 전사하였다. 후에 이조 판서에 추증되었으며 문열(文烈)이라는 시호를 받았다. 조헌은 집이 가난하였지만 책을 읽을 때는 늘 짧은 시간도 아꼈으며 선(善)을 좋아하고 나라를 근심하는 마음은 천성(天性)에서 나왔다. 천문(天文)에 밝아 시사를 논할 때마다 늘 눈물을 흘렸다. 《중봉집(重峯集)》이 세상에 유행하고 있다.

151 삼경(三京) : 남경(南京)인 서울, 중경(中京)인 개성(開城), 서경(西京)인 평양(平壤)을 말한다.

152 조헌의……당하였다 : 복장을 다르게 입었다는 말은 관복을 화려하게 입은 것을 말하는데, 관복을 화려하게 입어 적이 자신을 대장으로 오인하게 만들어 아버지를 대신하여 죽기를 바란 것이다. 《亂中雜錄 卷2 壬辰年》

금천현衿川縣

동쪽으로 과천현(果川縣) 경계까지 11리이고, 남쪽으로 안산군(安山郡) 경계까지 16리이고, 서쪽으로 부평부(富平府) 경계까지 17리이고, 북쪽으로 양천현(陽川縣) 경계까지 27리, 노량(露梁)까지 23리이다. 서울과의 거리는 31리이다.

한전旱田

수전水田

건치연혁建置沿革

본래 백제 땅인데 고구려가 차지하여 잉벌노현(仍伐奴縣)으로 삼았다. 신라 경덕왕(景德王) 때 곡양(穀壤)으로 개명하고 율진군(栗津郡)의 영현(領縣)으로 삼았다. 고려 초에 금천(衿川)으로 고쳤다. 금(衿)은 어떤 데는 금(黔)으로 되어 있다. 현종(顯宗) 때 수주(樹州)로 편입되었는데 명종(明宗) 때 다시 금주를 분리하여 현(縣)으로 삼았다. 본조 태종(太宗) 때에 고쳐 금천현(衿川縣)으로 삼았다. 태종 14년(1414)에 과천(果川)을 폐지하고 금천현과 병합하여 금과현(衿果縣)이라 하였는데 몇 개월 만에 파하였다. 또 양천현(陽川縣)과 병합하여 금양현(衿陽縣)이라 하였는데 1년 만에 파하였다. 태종 16년에 고쳐 금천현으로 삼고 현감을 두었다. 세조(世祖) 때에 금천현을 폐지하고 과천에 편입시켰는데 얼마 뒤에 과천과 금천을 각각 옛날대로 되돌렸다. **관장하는 면(面)은 4개이다. 관원은 현감(縣監)과 훈도(訓導)이다.** 각 1인이다.

군명郡名

곡양(穀壤), 금주(黔州), 시흥(始興)

산천山川

삼성산(三聖山) 현 동쪽 10리에 있다. 진산(鎭山)이다. 과천현(果川縣) 관악산(冠嶽山) 서쪽 줄기이다.

호암산(虎巖山) 현 동쪽 5리에 있다. 관악산 서쪽 줄기이다. 호랑이 모양의 바위가 있기 때문에 호암산이라 하였다. 산 위에 돌로 쌓은 옛 성이 있는데 둘레가 1600여 자이다. 안에는 큰 못이 있는데 가뭄이 들면 기우제를 지내는 곳이다.

바위곶〔巖串〕 현 북쪽 25리에 있다.

한강(漢江) 현 북쪽 25리 한성부(漢城府) 경계를 지난다. 자세한 내용은 한성부에 보인다.

호계(虎溪) 속칭 대천(大川)이다. 현 서쪽 4리에 있다. 과천현 관악산과 청계산(淸溪山) 등 여러 산에서 발원하여 북쪽으로 양천현 철곶포(鐵串浦)로 흘러가 한강으로 유입된다.

대택(大澤) 현 서쪽 5리에 있다. 가뭄이 들면 기우제를 지내는 곳이다.

토산土産

붕어〔鯽魚〕, 게〔蟹〕

학교學校

향교(鄕校) 현 동쪽 1리에 있다.

궁실宮室

객관(客館)

효사정(孝思亭) 현 북쪽 20리 노량나루〔露梁渡〕 남쪽 언덕에 있다. 본조 우의정 노한(盧閈)이 일찍이 이곳에서 여묘(廬墓)하였는데, 여묘하던 오두막을 집으로 만들었다. 집 북쪽에 깎아지른 언덕이 강을 굽어보고 있는데, 언덕 위에 정자를 짓고는 부모를 영원히 사모하는 마음을 부쳤다. 훗날 강석덕(姜碩德)이 정자를 효사정이라 명명하였다. 강희맹(姜希孟)의 기문[153]이 있다.

153 강희맹(姜希孟)의 기문 : 〈효사정기(孝思亭記)〉이다. 《私淑齋集 卷8》

우역郵驛

반유역(盤乳驛) 현 북쪽 1리에 있다.

관음원(觀音院) 현 서쪽 3리에 있다.

양화도원(楊花渡院) 양화나루 남쪽 언덕에 있다.

관량關梁

안양교(安養橋) 현 남쪽 16리에 있다.

기탄교(岐灘橋) 현 북쪽 15리에 있다. 호계의 물위에 걸쳐 놓였다. 돌로 홍문(虹門)을 만든 것이다.

양화나루〔楊花渡〕 현 북쪽 33리에 있다. 도승(渡丞)이 있다. 한성부에 보인다.

사묘祠廟

사직단(社稷壇) 현 서쪽에 있다.

문묘(文廟) 향교에 있다.

성황사(城隍祠) 현 동쪽 1리에 있다.

삼현사(三賢祠) 현 북쪽 10리 한천동(寒泉洞)에 있다. 효종 때 금천현의 사자(士子)들이 의논하여 삼현사를 건립하고 고려 강감찬(姜邯贊), 서견(徐甄) 및 본조 이원익(李元翼)을 제사 지냈다. 허목(許穆)의 기문[154]이 있다.

여단(厲壇) 현 북쪽에 있다.

154 허목(許穆)의 기문 : 〈삼현사기(三賢祠記)〉이다. 《記言 卷16》

능묘陵墓

서견(徐甄) 묘 현 북쪽 10리 번당리(燔塘里)에 있다. 본조 소경왕(昭敬王 선조)이 서견을 전대의 충신이라 하여 그의 묘를 봉식(封殖)할 것을 명하였다.

육신의총(六臣疑塚) 현 북쪽 17리 노량(露梁) 아래 강 언덕 서쪽에 있다. 육신은 성삼문(成三問), 박팽년(朴彭年), 하위지(河緯地), 유응부(兪應孚), 이개(李愷), 유성원(柳誠源)이다. 본조 혜장왕(惠莊王 세조) 때에 단종(端宗)에 대한 충심으로 죽음을 당하였다. 세상에는 "옛날에는 노량에서 사형을 집행하였다."라고 전한다. 옛날에 각석(刻石)이 있었는데, 각석에는 박씨(朴氏)의 묘, 유씨(兪氏)의 묘, 이씨(李氏)의 묘, 성씨(成氏)의 묘라고 새겨져 있었다. 박씨의 묘는 남쪽에 있고 그다음 북쪽에는 유씨의 묘라고 되어 있으며, 또 다음 북쪽에는 이씨의 묘라고 되어 있고 또 다음 북쪽 10보쯤 되는 곳에는 성씨의 묘라고 되어 있다. 성씨의 묘 뒤에 또 성씨의 묘가 있는데, 전하는 말로는 성삼문의 아버지 성승(成勝)의 묘라고 한다. 육신은 모두 후사(後嗣)가 없었는데 박팽년만 후사가 남아 있었다. 효종(孝宗) 때에 박팽년의 자손들이 각석을 세우고 실사(實事)를 기록하였다. 허목이 그 글을 찬술하였는데,[155] 내용은 대략 다음과 같다.

"육신의 일은 세상에서 말하기를 꺼린 지 오래되었으니 당시의 일은 실로 알 수 없다. 육신의 친척들이 모두 죽음을 당하여 자손들이 남아 있지 않다. 그러나 반드시 의(義)를 사모하는 빈객이 있어 화(禍)가 미치기 때문에 몰래 시신에 각각 표시하고 이처럼 차례로 장사 지내고 나서 각석을 세우고 장사한 곳을 표시하고는 일부러 그들의 이름을 숨겨 모

155 허목이……찬술하였는데 : 〈육신의총비(六臣疑塚碑)〉이다. 《記言 卷17》

씨 모씨라고 한 것이 아니겠는가. 그 뜻이 슬퍼할 만하다. 영남(嶺南) 선산부(善山府)에 하위지의 묘가 있는데 유독 유성원만은 장사 지낸 곳이 없으니 혹 시신을 거두어 장사 지낸 곳이 같지 않아 모르는 것인가. 또 호서(湖西) 은진현(恩津縣)에 성삼문의 묘가 있는데, 혹자가 말하기를 '노량의 묘는 신체 일부만을 장사 지낸 것이다.' 하였다."

노한(盧閈) 묘 현 북쪽 20리에 있다.

안경공(安景恭) 묘 현 북쪽 5리에 있다.

안순(安純) 묘 현 북쪽 5리에 있다.

양녕대군(讓寧大君) 묘 현 북쪽 20리에 있다.

성봉조(成奉祖) 묘, **이변**(李邊) 묘 모두 현 동쪽 20리에 있다.

노사신(盧思愼) 묘 현 북쪽 11리에 있다.

이원익(李元翼) 묘 현 서쪽 10리에 있다.

강서(姜緖) 묘 현 □□□□ 난곡(蘭谷)에 있다.

강석기(姜碩期) 묘 현 남쪽 15리에 있다.

사찰 寺刹

안양사(安養寺) 삼성산에 있다. 안양사 남쪽에 고려 태조(太祖)가 건립한 7층 전탑(甎塔)이 있는데 김부식(金富軾)이 찬한 비문(碑文)의 글자가 마모되었다. 고려 말 시중(侍中) 최영(崔瑩)이 승(僧) 혜겸(惠謙)을 시켜 중수하게 하였고 이숭인(李崇仁)이 기문을 지었는데,[156] 지금은 모두 퇴락하고 유

156 이숭인(李崇仁)이 기문을 지었는데 : 〈금주 안양사탑 중신기(衿州安養寺塔重新記)〉이

허(遺墟)만 남아 있다. 안양사 동쪽 산기슭에 또 옛 비석이 있는데, 고려 공부 원외랑(工部員外郞) 이원부(李元符)[157]가 글을 쓴 것으로 자획이 매우 단정하고 엄밀하며 굳세고 예스럽다.

삼막사(三幕寺) 삼성산에 있다. 고려 말에 서역(西域)의 승 지공(指空) 및 명승(名僧) 나옹(懶翁)과 무학(無學)이 함께 이 산을 유람하고 이 사찰을 창건하였다. 이 절에는 삼석화상(三釋畫像)이 있다.

도안사(道安寺), **안흥사**(安興寺), **망월사**(望月寺), **성주사**(聖住寺) 모두 삼성산에 있다.

사자암(獅子菴) 호암산에 있다.

고적古蹟

영랑성(永郎城) 삼성산에 있다. 돌로 쌓았으며 둘레가 3750자이다. 성안에 못이 하나 있는데 이름이 대정(大井)이다.

유우流寓

서견(徐甄) 이천(利川) 사람이다. 고려 공양왕(恭讓王) 때 장령(掌令)이 되

다.《陶隱集 卷4》

157 이원부(李元符) : ?~? 고려 시대 독특한 서체로 이름 높았던 서예가이다. 우세남(虞世南)의 서법을 계승했으며 특히 해서를 잘 썼다. 1118년(예종13) 합천 가야산 반야사(般若寺)의 원경왕사비(元景王師碑)를 썼고, 1124년(인종2) 유림랑 상서도관 원외랑(儒林郎尙書都官員外郎)으로 있으면서 금천(衿川) 삼성산(三聖山) 안양사(安養寺)의 칠층탑비(七層塔碑)를 썼다.

어 문하부(門下府), 사헌부(司憲府)와 함께 조준(趙浚) 및 정도전(鄭道傳) 등에게 벌을 내릴 것을 청하였다. 정몽주(鄭夢周)가 살해되자 서견 또한 원지(遠地)로 유배당하였다. 혁명(革命)이 일어난 뒤로 금천현에 은거하였다. 우리 태조(太祖)께서 한양(漢陽)에 도읍을 정하자 서견은 앉을 때에 반드시 송경(松京)을 향하였고 종신토록 한양의 성곽을 마주 보고 앉지 않았다. 일찍이 시를 지었는데,

천년 신도는 한강 너머 있는데	千載神都隔漢江
충량한 신하들 명왕을 보좌하네	忠良濟濟佐明王
삼국을 통일한 공은 어디에 있는가	統三爲一功安在
외려 전조의 과업이 길지 않음 한스럽네	却恨前朝業不長

하였다. 대간(臺諫)이 서견을 벌주려 하자 공정왕(恭定王 태종)이 말하기를 "서견은 고려의 신하로 고국(故國)을 잊지 않았으니, 바로 백이(伯夷), 숙제(叔弟)와 같은 부류이다. 어찌 벌줄 수 있겠는가."라고 하였다.

강희맹(姜希孟) 진주(晉州) 사람이다. 본조 강정왕(康靖王 성종) 때에 좌찬성(左贊成)이 되었다. 일찍이 금천현에 거주하면서 금천과 양천의 농사에 관한 설들을 모았는데 세상에 전한다.

이원익(李元翼) 한성부 사람이다. 우리 소경왕(昭敬王 선조)을 섬겨 세상의 명재상이 되었다. 인조(仁祖) 초에 다시 영의정이 되었는데 치사(致仕)를 청하고서 선조들의 선영(先塋)이 있다는 이유로 금천현 오리(梧里)에 물러나 거주하였다. 성상이 공을 위하여 오리에 집을 지어 주고 또 흰 이불과 요를 하사하며 말하기를 "이것으로 경의 맑은 덕을 드러낸다."라고 하였다. 88세에 졸하였다. 시호는 문충(文忠)이다.

양성현陽城縣

동쪽으로 안성군(安城郡) 경계까지 3리이고, 남쪽으로 충청도 직산현(稷山縣) 경계까지 27리이고, 서쪽으로 진위현(振威縣) 경계까지 19리이고, 북쪽으로 용인현(龍仁縣) 경계까지 15리이다. 서울과의 거리는 112리이다.

한전旱田

수전水田

건치연혁建置沿革

본래 백제 땅인데 고구려가 차지하여 사복홀(沙伏忽)로 삼았다. 신라 경덕왕(景德王) 때 적성(赤城)으로 개명하여 백성군(白城郡)의 영현(領縣)으로 삼았다. 고려 초에 양성(陽城)으로 개명하였고, 현종(顯宗) 때 수주(水州)로 편입시켰으며 명종(明宗) 때에 다시 양성현을 두었다. 본조에서 그대로 따랐다. 공정왕(恭定王 태종) 13년(1413)에 충청도에서 본도로 이속(移屬)하였다. 관장하는 면(面)은 14개이다. 관원은 현감(縣監)과 훈도(訓導)이다. 각 1인이다.

군명郡名

적성(赤城)

산천山川

천덕산(天德山) 현 서쪽 2리에 있다. 진산(鎭山)이다. 진위현(振威縣)에도 보인다.

백운산(白雲山) 현 남쪽 12리에 있다.

소사평(素沙坪) 현 남쪽 30리에 있다. 소초평(所草坪)이라 부르기도 한다. 자세한 내용은 충청도 직산현(稷山縣)에 보인다.

바다〔海〕 괴태길곶(槐台吉串) 서쪽 100리에 있다.

괴태길곶(槐台吉串) 현 서쪽 100리에 있다. 줄처럼 하나의 길이 진위현의 송장(松莊)과 수원부(水原府)의 양간(楊干)을 지나 갑자기 바다로 들어가는데 모두 75리이다. 목장이 있다.

소사천(素沙川) 소초천(所草川)이라 부르기도 한다. 현 남쪽 35리에 있다. 선원천(禪院川)과 안성군(安城郡) 남천(南川)의 물이 합쳐져 서쪽으로 흘러 소사천이 된다. 또 남쪽으로 흘러 진위현 장호천(長好川)과 수원부 대천(大川)이 합하여 다라고비포(多羅高飛浦)가 된다.

선원천(禪院川) 현 동쪽 1리에 있다. 죽산현(竹山縣) 좌찬역(佐贊驛) 서쪽 골짜기에서 발원하여 고양지(古陽智)를 지나 현의 선원 앞에 이르러 선원천이 된다.

토산土産

웅어〔葦魚〕, 게〔蟹〕

학교學校

향교(鄕校) 현 북쪽 2리에 있다.

궁실宮室

객관(客館)

봉수烽燧

괴태길곶 봉수(槐台吉串烽燧) 남쪽으로 충청도 면천군(沔川郡) 창택산(倉宅山)에 응하고 또 직산현 망해산(望海山)에 응하며, 북쪽으로 수원부 대흥산(大興山)에 응한다.

우역郵驛

가천역(加川驛) 현 서쪽 15리에 있다.

선원(禪院) 현 동쪽 5리에 있다.

소사원(素沙院) 소초원(所草院)이라 부르기도 한다. 현 남쪽 30리에 있다.

사묘祠廟

사직단(社稷壇) 현 서쪽에 있다.

문묘(文廟) 향교에 있다.

성황사(城隍祠) 현 북쪽 2리에 있다.

여단(厲壇) 현 북쪽에 있다.

능묘陵墓

사찰寺刹

청원사(青原寺) 천덕산에 있다.

수정사(修淨寺), 덕적사(德積寺) 모두 백운산에 있다.

고적古蹟

무한성(無限城) 현 남쪽 12리에 있다. 세속에는 삼국 시대의 옛 성이라 전한다. 돌로 축조하였는데 둘레가 1350자이고, 성안에는 못이 하나 있다. 지금은 모두 무너져 버렸다.

인물人物

고려

이천(李梴) 관직이 첨의평리 개성윤(僉議評理開城尹)에 이르렀다.

본조

이옥(李沃) 이천의 증손이다. 무과에 급제하였고 관직이 지중추원사(知中樞院事)에 이르렀다.

이예(李芮) 장헌왕(莊憲王 세종) 때 문과에 급제하였고 여러 관직을 거쳐 형조 판서에 이르렀다. 시호는 문질(文質)이다. 문장으로 명성이 있었다.

이승소(李承召) 장헌왕 때 문과에 장원 급제하였다. 강정왕(康靖王 성종) 때 좌리 공신(佐理功臣)에 참여하여 양성군(陽城君)에 봉해졌고, 관직은 예조 판서에 이르렀다. 문장으로 당세에 명성이 있었다. 시호는 문간(文簡)이다.

이세영(李世英) 문과에 급제하였고 관직이 참판에 이르렀다. 청렴하고 검소함으로 칭송되었다.

통진현通津縣

동쪽으로 김포현(金浦縣) 경계까지 33리이고, 남쪽으로 부평부(富平府) 경계까지 33리이고, 서쪽으로 강화부(江華府) 경계까지 9리이고, 북쪽으로 풍덕부(豐德府) 경계까지 15리이다. 서울과의 거리는 114리이다.

한전旱田

수전水田

건치연혁建置沿革

본래 백제 땅인데 고구려가 차지하여 평회압현(平淮押縣)으로 회(淮)는 어떤 데는 유(唯)로 되어 있다. 삼았다. 비사성(比史城)이라고도 하고, 별사파의(別史波衣)라고도 한다. 신라 경덕왕(景德王) 때 분진(分津)으로 개명하여 장제군(長堤郡)의 영현(領縣)으로 삼았다. 고려 때 통진(通津)으로 개명하여 수주(水州)에 편입시켰고, 공양왕(恭讓王) 때 다시 통진현을 설치하였다. 본조에서 그대로 따랐다. 관장하는 면(面)은 □개이다. 관원은 현감(縣監)과 훈도(訓導)이다. 각 1인이다.

군명郡名

비사성(比史城), 비아성(比兒城)이라고도 한다. 분진(分津)

형승形勝

서쪽으로 강도(江都)와 인접해 있고 남쪽으로 수주(樹州)가 보인다. 창해가 오른쪽을 둘러싸고 있고 큰 강이 왼쪽을 지난다.

산천山川

비아산(比兒山) 현 북쪽 6리에 있다. 진산(鎭山)이다.

동성산(童城山) 동성현(童城縣)에 있다.

여금산(餘金山) 현 동쪽 10리에 있다.

전류산(顚流山) 현 동쪽 24리에 있다.

대사산(大寺山) 현 서쪽 3리에 있다.

수안산(守安山) 현 동쪽 23리에 있다. 옛 석성(石城)이 있는데, 둘레는 2리이고 높이는 10자이다.

약산(藥山) 현 남쪽 24리에 있다.

남산(南山) 현 남쪽 5리에 있다.

바다〔海〕 현 서남쪽 22리에 있다.

조강(祖江) 현 동쪽 15리에 있다. 한수(漢水)와 단수(湍水)가 합쳐져 이 강이 되고 서쪽으로 대해(大海)와 통한다. 본조 허목(許穆)의 〈주행기(舟行

記)〉[158]에 "한강(漢江)이 양천포구(陽川浦口)에 이르러 바닷물과 가까워지자 비로소 탁해졌고 소금기가 있었다. 압도(鴨島)를 지나는데 압도의 남쪽 언덕이 김포군(金浦郡)이다. 뱃사공이 서쪽으로 심악(深嶽)과 봉성(鳳城)이 마주 보는 곳을 가리키니 그곳이 바다 입구였다. 그 바깥에는 조강이 있는데 조강은 두 강이 모여 바다로 들어가니 또한 삼기하(三岐河)라고도 한다. 그 북쪽 언덕에는 교하(交河)의 오도성(烏島城)이 있는데 서남쪽으로 강화(江華)가 바라보이고 곧바로 서쪽으로는 덕수(德水)의 해암(蟹巖)이다."라고 하였다.

대명곶(大明串) 현 남쪽 21리에 있다.

항무이도(項無耳島) 현 남쪽 23리에 있다. 둘레는 4리이다.

송도(松島) 현 남쪽 25리에 있다. 둘레는 3리이다.

사포(蛇浦) 현 동쪽 23리에 있다. 수안산에서 발원하여 동쪽으로 흘러 바다로 들어간다.

대포(大浦) 현 남쪽 30리에 있다. 김포 가을현산(加乙賢山)에서 발원하여 서쪽으로 흘러 바다로 들어간다.

토산土産

정옥사(碇玉沙), 전류산에서 난다. 도기(陶器), 소금〔鹽〕, 숭어〔秀魚〕, 낙지〔絡蹄〕, 준치〔眞魚〕, 밴댕이〔蘇魚〕, 굴〔石花〕, 황어(黃魚), 붕어〔鯽魚〕, 웅어〔葦魚〕, 농어〔鱸魚〕, 오징어〔烏賊魚〕, 꼴뚜기〔好獨魚〕, 게〔蟹〕, 중하

158 허목(許穆)의 주행기(舟行記) : 〈무술 주행기(戊戌舟行記)〉이다. 《記言 別集 卷15》

(中蝦), **자하**(紫蝦 곤쟁이), **토화**(土花 미네굴)

학교學校

향교(鄕校) 현 서쪽 1리에 있다.

궁실宮室

봉수烽燧

수안산성 봉수(守安山城烽燧) 남쪽으로 김포현(金浦縣) 백석산(白石山)에 응하고, 서쪽으로 강화부(江華府) 대모성산(大母城山)에 응한다.

남산 봉수(南山烽燧) 현과의 거리는 5리이다. 동쪽으로 김포현 북성산(北城山)에 응하고, 서쪽으로 강화부 송악산(松嶽山)에 응한다.

우역郵驛

종생역(終生驛) 수안(守安)에 있다. 본현과의 거리는 15리이다.

전류참(顚流站) 동성현에 있다.

조강원(祖江院) 조강나루〔祖江渡〕 언덕 위에 있다.

갑곶원(甲串院) 갑곶나루 언덕에 있다.

온산원(溫山院) 현 동쪽 30리에 있다.

관량關梁

조강나루〔祖江渡〕 현 동쪽 15리에 있다. 길이 풍덕군(豊德郡)과 통한다.

갑곶나루〔甲串渡〕 현 서쪽 9리에 있다. 곧 해진(海津)이다. 강화로 들어가는 사람들은 이 길을 통해서 간다.

사묘祠廟

사직단(社稷壇) 현 서쪽에 있다.

문묘(文廟) 향교에 있다.

성황사(城隍祠) 현 북쪽 6리에 있다.

여단(厲壇) 현 북쪽에 있다.

능묘陵墓

박신(朴信) 묘 현 동쪽 11리에 있다.

정괄(鄭佸) 묘 현 남쪽 24리에 있다.

양성지(梁誠之) 묘 현 남쪽 20리에 있다.

사찰寺刹

원통사(圓通寺) 동성산에 있다.

압량사(壓梁寺) 전류산에 있다.

문수사(文殊寺), 흥룡사(興龍寺) 모두 비아산에 있다.

보선암(報先菴) 여금산에 있다.

서화사(西華寺) 수안산에 있다.

고적古蹟

동성폐현(童城廢縣) 현 동쪽 20리에 있다. 고구려 때에 동자홀현(童子忽縣)으로 삼았는데, 당산현(幢山縣)이라고도 하고 구사파의(仇斯波衣)라고도 한다. 신라 경덕왕(景德王) 때에 동성(童城)으로 개명하여 장제군(長堤郡)의 영현(領縣)으로 삼았다. 고려 때에 그대로 수주(樹州)에 편입시켰다가 공양왕(恭讓王) 때에 통진현으로 이속시켰다. 본조에서 그대로 따랐다.

수안폐현(守安廢縣) 현 남쪽 15리에 있다. 고구려 때에 수이홀(首爾忽)로 삼았다. 신라 경덕왕 때에 수성(戍城)으로 개명하여 장제군의 영현으로 삼았다. 고려 때에 수안(守安)으로 개명하여 그대로 수주에 편입시켰는데, 명종(明宗) 때에 다시 현을 두었고 공양왕 때에 또 통진현에 이속시켰다. 본조에서 그대로 따랐다.

동성산고성(童城山古城) 돌로 쌓았고 둘레가 807자이다. 지금은 모두 무너져 버렸다.

명환名宦

본조

이천(李蕆) 현감이 되었다.

조헌(趙憲) 소경왕(昭敬王 선조) 때에 현감이 되어 법을 집행하는 데 흔들림이 없었다. 흉폭하고 제멋대로 구는 내노(內奴)가 있어 감히 누구도 어찌할 수 없었는데, 조헌이 그를 잡아다 장(杖)을 쳐 죽였다.

유우流寓

민유(閔愉) 여주(驪州) 사람으로 민적(閔頔)의 증손이다. 관직이 제학(提學)에 이르렀고 여성군(驪城君)에 봉해졌다. 고려 공민왕(恭愍王) 때에 학사 주사옹(朱士雍)과 신돈(辛旽)의 난을 피해 동성현에 터를 잡고 집을 지었다. 두 집 사이의 거리가 10여 리쯤 되어 소박한 차림으로 서로 종유하며 날마다 시와 술로 스스로 즐거움을 삼았는데, 일찍이 시를 짓기를,

가을 오고 가을 가니 흥은 무궁한데	秋來秋去興無窮
향긋한 벼 살찐 고기 사방에 가득하네	香稻肥魚處處同
배 불룩한 질그릇 병에 막걸리 담고	皤腹瓦瓶盛白酒
남촌 늙은이가 북촌 늙은이와 대작하네	南村翁對北村翁

하였다.

양성지(梁誠之) 그의 선조는 남원(南原) 사람이다. 본조 혜장왕(惠莊王 세조) 때에 이조 판서가 되었고 강정왕(康靖王 성종) 때에 남원군(南原君)에 봉해졌다. 문장 짓기를 좋아하였고 만년에는 모든 일을 사절하고 날마다 빈객과 벗과 문사들과 함께 시와 역사에 대해 토론하였다. 늘 통진의 전리(田里)에서 유유자적하였는데 소박한 모습이 마치 촌야의 노인과 같았다.

일찍이 오조(五朝)[159]의 실록을 찬수(撰修)하는 일에 참여하였고 또《팔도지지(八道地志)》를 찬하였다. 서거정(徐居正)이 찬(贊)을 지어[160] 말하기를 "국가 치란(治亂)의 자취에 밝아 천년을 하루처럼 여겼고, 산천 험이(險夷)의 형세를 알아 만 리를 한방처럼 여겼네. 공의 문장은 곡물과 포백(布帛)처럼 실용적이고, 공의 마음은 가없는 성부(城府)처럼 헤아리기 어려웠네."라고 하였다. 남원부(南原府)에도 보인다.

인물人物

159 오조(五朝) : 세종, 문종, 단종, 세조, 예종을 가리킨다.《訥齋集 卷6 南原君家乘記》

160 서거정(徐居正)이 찬(贊)을 지어 : 〈양문양공화상찬(梁文襄公畫像贊)〉이다.《四佳集 四佳文集補遺 卷2》

양주목楊州牧

동쪽으로 포천현(抱川縣) 경계까지 25리, 같은 현 경계까지 22리, 가평현(加平縣) 경계까지 96리, 광주(廣州) 경계까지 75리이고, 남쪽으로 같은 주 경계까지 67리이고, 서쪽으로 고양군(高陽郡) 경계까지 40리, 파주(坡州) 경계까지 33리이고, 북쪽으로 적성현(積城縣) 경계까지 22리, 마전군(麻田郡) 경계까지 58리, 연천현(漣川縣) 경계까지 74리이다. 서울과의 거리는 51리[161]이다.

한전旱田

수전水田

건치연혁建置沿革

본래 고구려 매성군(買省郡)이다. 일명 창화군(昌化郡)이라고도 한다. 신라 경덕왕(景德王) 때에 고쳐 내소군(來蘇郡)으로 삼았다. 고려 초에 견

161 51리 : 《신증동국여지승람》 권11 〈경기 양주목〉에는 '56리'로 되어 있고, 《여지도서(輿地圖書)》에는 '60리'로 되어 있다.

주(見州)로 승격시켰고 현종(顯宗) 때[162]에 양주(楊州)로 편입시켰다. 본조 초[163]에 한양부(漢陽府)로 도읍을 정하였고 옛 양주(楊州)이다. 견주의 옛터에 주치(州治)를 옮기고 그대로 양주부라 불렀다.[164] 공정왕(恭定王 태종) 13년(1413)에 도호부로 삼았고, 혜장왕(惠莊王 세조) 12년(1466)에 승격시켜 양주목으로 삼고 진(鎭)을 설치하였다. 관장하는 면(面)은 35개이다. 진관(鎭管)은 목(牧) 1개, 파주(坡州) 군(郡) 1개, 고양(高陽) 현(縣) 5개이다. 영평(永平), 포천(抱川), 적성(積城), 교하(交河), 가평(加平) 관원은 목사(牧使)와 교수(敎授)이다. 각 1인이다.

군명 郡名

창화(昌化), 내소(來蘇), 견주(見州)

형승 形勝

동쪽으로 광진(廣津)과 잇닿아 있고 서쪽으로 장단(長湍)과 연결되어 있고 북쪽으로 철원(鐵原)과 닿아 있고 남쪽으로 한성(漢城)과 접해 있다. 뒤로는 감악산(紺嶽山)에 기대고 있고 앞으로는 도봉산(道峯山)을 마주 보고 있다.

162 현종(顯宗) 때 : 현종 9년(1018)이다.《新增東國輿地勝覽 卷11 京畿 楊州牧》

163 본조 초 : 1394년(태조3)이다.《新增東國輿地勝覽 卷11 京畿 楊州牧》

164 견주의……불렀다 : 1397년에 시행한 일이다.《新增東國輿地勝覽 卷11 京畿 楊州牧》

산천山川

불곡산(佛谷山) 주 북쪽 3리에 있다. 진산(鎭山)이다. 세 봉우리가 늘어서 있는데 기세가 우뚝하다. 고려 이색(李穡)의 시[165]에 "우뚝한 세 봉우리 푸른 하늘 찌르네.〔截然三嶺揷靑天〕"라고 하였는데 이를 묘사한 것이다.

도봉산(道峯山) 주 남쪽 30리에 있다. 돌로 된 봉우리가 빙 둘러 있어 바라보면 아스라하여 마치 늘어선 신선들이 하늘로 오르는 듯하다.

삼각산(三角山) 주 남쪽 39리에 있다. 자세한 내용은 한성부(漢城府)에 보인다.

불암산(佛巖山) 주 동남쪽 39리[166]에 있다. 북쪽으로 수락산(水落山)과 접해 있는데 돌로 된 봉우리가 높이 솟고 둥글어 매우 수려하다.

수락산(水落山) 불암산 서북쪽에 있다. 가장 높은 봉우리에 석천(石泉)이 있는데 속칭 안지(鴈池)라고 한다.

아차산(峨嵯山) 주 동남쪽 67리에 있다.

주엽산(注葉山) 주 동쪽 35리에 있다. 포천현(抱川縣)에도 보인다.

천마산(天磨山) 주 동쪽 60리에 있다.

천보산(天寶山) 주 동쪽 25리에 있다. 포천현에도 보인다.

소요산(逍遙山) 주 북쪽 45리에 있다. 산속에 폭포가 있는데 쏟아지는 물줄기의 높이가 수십 장(丈)이다. 위에는 소요사(逍遙寺)가 있다.

묘적산(妙寂山) 주 동쪽 70리에 있다. 일명 팔곡산(八谷山)이라고도 한다. 골짜기에 들어가면 샘이 맑고 돌이 기이하다.

165 이색(李穡)의 시 : 〈견주로 가는 길에〔見州途中〕〉이다. 《牧隱藁 牧隱詩藁 卷6》

166 39리 : 《신증동국여지승람》 권11 〈경기 양주목〉에는 '40리'로 되어 있다.

왕방산(王方山) 주 북쪽 60리에 있다. 포천현에도 보인다.

고령산(高嶺山) 주 서쪽 30리에 있다. 고양군(高陽郡)에도 보인다.

검암산(儉巖山) 주 남쪽 40리에 있다.

홍복산(弘福山) 주 서남쪽 10리에 있다.

갈립산(葛立山) 주 동쪽 10리에 있다.

금대산(金臺山) 주 동쪽 70리[167]에 있다.

소라산(所羅山) 주 북쪽 30리에 있다.

마차산(磨嵯山) 주 북쪽 60리에 있다. 적성산(積城山), 감악산(紺嶽山)과 서로 연결되어 있다.

차유령(車踰嶺) 주 동쪽 65리에 있다.

벽석령(碧石嶺) 주 동쪽 22리에 있다.

석문령(石門嶺) 주 동쪽 25리에 있다.

효성현(曉星峴) 주 동쪽 30리에 있다. ○ 고려 고종(高宗) 때에 금산(金山)의 군사[168]가 풍양(豐壤) 효성현을 침범하자 관군이 산 바깥으로부터 배후에서 공격하여 노원역(蘆原驛)까지 추격하여 매우 많은 적을 참하니 소와

167 70리 : 《신증동국여지승람》 권11 〈경기 양주목〉에는 '75리'로 되어 있다.

168 금산(金山)의 군사 : 1206년(희종2) 몽고의 건국으로 인해 금(金)나라에 쫓겨 서쪽으로 도망갔던 거란은 다시 동쪽으로 내몰리는 상황이 되었다. 이때 거란의 금산왕자(金山王子)와 금시왕자(金始王子)가 하삭(河朔)의 백성들을 위협하여 대요수국왕(大遼收國王)이라 자칭하고, 천성(天成)이라 건원(建元)한 후 몽고에 대항하였으나 버티지 못하고 1216년(고종3) 마침내 수만의 군대로 압록강을 건너 고려로 침입하였다. 고려에서는 노원순(盧元純), 김취려(金就礪) 등을 보내어 대항하였지만 결국 패퇴하여 원주(原州)까지 밀려 내려왔다. 이에 몽고, 금, 동진(東眞) 등과 연합군을 형성하여 1219년 1월 거란의 근거지인 강동성(江東城)을 함락함으로써 전쟁이 끝났다.《高麗史 卷103 金就礪列傳》

말, 옷과 양식을 모두 버리고 달아났다.

추현(椎峴) 주 동쪽 70리에 있다.

옹암(甕巖) 주 동쪽 15리에 있다. 큰 바위가 우뚝 솟아 산을 이루었는데 높이는 수백 장이고 모습이 마치 항아리와 같기 때문에 이름 지어졌다.

호구협(壺口峽) 세속에서는 소요항(所要項)이라고 한다. 주 북쪽 65리에 있다. 여울물이 연천현(漣川縣) 남쪽에서 흘러와 체수(砌水)와 합류하는데 양쪽 언덕의 절벽이 마치 호리병과 같이 우뚝 솟아 올라갈수록 좁아지는 모습이기 때문에 이름 지어졌다. 본조 남효온(南孝溫)이 일찍이 그 위에서 노닐었는데 절경이라 칭송하였다. 이 아래로부터 장단(長湍)에 이르기까지 강을 낀 암벽들이 끊이지 않고 이어진다.

절부애(節婦崖) 주 북쪽 65리에 있다. 호구협 상류의 돌로 된 벼랑으로 강을 굽어보고 있고 그 위에 옛 성이 있다. 큰 소나무가 빽빽이 서 있어 옛날 이름은 송우(松隅)였다. 인조(仁祖) 때에 병자호란이 일어나 적이 백성을 도륙하고 노략질하였다. 어떤 부인이 절벽에 이르러 스스로 강에 몸을 던져 죽었는데 누구 집의 부인인지는 알지 못한다. 허목(許穆)이 절행(節行)은 있지만 알려지지 않은 것을 슬퍼하여 절부애라고 개명하고 이로 인해 절벽의 돌에 명(銘)을 새겼다. 그 명에 이르기를 "돌은 우뚝하고 물은 넘실넘실하는데 절부애가 사람을 슬프게 한다.〔石嶄嶄 水瀰瀰 節婦崖令人悲〕"라고 하였다.[169]

줄동(茁洞) 주 동쪽 40리 불암산 동쪽에 있다.

169 허목(許穆)이……하였다 : 허목이 1667년(현종8) 7월에 지은 〈절부우명(節婦隅銘)〉이다.《記言 卷27 山川上》《기언》〈절부우명〉과 비교해 볼 때 글자의 출입이 많다.

한강(漢江) 주 동남쪽 67리에 있다. 주의 경계를 지나는 것을 양진(楊津)이라 부른다. 그 남쪽 언덕은 바로 광주(廣州) 땅인데 또한 광진(廣津)이라 부른다. 자세한 내용은 한성부(漢城府) 및 광주에 보인다.

체수(砌水) 바로 강원도 철원부(鐵原府) 체천(砌川)의 하류이다. 영평현(永平縣) 서쪽 경계에 이르러 백운계(白雲溪)의 물과 합쳐져 대탄(大灘)이 된다. 또 남쪽으로 흘러 연천현 남쪽을 경유하여 단수(湍水)와 합쳐진다.

풍양천(豐壤川) 풍양폐현(豐壤廢縣) 남쪽에 있다. 천마산에서 발원하여 동쪽으로 흘러 왕산탄(王山灘)이 되고 양진으로 흘러 들어간다.

백달천(白達川) 주 동쪽 85리에 있다.

수이천(水伊川) 주 북쪽 45리에 있다. 홍복산과 천보산 등의 물이 합쳐져 북쪽으로 흘러 체수와 대탄으로 흘러 들어간다.

중량천(中梁川) 주 동쪽 20리에 있다. 또 다른 이름은 속계(涑溪)이다. 동쪽으로 흘러 한성부 살곶이〔箭串〕 근교를 지나 한강으로 흘러 들어간다.

대탄(大灘) 주 북쪽 66리[170]에 있다. 바로 체수와 백운계의 물이 합쳐 흘러 여울을 이룬 곳이다. 그 물이 여기에 이르러 비로소 많아져 여러 여울 중에 더욱 세차고 급하게 흐르기 때문에 대탄이라 이름 지었다. 하류에는 가벼운 배가 대탄의 아래에 이른다.[171]

노지(蘆池) 주 서쪽 10리에 있다. 제방의 길이가 100보이다. 그 남쪽에 또 작은 못이 있는데 여남지(餘南池)라고 부른다.

170 66리 : 《신증동국여지승람》 권11 〈경기 양주목〉에는 '74리'로 되어 있다.

171 하류에는……이른다 : 대본에는 '下流輕舟至於灘下'로 되어 있는데, 앞뒤로 궐문(闕文)이 있는 듯하다.

토산土産

명주실〔絲〕, 삼〔麻〕, 백석(白石), 갈립산에서 난다. 잣〔海松子〕, 밤〔栗〕, 송이버섯〔松蕈〕, 녹반(綠礬), 주 서쪽 청송리(靑松里)에서 난다. 석회(石灰), 숫돌〔礪石〕, 주 동남쪽 60리 망우리(忘憂里) 고개에 있다. 은구어(銀口魚 은어), 쏘가리〔錦鱗魚〕

공서公署

평구도 찰방사(平丘道察訪司) 주 동쪽 70리에 있다. 평구(平丘), 녹양(綠楊), 안기(安奇), 양문(梁文), 봉안(奉安), 오빈(娛賓), 쌍수(雙樹), 전곡(田谷), 백동(白冬), 구곡(仇谷), 감천(甘泉), 연동(連洞) 12개 역(驛)을 거느린다.

연서도 찰방사(延曙道察訪司) 주 서쪽 60리에 있다. 연서(延署), 벽제(碧蹄), 마산(馬山), 동파(東坡), 청교(靑郊), 산예(狻猊), 중련(中連) 7개 역을 거느린다.

○ 이상 두 도(道)에 각각 찰방은 1인이다.

학교學校

향교(鄕校) 주 동쪽 2리에 있다.

도봉서원(道峯書院) 도봉산(道峯山) 남쪽 영국동(寧國洞)에 있다. 아름다운 천석(泉石)이 있어 본조의 조광조(趙光祖)가 노닐고 쉬던 곳이다. 선조

(宣祖) 때[172]에 목사 남언경(南彦經)이 경사(京師)의 사대부들과 함께 서원을 건립하여 사자(士子)들이 공부하는 장소로 삼았다. 또 사당을 세우고 조광조를 제사하여 사자들로 하여금 선현을 존숭하고 분발하여 흥기하게 하였다. 강당, 동재(東齋), 서재(西齋), 존경각(尊經閣), 침류당(枕流堂)이 있고 사액(賜額)을 받았다. 이이(李珥)가 기문을 지었다.[173]

석실서원(石室書院) 주 동쪽 67리 한수(漢水) 가에 있다. 금상(今上) 때[174] 서원을 건립하였고 김상헌(金尙憲)을 제사 지낸다.

궁실 宮室

객관(客館)

몽오정(夢烏亭) 주 동쪽 67리 판서 남이공(南以恭)의 별장에 있다. 정자가 높은 언덕에 자리하여 아래로 한수(漢水)를 굽어보고 있다. ○ 본조 이춘영(李春英)의 시[175]에,

사방에는 장송이 우거지고 돌은 겹겹이 쌓였는데　　長松面面石層層
열두 난간[176]에 저물녘에 기대 앉았네　　十二欄干向晩憑

172 선조(宣祖) 때 : 1573년(선조6)으로, 이해에 사액(賜額)하였다.《新增東國輿地勝覽 卷11 京畿 楊州牧》

173 이이(李珥)가 기문을 지었다 : 1579년(선조12)에 지은 〈도봉서원기(道峯書院記)〉이다.《栗谷全書 卷13》

174 금상(今上) 때 : 1656년(효종7)이다.《新增東國輿地勝覽 卷11 京畿楊州牧》

175 이춘영(李春英)의 시 : 〈납호당시에 차운하다[次納灝堂韻]〉이다.《體素集 卷上》

176 열두 난간 : 굽이가 많은 거대한 누각으로, 여기서는 납호당을 가리킨다. 송(宋)나라 장선(張先)의 〈접련화(蝶戀花)〉에 "누각 위 동풍에 봄이 얕지 않으니, 열두 난간에 진종일 주렴

한수의 봄바람은 객의 배로 불어오고　漢水春風吹客棹
두진의 가랑비는 고깃배 등에 어지럽네　斗津疏雨亂漁燈
서북쪽의 오운[177]은 임금 계신 곳 바라보고　五雲西北瞻宸極
동남쪽의 외로운 새는 광릉을 아는구나[178]　獨鳥東南認廣陵
물색은 그대에게 맡겨 다 차지하게 하노니　物色付君籠絡盡
늙은 나는 겨우 물러났지만 하나도 능한 게 없네　老夫才退百無能

하였다.

봉수烽燧

아차산 봉수(峨嵯山烽燧) 북쪽으로 대이산(大伊山)에 응하고 서쪽으로 서울 목멱산(木覓山) 제1봉에 응한다.

대이산 봉수(大伊山烽燧) 주 동쪽 60리에 있다. 북쪽으로 포천현(抱川縣) 잉읍점(仍邑岾)에 응하고 남쪽으로 아차산(峨嵯山)에 응한다.

우역郵驛

연서역(延曙驛) 주 서쪽 60리에 있다. 찰방사(察訪司)의 본역(本驛)이다.

이 걷혔어라.〔樓上東風春不淺, 十二闌干, 盡日珠簾捲.〕"라고 하였다

177　오운(五雲) : 상서로운 오색구름으로 즉 제왕의 처소나 제왕을 가리키는 말이다.

178　광릉(廣陵)을 아는구나 : 광릉은 한성(漢城)의 옛 이름으로 조선 초에 한양부(漢陽府)로 도읍을 정하였는데 그곳이 바로 옛날 양주(楊州) 지역이다. 현재 작자가 있는 곳이 양주목이므로 이렇게 표현한 것이다.

평구역(平丘驛) 주 동쪽 70리에 있다. 찰방사의 본역이다.

녹양역(綠楊驛) 주 남쪽 10리[179]에 있다.

쌍수역(雙樹驛) 풍양현(豐壤縣) 남쪽 2리에 있다.

광제원(廣濟院) 주 남쪽 35리에 있다.

광인원(廣仁院) 주 남쪽 30리에 있다.

상지원(相知院) 주 서쪽 45리에 있다.

도공원(陶孔院) 주 동쪽 74리에 있다.

덕해원(德海院) 도봉산(道峯山) 아래에 해촌(海村)이라는 언덕이 있고 덕해원이 있다. 서울과의 거리는 30리이다. ○ 본조 서거정(徐居正)의 시[180]에,

누구 집 울타리는 사립문을 닫았는가 誰家籬落掩柴門
버들 그늘 화려한 꽃이 또 한 마을일세 柳暗花明又一村
석양에 노쇠한 나귀 타고 갈 곳 몰라 주저하는데 日暮蹇驢不知處
작은 시내 흐르는 물에 밝은 달이 비치네 小溪流水月明痕

하였다.

도제원(道濟院) 풍양현 남쪽 15리쯤에 있다. 일명 토원(兎院)이라고도 한다.

관량關梁

속계교(涑溪橋) 주 동쪽 30리에 있다. 중량천에 놓여 있는데, 중량천은 또

179 10리 : 《신증동국여지승람》 권11 〈경기 양주목〉에는 '30리'로 되어 있다.

180 서거정(徐居正)의 시 : 《사가집(四佳集)》 사가시집 권8에는 〈양주의 누원에서 강경순의 시에 차운하다(楊州樓院次姜景醇韻)〉로 되어 있고, 《사가집》 사가시집보유 권3에는 〈양주덕해원(楊州德海院)〉으로 되어 있다.

속계(涑溪)라고 부르기 때문에 이름 지어졌다.

통원교(通遠橋) 주 동쪽 10리에 있다. 세속에서는 두험교(豆險橋)라고 부르는데 중랑천 상류에 놓여 있다.

가납교(嘉納橋) 주 북쪽 13리에 있다. 수이천 상류에 놓여 있는데, 수이천 상류의 이름이 또한 가납천(嘉納川)이다.

사묘祠廟

사직단(社稷壇) 주 서쪽에 있다.

문묘(文廟) 향교에 있다.

성황사(城隍祠) 주 동쪽 10리에 있다.

여단(厲壇) 주 북쪽에 있다.

양진사(楊津祠) 주 동남쪽 67리 양진(楊津) 가에 있다. 용을 제사 지내는 단(壇)이 있는데 봄과 가을에 나라에서 향과 축문을 내린다. 신라 때에 북독(北瀆)[181]이라 하여 중사(中祀)에 올렸지만 지금은 소사(小祀)에 기재되어 있다.[182]

181 북독(北瀆) : 독은 물이란 말로 나라에 사독이 있는데, 신라 때에 이곳을 북독한산하(北瀆漢山河)라 칭하였다.《世宗實錄 地理誌 京畿 楊州都護府》

182 중사(中祀)에……있다 : 국가의 제사는 대사(大祀), 중사(中祀), 소사(小祀), 속제(俗祭) 등이 있다. 대사는 사직, 종묘, 영녕전 등에 지내고, 중사는 경모궁, 풍운뇌우(風雲雷雨), 산천(山川), 성황(城隍), 미기성(尾箕星), 선농(先農), 선잠(先蠶) 등에 지냈다. 소사는 삼각산, 목멱산, 한강, 사한(司寒), 중류(中霤), 계성사(啓聖祠), 숭절사(崇節祠), 마조(馬祖) 등에 지내고, 속제는 영희전(永禧殿), 선원전(璿源殿), 각 능(陵)·원(園)·묘(墓), 육상궁(毓祥宮), 의소묘(懿昭廟) 등에 지냈다.

능묘陵墓

건원릉(健元陵) 본조 태조 강헌대왕(太祖康獻大王)의 능이다. 주 동남쪽 57리 검암산(儉巖山)의 기슭에 있다. 서울과의 거리가 25리쯤[183]이다. 건원릉 신도비(健元陵神道碑)가 있는데 권근(權近)이 명(銘)을 찬하였다.[184]

현릉(顯陵) 본조 문종 공순대왕(文宗恭順大王)의 능이다. 건원릉 동쪽 언덕에 있다. 현덕왕후(顯德王后)가 합장(合葬)되어 있다.

광릉(光陵) 본조 세조 혜장대왕(世祖惠莊大王)의 능이다. 정희왕후(貞熹王后)가 합장되어 있다. 주 동쪽 41리 주엽산(注葉山) 직동(直洞)의 남쪽에 있다. 서울과의 거리가 60리이다.

태릉(泰陵) 주 동남쪽 40리 불암산(佛巖山) 기슭에 있다. 문정왕후(文定王后)의 능이다.

강릉(康陵) 태릉 동북쪽 2리에 있다. 명종 공헌대왕(明宗恭憲大王)의 능이다. 인순왕후(仁順王后)가 합장되어 있다.

목릉(穆陵) 건원릉 동쪽에 있다. 선조 소경대왕(宣祖昭敬大王)의 능이다. 의인왕후(懿仁王后)와 인목왕후(仁穆王后)는 능역은 같지만 각각 다른 능침에 안장(安葬)되어 있다.

영릉(寧陵) 건원릉 남쪽 등성이에 있다. 효종 선문대왕(孝宗宣文大王)의 능이다.

회묘(懷墓)[185] 주 남쪽 57리에 있다. 서울과의 거리가 10리쯤이다.

---

183 25리쯤 : 《신증동국여지승람》 권11 〈경기 양주목〉에는 '20리'로 되어 있다.

184 권근(權近)이 명(銘)을 찬하였다 : 〈유명 시……건원릉 신도비명(有明諡……健元陵神道碑銘)〉이다. 《陽村集 卷36》

185 회묘(懷墓) : 연산군(燕山君)의 생모인 폐비 윤씨(尹氏)의 묘이다. 연산군이 즉위하면

연산군(燕山君) 묘 주 남쪽 30리 해등촌(海藤村)에 있다.

박원종(朴元宗) 묘 주 동쪽 70리[186] 와공리(瓦孔里)에 있다.

성희안(成希顏) 묘 주 서쪽 35리에 있다.

홍응(洪應) 묘 주 동쪽 63리에 있다.

송일(宋軼) 묘 주 북쪽 20리[187]에 있다.

정렴(鄭磏) 묘 주 □□□ 사정산(砂井山)에 있다.

덕흥대원군(德興大院君)[188] 묘 주 동쪽 25리 수락산(水落山) 동쪽에 있다.

광해군(光海君) 묘 풍양현(豐壤縣) 동쪽에 있다. 김빈(金嬪)의 묘[189]와 가깝다.

영응대군(永膺大君)[190] 묘 주 동쪽 47리에 있다.

유량(柳亮) 묘 주 동쪽 80리에 있다.

조암(趙巖) 묘 풍양현 동쪽 적성동(赤城洞)에 있다. 조암은 바로 풍양 조씨

서 회릉(懷陵)으로 추숭하였으나, 1506년 중종반정(中宗反正)으로 회묘로 강봉되고 신주는 묘 곁에 묻혔으며, 석물(石物)은 봉분과 함께 남아 있다가 서삼릉(西三陵) 내의 귀인(貴人), 숙의(淑儀) 묘역으로 이장되었다.

186 70리 : 《신증동국여지승람》 권11 〈경기 양주목〉에는 '60리'로 되어 있다.

187 20리 : 《신증동국여지승람》 권11 〈경기 양주목〉에는 '30리'로 되어 있다.

188 덕흥대원군(德興大院君) : 1530~1559. 이름은 이초(李岹)이다. 중종(中宗)의 일곱째 아들로, 어머니는 창빈(昌嬪) 안씨(安氏)이다. 1538년(중종33) 덕흥군에 봉해졌다. 1567년(명종22) 명종이 후사 없이 죽으니 그의 셋째 아들 이균(李昖)이 즉위하여 선조(宣祖)가 되었고, 1569년(선조2) 덕흥대원군에 추존되었다.

189 김빈(金嬪)의 묘 : 광해군의 생모 공빈(恭嬪) 김씨(金氏)의 묘를 가리킨다. 1610년(광해군2) 공빈 김씨를 자숙단인공성 왕후(慈淑端仁恭聖王后)로 추존하고, 능역(陵役) 공사를 서둘렀다. 그러나 1623년 인조반정(仁祖反正)으로 광해군이 폐출됨에 따라 존호(尊號)가 삭제되고 그와 함께 성릉(成陵)이라는 능호(陵號)도 폐지되었다.

190 영응대군(永膺大君) : 1434~1467. 이름은 이염(李琰), 시호는 경효(敬孝)이다. 세종과 소헌왕후(昭憲王后) 심씨(沈氏) 사이에서 태어났다. 1441년(세종23) 영흥대군(永興大君)에 봉해졌다가 1443년 역양대군(歷陽大君)으로, 1447년 영응대군으로 개봉되었다.

의 시조이다. 광해군 때에 광해군의 생모인 김빈(金嬪)의 성릉(成陵)이 조암의 묘와 가깝다는 이유로 조암의 묘를 없애 버렸는데, 후에 성릉이라는 능호가 삭제되자 조암의 묘를 복구하였다.

윤인경(尹仁鏡) 묘 주 동쪽 15리에 있다.

조운흘(趙云仡) 묘 아차산 남쪽 광진(廣津) 가에 있다.

남재(南在) 묘 주 동쪽 40리에 있다.

정갑손(鄭甲孫) 묘 주 동쪽 44리에 있다.

윤형(尹炯) 묘 주 북쪽 5리에 있다.

신숙주(申叔舟) 묘 주 동쪽 19리 송산리(松山里)에 있다. 이승소(李承召)가 비명(碑銘)을 지었다.[191]

이직(李稷) 묘 주 서쪽 40리에 있다.

윤자운(尹子雲) 묘 주 서쪽 내죽리(乃竹里)에 있다.

조말생(趙末生) 묘 주 동쪽 50리 금곡(金谷)에 있다.

신용개(申用漑) 묘 주 동쪽 40리에 있다.

유순(柳洵) 묘 주 동쪽 40리에 있다.

김식(金湜) 묘 주 동쪽 70리에 있다. 김식의 묘 서쪽에 또 김육(金堉) 묘가 있다.

백인걸(白仁傑) 묘 주 서북쪽 30리에 있다.

권철(權轍) 묘, 권율(權慄) 묘 모두 홍복산 아래에 있다.

김상용(金尙容) 묘, 김상헌(金尙憲) 묘 모두 주 동쪽 60리 석실리(石室里)

191 이승소(李承召)가 비명(碑銘)을 지었다 : 〈유명 조선……고령부원군 문충공 묘비명(有明朝鮮……高靈府院君文忠公墓碑銘)〉이다. 《三灘集 卷13》

에 있다.

이서(李曙) 묘 주 동쪽 19리 송산리(松山里)에 있다.

이홍주(李弘胄) 묘 수락산 동쪽에 있다.

능원대군(綾原大君)[192] 묘 풍양현 동쪽 5리에 있다.

사찰寺刹

회암사(檜巖寺) 천보산(天寶山)에 있다. 고려 때에 서역(西域)의 승 지공(指空)[193]이 이곳에 이르러 말하기를 "산수의 형세가 완연히 천축(天竺)의 아란타(阿蘭陀)의 절과 같다."라고 하였다. 후승(後僧)인 나옹(懶翁)[194]이 절을 세우기 시작하였지만 끝마치지 못하고 죽었는데, 그의 문도 각전(覺田) 등이 공사를 마쳤다. 건물이 260여 칸으로 웅장함이 동방에서 으뜸이

192 능원대군(綾原大君) : 1598~1656. 이름은 이보(李俌), 호는 담은당(湛恩堂)이다. 인조(仁祖)의 동생이자 선조의 손자로 11세 때 백부 의안군(義安君) 이성(李珹)에게 입양, 능원군(綾原君)에 봉해졌고 1632년(인조10) 대군(大君)으로 진봉(進封)되었다.

193 지공(指空) : ?~1363. 원나라 때의 고승(高僧)으로 인도 마갈타국(摩羯陀國) 사람인데 8살 때 승려가 되었다. 이름은 제납박타(提納薄陀)이다. 원나라로 건너가 불법을 전했는데, 이때 고려의 나옹화상(懶翁和尙)에게 인가(印可)를 주었다. 1328년(충숙왕15) 고려에 들어와서 금강산 법기도량(法起道場)에 예배하고 연복정(延福亭)에서 계를 설했다. 다시 원나라로 가 연경(燕京)에서 법원사(法源寺)를 짓고 머물렀는데 이때 고려의 혜근(慧勤)에게 선종을 전수하기도 했다. 그의 부도가 양주(楊州) 회암사(檜巖寺)와 개성(開城) 화장사(華藏寺)에 남아 있다.

194 나옹(懶翁) : 1320~1376. 속명은 아원혜(牙元惠), 호는 나옹·강월헌(江月軒), 법명은 혜근(惠勤) 또는 혜근(彗勤), 아버지는 선관서 영(善官署令) 서구(瑞具)이다. 중국의 지공(指空), 평산처림(平山處林)에게 인가를 받고 무학(無學)에게 법을 전하여 조선 시대 불교의 초석을 세웠다.

었다. 이색(李穡)의 기문[195]이 있다. ○ 고려 왕자로 승려가 된 원경(圓鏡)의 필적이 옛날에 남루(南樓)의 동쪽과 서쪽의 벽에 있었다. 대정(大定) 연간에 서도(西都)에서 반란이 일어나[196] 서쪽과 북쪽의 길이 막혔다. 이때에 금(金)나라의 사신이 고려로 왔는데 춘주(春州 춘천) 길을 따라서 인도하여 맞이하였다. 금나라 사신이 회암사에 들어와 누(樓)에 앉아 글씨를 보고는, 한 사람은 "귀인의 필체이다."라고 하고 또 한 사람은 "이는 산 사람의 글씨인데 소순(蔬筍)의 기[197]가 많이 남아 있다."라고 하였다. 회암사의 승려가 두 사람에게 글씨에 대해 사실대로 이야기해 주니 둘 다 자신의 말이 적중했다고 기뻐하였다. 이어 시를 짓기를,

부귀했던 왕자의 기는 반쯤 남아 있고	王子膏粱氣半存
죽순 먹던 산승의 흔적 오히려 남아 있네[198]	山僧蔬筍尙餘痕
미친 장욱 취한 회소는 완전하지 못하였는데[199]	顚張醉素無全骨

195 이색(李穡)의 기문 : 〈천보산 회암사 수조기(天寶山檜巖寺修造記)〉이다. 《牧隱藁 牧隱文藁 卷2》

196 대정(大定)……일어나 : 대정은 금 세종(金世宗) 때의 연호이다. 1174년(명종4) 9월 정중부(鄭仲夫)와 이의방(李義方)을 토벌한다는 명목으로 서경유수 병부상서(西京留守兵部尙書) 조위총(趙位寵)이 동북 양계(東北兩界)의 여러 성(城)에 격문을 보내고 군사를 일으킨 사건을 두고 한 말이다. 《高麗史節要 卷12 明宗光孝大王1》

197 소순(蔬筍)의 기 : 야채와 죽순을 먹고 고기는 섭취하지 않는 승려 집단의 분위기를 말한다. 소식(蘇軾)이 일찍이 도잠(陶潛)의 시를 평하여 "한 점 소순의 기미가 없다."라고 말하였다. 《宋人軼事彙編》

198 부귀했던……있네 : 글씨에 부귀한 왕자의 기운과 소박한 승려의 기운이 둘 다 담겨 있음을 말한 것이다.

199 미친……못하였는데 : 장욱(張旭)은 당(唐)나라 때에 초성(草聖)으로 일컬어진 사람으로 술에 취하면 문득 초서(草書)를 쓰곤 하였는데, 운필(運筆)을 할 때 크게 부르짖으며 머리카락에 먹물을 묻혀서 휘갈겨 쓰곤 하였으므로 세상에서 '미치광이 장욱〔張顚〕'이라고 불렀다 한다. 《新唐書 張旭列傳》 회소(懷素)는 당나라 때의 서예가이자 승려로 왕희지(王羲之)의

당년에 승려가 된 것이 외려 한스럽네　　却恨當年許作髡

하였다. ○ 고려 이색의 시[200]에,

회나무 울창하고 돌들은 험준한데　　檜樹蒼蒼石勢頑
잎사귀 사이 비바람에 반공은 차갑구나　　葉間風雨半天寒
노승은 출정하여 성색을 잊었지만　　老僧出定忘聲色
머리 위의 세월은 탄환같이 흘러갔네　　頭上光陰走似丸

하였다.

봉선사(奉先寺) 주엽산(注葉山) 광릉(光陵) 남쪽 언덕에 있다. ○ 김수온(金守溫)의 기문[201]에 이르기를 "봉선사는 우리 대왕대비 전하께서 세조대왕을 위하여 창건한 것이다."[202]라고 하였다. ○ 봉선사 동쪽에 봉선전(奉先殿)이 있는데, 세조의 초상화가 봉안되어 있다.

개경사(開慶寺) 옛날에는 현릉(顯陵) 동쪽 곁에 있었다. 현릉에 가깝다는 이유로 지금은 남곡(南谷)으로 옮겼다.

소요사(逍遙寺) 소요산에 있다. 절이 온통 층암절벽과 괴석에 둘러싸였고 폭포가 있다. 소요사 서쪽 수백 보쯤에 또 폭포가 있는데, 주변 지역은 경

서법을 연구하여 동시대의 장욱과 함께 초서로 이름이 높았다. 술에 취하여 흥이 오르면 붓을 놀려 물 흐르듯 유연한 초서, 즉 광초(狂草)를 즐겨 썼다고 한다. 여기서는 이 두 사람이 글씨는 잘 썼지만 원경(圓鏡)처럼 완전한 사람이 아니었음을 말한 것이다.

200 이색의 시 : 〈광평 이 시중이 소장한 열두 폭 산수화 병풍을 보여 준 것에 감사드리며 지은 시〔奉謝廣平李侍中所藏山水十二疊屛風〕〉 중 〈회암(檜巖)〉이다. 《牧隱藁 牧隱詩藁 卷28》

201 김수온(金守溫)의 기문 : 〈봉선사기(奉先寺記)〉이다. 《拭疣集 卷2》

202 봉선사는……것이다 : 대왕대비는 정희왕후(貞熹王后) 윤씨(尹氏)를 가리킨다. 969년(광종20) 법인국사(法印國師) 탄문(坦文)이 창건하여 운악사(雲嶽寺)라고 하였는데, 그 후 1469년(예종1) 정희왕후 윤씨가 세조를 추모하여 89칸으로 중창하고 봉선사라고 하였다.

치가 빼어나지만 바위는 높고 길은 끊어져 사다리를 통해서만 갈 수 있다.

○ 본조 김시습(金時習)의 시[203]에,

길은 한계동으로 들고	路入寒溪洞
천봉에는 낙조가 빛나네	千峯落照明
네 개의 산 모두 높고 험준한데	四山皆崒嵂
한 시냇물은 아주 맑고 시원하다	一澗正淸泠
전에는 금은으로 만든 상이 있고	殿有金銀像
승려는 운수[204]의 마음이 많구나	僧多雲水情
상왕께서 일찍이 수레를 멈췄던 곳	上王曾駐輦
길이 사라지자 사람의 발걸음도 사라졌네	徑廢少人行

하였다.

고령사(高嶺寺) 고령산에 있다.

청룡사(靑龍寺), **망월사**(望月寺), **회룡사**(迴龍寺), **원통사**(圓通寺) 모두 도봉산에 있다.

은석사(銀石寺), **범굴사**(梵窟寺) 모두 아차산 동쪽 기슭에 있다. 절 동쪽은 광진(廣津)을 굽어보고 있다. ○ 본조 서거정(徐居正)의 시[205]에,

긴 강물 한 줄기 맑디맑게 돌아 흐르고	長江一帶抱澄澄
강가 푸른 산은 백 층이나 솟아 있네	江上靑山矗百層

203 김시습(金時習)의 시 : 〈소요사(逍遙寺)〉이다. 《梅月堂集 梅月堂詩集 卷10》

204 운수(雲水) : 참선하는 중이 구름이나 물처럼 정처 없는 생활을 하는 것을 가리키는 말로 행각승(行脚僧)을 지칭하기도 한다.

205 서거정(徐居正)의 시 : 〈마침내 태초, 승경과 함께 범굴사를 유람하다〔遂與太初升卿遊梵窟寺〕〉이다. 《四佳集 四佳詩集 卷2》

절이 허무[206]한 데 있어 푸른 놀과 연했기에 寺在虛無連翠靄
돌길 헤쳐 가며 등 넝쿨을 부여잡았네 行穿犖确挽烏藤
향불 피는 전각에 와서 부처님께 예배하고 香燒古殿來參佛
햇살 밝은 창 앞에서 스님과 얘기 나눈다 日射明窓語對僧
화겁[207]은 아득하고 속세는 작으니 火劫茫茫塵界小
백일에 신선되어 승천할 인연[208]이 없구나 無緣白日化飛昇

하였다.

묘적사(妙寂寺) 묘적산에 있다. 김수온의 기문[209]이 있다.

불곡사(佛谷寺) 불곡산에 있다.

불암사(佛巖寺) 불암산에 있다.

수락사(水落寺) 수락산에 있다.

석천사(石泉寺) 수락산에 있다. ○ 서거정의 시[210]에,

천불산은 높고 겹겹으로 푸른데 千佛山高翠疊重
가는 길 미끄러워 걸음마다 덩굴을 붙잡네 攀蘿步步滑行蹤
구름 속의 고목에는 매의 둥지가 높은데 雲埋老樹巢危鶻

206 허무(虛無) : 텅 비어 아득한 모양을 말한다. 백거이(白居易)의 〈장한가(長恨歌)〉에 "갑자기 들으니 해상에는 선산이 있어, 산이 허무하고 아득한 사이에 있다 하네.〔忽聞海上有仙山, 山在虛無縹渺間.〕"라고 한 데서 온 말이다.

207 화겁(火劫) : 불가(佛家)에서 말하는 겁화(劫火)와 같다. 이 세계가 괴멸할 때에 일어난다는 큰 화재(火災)로, 전하여 무한한 시간을 의미한다.

208 백일(白日)에……인연 : 도가(道家)에서 수련을 오래 쌓아서 선도(仙道)를 닦은 다음 백주(白晝)에 신선이 되어 하늘로 올라간다는 데서 온 말이다.

209 김수온의 기문 : 〈묘적사중창기(妙寂寺重創記)〉이다.《拭疣集 卷2》

210 서거정의 시 : 〈석천사(石泉寺)〉이다.《四佳集 四佳詩集 卷3》

흐르는 맑은 샘에는 누운 용이 숨었구나 水活澄泉隱臥龍
나그네는 시를 쓰려 와서 탑을 쓸고 客子題詩來掃塔
스님은 예불하고 앉아서 종을 울리네 居僧禮佛坐鳴鍾
올라 굽어보며 동남쪽을 모두 구경하니 登臨看盡東南界
올려보고 굽어보매 가슴이 탁 트이누나 俯仰乾坤一盪胸

하였다.

홍복사(弘福寺) 홍복산에 있다.

덕사(德寺) 수락산 덕흥대원군 재궁(齋宮)에 있다.

고적 古蹟

풍양폐현(豐壤廢縣) 주 동쪽 50리에 있다. 본래 고구려 골의노현(骨衣奴縣)이었는데, 신라가 황양(荒壤)으로 고치고 한양군(漢陽郡)의 영현(領縣)으로 삼았다. 고려가 풍덕(豐德)으로 고쳤고 현종(顯宗) 때에 그대로 양주에 편입시켰다. 후에 포주(抱州)로 이속시켰다. 본조 세조(世祖) 초에 다시 양주로 편입시켰는데, 지금 현 뒷산 위에는 옛 성이 있다.

사천폐현(沙川廢縣) 주 북쪽 60리[211]에 있다. 본래 고구려 내을매현(內乙買縣)이었는데, 내이미(內尒米)라고도 한다. 신라 때에 사천(沙川)으로 고쳐 견성군(堅城郡)의 영현(領縣)으로 삼았다. 고려 현종 때[212]에 양주로 편입시켰다. 본조에서 그대로 따랐다.

211 60리 : 《신증동국여지승람》 권11 〈경기 양주목〉에는 '30리'로 되어 있다.
212 고려 현종 때 : 1018년(현종9)이다. 《新增東國輿地勝覽 卷11 京畿 楊州牧》

대모산성(大母山城) 주 서쪽 5리에 있다. 돌로 축성하였고 둘레는 906자이다. 바로 옛 견주(見州) 때의 성이다.

수철성(水鐵城) 주 북쪽 51리에 있다. 둘레가 357자이다. 적성(積城)의 수철성(水鐵城)과 마주 보고 있다.

풍양궁(豐壤宮) 풍양현 동쪽에 있다. 우리 태종조(太宗朝)에 태조(太祖)를 위하여 이 궁을 창건하였다. 태조가 이 궁이 창건된 뒤로 이곳에 환어(還御)하였다. 지금은 무너져 유허(遺墟)만 남아 있다.

고양주(古楊州) 양진(楊津) 서쪽 아차산 남쪽 대동리(大同里)에 있다. 본조 태조 3년(1394)에 지금의 경도(京都)로부터 이곳에 양주를 옮겼고 강등하여 양주의 지주사(知州事)로 삼았다. 얼마 뒤에 또 지금의 치소(治所)로 옮기고 그 땅을 비워 직촌리(直村里)로 삼았다.

양진고성(楊津古城) 고양주 북쪽 아차산 동쪽 기슭에 흙으로 쌓은 옛 성이 있는데, 한강을 굽어보고 있다. 광주성(廣州城), 평고성(坪古城)과 강을 사이에 두고 마주 보고 있다. 전하는 말로는 삼국 시대에 변방을 지키던 곳이라고 한다. 지금은 모두 무너졌다. 고구려 장한성(長漢城)이 바로 이곳인 듯하다.

고노원역(古蘆原驛) 주 남쪽 30리에 있다. 노원역은 본래 이곳에 있었는데 국초(國初)에 경성(京城) 흥인문(興仁門) 밖으로 역을 옮겼다. 지금 마위전(馬位田)은 여전히 이곳에 있고, 옛 역관(驛館)의 터 또한 이곳에 있다.

명환 名宦

본조

권맹손(權孟孫) 양주 부사(楊州府使)가 되었다.

백인걸(白仁傑) 공헌왕조(恭憲王朝 명종)에 양주 목사(楊州牧使)가 되었다. 백성들이 백인걸을 위하여 노래하기를,

흰 눈의 흰색은	白雪之白
군과 같이 희구나	與君同白
마음으로 사랑하니	心乎愛矣
어찌 훌륭하지 않은가	胡不爲傑

하였다. 백인걸이 관직을 떠나자 비석을 세워 공을 그리워하였다.

남언경(南彦經) 소경왕(昭敬王 선조) 초에 양주 목사가 되었다. 청렴하고 백성을 사랑하였으며 권세를 두려워하지 않으니 백성들이 공의 정사를 칭송하였다.

유우 流寓

신잠(申潛) 본조 한성(漢城) 사람이다. 문필(文筆)과 품행으로 세상에 이름이 났다. 공희왕조(恭僖王朝 중종)에 진사시(進士試)에 장원으로 합격하였고 또 현량과(賢良科)에 올라 검열(檢閱)이 되었다. 기묘년(1519, 중종14)에 파과(罷科)[213]되고 당적(黨籍)에 연루되자 주(州)의 아차산 아래에 숨어

213 파과(罷科) : 과거(科擧) 합격이 무효가 되는 것을 말한다.

살았다. 그가 시를 짓기를,

홍패를 이미 거둬 가고 백패마저 잃었으니 紅牌已收白牌失
한림과 진사 모두 다 허명이구나 翰林進士摠虛名
이제부터 아차산 아래에 살려 하니 自此峨嵯山下住
산인이란 두 글자 어느 누가 다투리 山人二字孰能爭

하였다. 뒷날 다시 등용되어 태인(泰仁)과 상주(尙州)의 수령이 되었는데, 모두 최고의 선정(善政)을 베풀었다고 소문이 났다.

정렴(鄭磏) 한성 사람이다. 공헌왕조에 현감이 되었는데 처음부터 관직에 오래 머물지 않았다. 천성(天性)이 매우 높고 유(儒), 불(佛), 선(仙)에 통달하여 기이한 것에 대한 지식이 많았으며 뜻이 고상하고 아무런 욕심이 없었다. 일찍이 광주(廣州)의 청계산(淸溪山)과 과천(果川)의 관악산(冠嶽山)에서 노닐면서 약초를 캐고 노을을 먹었다.[214] 양주 괘라리(掛羅里)의 조용한 곳에 우거하면서 한방에서 복기(服氣)[215]하고 묵언(默言)한 것이 거의 10년이었는데, 그가 죽을 때에 기이한 현상이 많았다고 한다. 적선(謫仙)이라 불렸다.

김상헌(金尙憲) 한성 사람이다. 인조조(仁祖朝)에 이조 판서가 되었다. 병자호란 때에 남한산성(南漢山城)에 있으면서 스스로 목을 매었으나 죽지

214 노을을 먹었다 : 《한서(漢書)》 〈사마상여전(司馬相如傳)〉에 "밤이슬을 마시고 아침놀을 먹는다.〔呼吸沆瀣兮餐朝霞〕"라고 한 데서 온 말이다. 도가 양생법의 하나로 아침노을을 마시는 것을 말한다.

215 복기(服氣) : 도교 수행법의 하나로 태식(胎息)이라고도 한다. 정신을 평안하게 하는 일종의 호흡법인데, 이것은 천지간에 널리 퍼져 있는 원기를 흡입하여 체내에 저장함으로써 신체가 늙지 않게 하는 수행법이다.

않았다. 양주의 석실리(石室里)에 숨어 살았는데 당세에 명성이 높았다. 효종(孝宗)이 즉위하여 간절히 불러 재상으로 삼았지만 도성에 들어가 사은숙배하고 얼마 뒤에 돌아와서 졸하였다.

인물人物

고려

조암(趙巖) 풍양현 사람이다. 농사짓던 한미한 집안에서 일어나 태조(太祖)를 종사(從事)하여 맹(孟)이라는 이름을 하사받았고, 삼한 공신(三韓功臣) 평장사(平章事)가 되었다.

송저(宋詝) 견주(見州) 사람이다. 어려서부터 총명하여 과거에 급제하였고, 명종조(明宗朝)에 어사중승(御史中丞)이 되었다. 정중부(鄭仲夫)의 집안 노비가 범법을 일삼자 잡아다 치죄하였는데 이 일로 마침내 파직되었고, 얼마 뒤에 우간의대부(右諫議大夫)에 제수되었다. 서북 병마사(西北兵馬使)가 되었을 때에 어떤 일로 무신들의 뜻을 거슬러 거제 현령(巨濟縣令)으로 폄적되었다. 그러자 식견이 있는 사람들이 모두 말하기를 “송저가 외직으로 나간 뒤로 백성을 구제하고 폐단을 혁파하자는 말을 들을 수가 없다.”라고 하였다. 뒷날 판예빈성사(判禮賓省事)로 치사(致仕)하였다.

조운흘(趙云仡) 풍양현 사람이다. 공민왕(恭愍王) 때에 과거에 급제하였고 누차 승진하여 전법총랑(典法摠郞)이 되었고, 사직하고는 상주(尙州) 노음산(露陰山) 아래에 거처하였다. 신우(辛禑) 때에 다시 출사하여 좌간의대부(左諫議大夫)에 제수되었고 판전교시사(判典校寺事)로 옮겼다가 또 광주(廣州) 고원(古垣)의 강촌으로 물러났다. 다시 등용되어 서해도 도관찰사(西海道都觀察使)가 되었는데 관할하는 곳이 크게 다스려졌다. 공양왕(恭讓王) 때에 계림 부윤(鷄林府尹)이 되었다. 본조에 들어와 강릉 부사(江陵府使)에 제수되었지만 얼마 뒤에 병으로 사직하고 광주의 별장으로 돌아갔다. 또 검교 정당문학(檢校政堂文學)에 제수되었지만 사양하고 녹(祿)을 받지 않았다. 조운흘의 사람됨은 뜻을 세운 것이 기이하고 고아하여 자유분방하고 특출하였으며 시속(時俗)에 따라 좌지우지되는 것을 좋아하지 않았다. 임종할 때에 스스로 묘지(墓誌)를 짓기를 "조운흘은 본래 풍양 사람으로 고려 태조의 신하였던 평장사(平章事) 조맹(趙孟)의 30대 손이다. 공민왕 때에 과거에 급제하여 서울과 지방의 관직을 두루 역임하였다. 다섯 주(州)의 수령이 되었고, 네 개 도(道)의 관찰사를 지냈는데, 비록 큰 명성이나 성적(成績)은 없었지만 또한 비루한 행동도 없었다. 나이 73세가 되어 광주 고원성(古垣城)에서 병들어 죽었고 후사(後嗣)는 없다. 해와 달을 주옥(珠玉)으로 삼고, 맑은 바람 밝은 달을 제물로 삼아서 옛 양주 아차산 남쪽 마하야(摩訶耶)[216]에 장사하였다. 공자(孔子)의 행단(杏壇)[217] 위에나 석가(釋迦)의 쌍수(雙樹)[218] 아래 고금의 성현이 어찌 홀로 살아 있는

216 마하야(摩訶耶) : 마하(摩訶)는 《지도론(智度論)》에서 말하는 대(大), 다(多), 승(勝)의 삼의(三義)이고, 야(耶)는 불타(佛陀) 제자(弟子)의 일문(一門)을 말한다. 곧 부처의 가르침을 따르는 승려들이 있는 곳을 가리킨다.

217 공자(孔子)의 행단(杏壇) : 행단은 공자가 학문을 강론하던 곳이다. 《장자(莊子)》 〈어부(漁父)〉에 "공자가 치유의 숲에 노닐고 행단의 위에 앉아 쉴 적에 제자들은 글을 읽고 공자는 노래하며 거문고를 탔다.〔孔子遊於緇帷之林, 休坐乎杏壇之上, 弟子讀書, 孔子絃歌鼓琴.〕"라고 한 데서 온 말이다.

218 석가(釋迦)의 쌍수(雙樹) : 쌍수는 사라쌍수(沙羅雙樹)를 가리키는 말로 석가가 마지막

사람이 있는가. 아, 인생사(人生事) 이것으로 끝이구나."라고 하였다.

본조

조익정(趙益貞) 문과에 급제하였고 강정왕조(康靖王朝 성종)에 관직이 공조 참판에 이르렀고, 한평군(漢平君)에 봉해졌다.

최효손(崔孝孫) 천성이 매우 효성스러워 부모가 모두 죽자 종신토록 무덤 곁을 지켰다. 성종조(成宗朝)에 정려(旌閭)가 내려졌다.

유흥종(柳興宗) 천성이 효성스럽고 우애가 있어 집은 가난하였지만 궁핍한 친족들을 모두 모아 양육해 주었고 그들의 혼인을 주관하여 시기를 잃지 않게 해 주었다. 죽도 혹 계속 먹지 못하였는데 관(官)에서 빌린 곡식마저 부족해지면 자신의 밭을 팔아 충당하였다. 사람됨이 자상하고 신중하여 한 고을 사람들이 모두 그의 의로운 행동에 감복하였다. 명종조(明宗朝)에 목사 이문성(李文誠)이 장차 환자(還上)를 거두려 하였는데, 백성들이 관아 뜰에서 하소연하여 유흥종이 이 일을 감독하도록 해 주기를 원하였다. 이에 유흥종을 불러 일을 맡기니, 우선 며칠이 지난 뒤에 명을 받들도록 해 줄 것을 청하였다. 이렇게 한 이유는 먼저 자신의 밭을 팔아 수납할 곡식을 모두 납부한 뒤에 일을 보려고 했기 때문이었다. 주(州)의 사람들이 해마다 조정에 유흥종의 의로운 행실을 소장을 올려 보고하였지만 이때는 문장을 잘 짓고 과거에 급제한 선비를 우대하였기 때문에 현달하지 못하

으로 설법한 곳이다. 석가가 45년간 설법하며 중생을 교화하다가, 중천축(中天竺) 구시나(拘尸那) 성(城)의 발제하(跋提河) 강변 사라쌍수 사이에서 하루 동안 《열반경(涅槃經)》을 설한 다음에 머리는 북쪽으로 얼굴은 서쪽으로 향하고 오른쪽 옆구리를 땅에 대고 누워서 입멸했다고 전해진다.

였다. 이제신(李濟臣)이 늘 탄식하고 안타까워하여 그의 행실을 기록해 두었다.[219]

219 이제신(李濟臣)이……두었다 : 《청강선생후청쇄어(淸江先生鯸鯖瑣語)》〈청강선생사제록(淸江先生思齊錄)〉에 이 사실이 수록되어 있다.

파주목坡州牧

동쪽으로 양주(楊州) 경계까지 23리이고, 남쪽으로 고양군(高陽郡) 경계까지 35리이고, 서쪽으로 교하현(交河縣) 경계까지 17리이고, 북쪽으로 장단부(長湍府) 경계까지 20리, 적성현(積城縣) 경계까지 33리이다. 서울과의 거리는 82리이다.

한전旱田

수전水田

건치연혁建置沿革

본래 고구려 술이홀현(述尒忽縣)이다. 이(尒)는 어떤 본(本)에는 미(彌)로 되어 있다. 신라 경덕왕(景德王) 때 봉성(峯城)으로 개명하여 교하군(交河郡)의 영현(領縣)으로 삼았다. 고려 현종(顯宗) 때[220] 양주(楊州)로 편입시켰고, 명종(明宗) 때에 다시 봉성현을 두었는데 후에 고쳐 서원현(瑞

220 고려 현종(顯宗) 때 : 1018년(현종9)이다.《新增東國輿地勝覽 卷11 京畿 坡州牧》

原縣)으로 삼았다. 본조 태조 2년(1393)에 군(郡)으로 승격하였고, 7년에 파평현(坡平縣)과 병합하여 고쳐 원평군(原平郡)으로 삼았다. 태종(太宗) 때에 승격하여 도호부로 삼았다. 교하현을 병합하였는데 얼마 뒤 다시 분리하였다. 세조(世祖) 6년(1460)에 또 승격하여 파주목(坡州牧)으로 삼았다. 왕비 윤씨(尹氏)[221]의 관향(貫鄕)이라는 이유로 승격하였다. 관장하는 면(面)은 10개이다. 관원은 목사(牧使)와 교수(教授)이다. 각 1인이다.

군명郡名

봉성(峯城), 곡성(曲城)이라고도 한다. 서원(瑞原), 원평(原平), 파평(坡平) 영평(鈴平)이라고도 부른다.

형승形勝

북쪽은 단수(湍水)에 막혀 있고 서쪽은 한강(漢江)을 경계로 삼고 있으며 파산(坡山)이 왼쪽에 우뚝이 서 있고 월롱산(月籠山)이 오른쪽에 솟아 있다.

221 왕비 윤씨(尹氏) : 세조(世祖)의 비(妃) 정희왕후(貞熹王后)를 가리킨다.

산천山川

성산(城山) 주 서쪽 2리에 있다. 진산(鎭山)이다.

혜음령(惠陰嶺) 주 남쪽 35리 고양군(高陽郡) 경계에 있다.

반룡산(蟠龍山) 주 동쪽 7리에 있다.

월롱산(月籠山) 주 서쪽 15리에 있다.

백운산(白雲山) 주 북쪽 17리에 있다.

미라산(彌羅山) 주 북쪽 30리에 있다. 일명 파평산(坡平山)이라고도 한다.

동산(童山) 주 서쪽 8리에 있다. 그 산에 수목이 없기 때문에 동산이라 이름 지었다.

장산(獐山) 주 서쪽 15리에 있다. 깎아지른 봉우리가 높이 솟아 있고 서쪽으로는 강을 마주하고 있다.

용발산(龍發山) 주 북쪽 10리에 있다.

발산(鉢山) 주 북쪽 10리에 있다.

단수(湍水) 연천현(漣川縣)과 적성현(積城縣)에서 흘러와 주 북쪽 경계를 경유하여 장단부(長湍府)와 경계를 나누고 구불구불 서쪽으로 흘러 주 서쪽 17리에 이르러 교하현으로 흘러 들어간다. 본조 권수(權脩)의 시에 "단수는 날마다 유유히 흘러간다.〔湍水日悠悠〕"라고 한 것이 바로 이 강을 가리킨다. 장단부에 자세히 보인다.

광탄천(廣灘川) 주 남쪽 10리에 있다. 양주(楊州) 고령산(古嶺山)에서 발원하여 주 서쪽 10리를 경유하여 장보포(長甫浦)가 되고, 또 서쪽으로 흘러 단수로 들어간다.

보신천(寶信川) 주 남쪽 30리에 있다. 양주 홍복산(弘福山)에서 발원하여 교하현에 이르러 금척진(金尺津)이 된다.

우계(牛溪) 또 다른 이름은 우포(牛浦)이다. 주 북쪽 30리 파평산 아래에 있다. 적성현 경계에서 발원하여 서쪽으로 흘러 단수로 들어간다. 그 서쪽 언덕 위에 옛 궁궐의 터가 있는데, 주춧돌과 섬돌이 지금까지도 남아 있다.

이천(梨川) 주 북쪽 10리에 있다. 목령동(木嶺洞)에서 발원하여 남쪽으로 흘러 장보포로 들어간다.

마담(馬潭) 파평산 아래에 있다. 일명 가연(嘉淵)이라고도 한다.

토산土産

석회(石灰), 석창포(石菖蒲), 밤〔栗〕, 은구어(銀口魚 은어), 게〔蟹〕, 웅어〔葦魚〕, 숭어〔秀魚〕

성곽城郭

성산성(城山城) 주 서쪽 2리에 있다. 돌로 축성하였고 둘레가 2905자이다. 사방이 절벽처럼 가팔라 주위에 마주하는 봉우리가 없다. 성안에는 큰 우물이 2개 있다. 성 아래 사면에 모두 샘이 있는데 수십 보 안에 있다. 옛 성이 오랫동안 폐기되어 있었는데 만력(萬曆) 임진년(1592, 선조25) 후에 중수(重修)하였다.[222] 성의 동쪽, 서쪽, 북쪽에 모두 문루(門樓)가 있고 서북쪽 모퉁이에는 포루(砲樓)가 있다. 중조(中朝)의 유격(遊擊) 조우(趙佑)가

222 만력(萬曆)……중수(重修)하였다 : 1618년(광해군10)에 중수하였다. 《月沙集 卷37 坡州山城記》

'천설형승 국서중문(天設形勝國西重門)'이라는 여덟 자를 써서 서문에 걸어 두었다.

궁실宮室

객관(客館)

학교學校

향교(鄕校) 주 서쪽 1리에 있다.

우계서원(牛溪書院) 주 북쪽 30리에 있다. 인조(仁祖) 때에 읍의 사람들이 성혼(成渾)이 대대로 거처하며 강학하던 곳에 서원을 건립하고 사당을 세워 성혼을 제사 지냈다.

자운서원(紫雲書院) 주 동쪽 10리에 있다. 효종(孝宗) 때에 읍의 사람들이 사당을 건립하여 이이(李珥)를 제사 지내고, 또 별도로 백인걸(白仁傑)을 제사 지냈다.

봉수烽燧

대산 봉수(大山烽燧) 주 서쪽 6리에 있다. 북쪽으로 장단부(長湍府) 도라산(都羅山)과 응하고, 남쪽으로 고양군(高陽郡) 소질달산(所叱達山)과 응한다.

우역郵驛

마산역(馬山驛) 주 남쪽 4리에 있다.

분수원(分水院) 분수원(焚脩院)이라고도 한다. 주 남쪽 24리에 있다. ○ 고려 공민왕(恭愍王) 10년(1361)에 홍건적을 피해 분수원에 이르렀는데, 안렴사(安廉使) 안숭원(安崇源)과 충주 목사(忠州牧使) 박희(朴曦)가 와서 알현한 곳이 바로 이곳이다.

광탄원(廣灘院) 광탄천(廣灘川) 언덕에 있다. ○ 권근(權近)의 기문[223]에 "광탄원은 양경(兩京 한양과 개성)의 사이에 있어 거리가 중간쯤 되기에 여행객들이 많이들 쉬거나 묵는 곳인데, 담이 무너지고 주춧돌이 깨져 머물 곳이 없었다. 판화엄(判華嚴) 오공(悟公)이 모아 두었던 사비(私費)를 털어 중수하고 이어 앞에다 누대를 세웠다. 누대는 아래로 큰길에 임하고 평평한 들을 굽어보고 있으니 이곳에 올라 조망하면 무더웠던 속세의 피로를 시원하게 씻을 수 있다. 나에게 기문을 청하였다."라고 하였다.

혜음원(惠陰院) 주 남쪽 26리에 있다. ○ 고려 정포(鄭誧)의 시[224]에,

말을 몰고 여유롭게 작은 시내 건너니	驅馬悠悠渡小溪
저녁 햇살 비추는 묵은 비석엔 풀만 무성하네	斜陽古碣草萋萋
사월로 접어든 산촌에는 행인이 적고	山村四月行人少
깊은 숲속 꾀꼬리는 자유로이 지저귀네	深樹黃鸝自在啼

하였다.

회원(檜院) 주 서쪽 5리에 있다.

223 권근(權近)의 기문 : 〈광탄원기(廣灘院記)〉이다. 《陽村集 卷13》

224 정포(鄭誧)의 시 : 〈혜음원으로 가는 길에〔惠陰院途中〕〉이다. 《東文選 卷21》

이천원(梨川院) 주 북쪽 10리에 있다.

도솔원(兜率院) 임진나루〔臨津渡〕 남쪽 언덕에 있다. ○ 고려 공민왕이 홍건적을 피해 남쪽으로 도망할 때에 임진을 건너 도솔원에 머물렀다. 공민왕이 강 언덕에 말을 멈추고 산하를 돌아보고는 원송수(元松壽)와 이색(李穡)에게 말하기를 "풍경이 이와 같으니 경들은 연구(聯句)를 짓기에 적합하겠구나."라고 하였다. 어가(御駕)가 출발하자 공주는 가마를 버리고 말을 탔는데, 차비(次妃) 이씨(李氏)가 탄 말이 야위고 약해 보는 사람들이 모두 눈물을 흘렸다.

관량關梁

광탄교(廣灘橋) 주 남쪽 10리에 있다. 광탄천에 놓여 있다.

임진나루〔臨津渡〕 주 북쪽 17리[225]에 있다. 바로 단수(湍水)를 건너는 나루로 송도(松都)와 한양(漢陽) 두 경성(京城)의 큰길은 임진나루를 경유한다. 도승(渡丞) 1인이 있다. 명나라 당고(唐皐)의 시에 "두 언덕의 석벽이 물속에 흐르는데, 마침 임진과 합한지라 한번 배를 띄우네.〔兩岸石壁水中流 秪合臨津一放舟〕"라고 하였다.

사묘祠廟

사직단(社稷壇) 주 서쪽에 있다.

225 17리 : 《대동지지(大東地志)》 권13 〈경기도 파주〉에는 '15리'로 되어 있다.

문묘(文廟) 향교에 있다.

성황사(城隍祠) 주 서쪽 2리에 있다.

여단(厲壇) 주 북쪽에 있다.

능묘 陵墓

공릉(恭陵) 주 남쪽 30리에 있다. 예종(睿宗)의 비 장순왕후(章順王后)의 능이다.

순릉(順陵) 성종(成宗)의 비 공혜왕후(恭惠王后)의 능이다. 바로 공릉의 남쪽 언덕에 있다.

장릉(長陵) 주 서쪽 11리에 있다. 인조 헌문대왕(仁祖獻文大王)의 능으로 인열왕후(仁烈王后)가 부장(祔葬)되어 있다.

윤관(尹瓘) 묘 분수원 북쪽에 있다.

송거신(宋居信) 묘 분수원 북쪽에 있다.

허조(許稠) 묘 주 북쪽 10리에 있다.

조연(趙涓) 묘 주 서쪽 10리에 있다.

심회(沈澮) 묘 주 남쪽 15리에 있다.

성임(成任) 묘 주 서쪽 10리에 있다.

성세순(成世純) 묘, 성수침(成守琛) 묘, 성혼(成渾) 묘 모두 주 북쪽 10리 향양리(向陽里)에 있다.

성세창(成世昌) 묘 주 서쪽 15리에 있다.

이이(李珥) 묘 주 동북쪽 22리 자운산(紫雲山) 아래에 있다.

이광정(李光庭) 묘 주 남쪽 25리에 있다.

사찰寺刹

금강사(金剛寺) 미라산에 있다.

상양사(上陽寺) 백운산에 있다.

호명사(虎鳴寺) 반룡산에 있다.

용상사(龍床寺) 월롱산에 있다. 세속에 전하는 말로는 고려 왕이 일찍이 피란하여 이곳에 머물렀으므로 마침내 이름 지었다고 한다. 지금은 없어졌다.

영은사(靈隱寺) 용발산에 있다.

고적古蹟

파주폐현(坡州廢縣) 주 동북쪽 30리에 있다. 본래 고구려 파해평사현(坡害平史縣)이었는데, 신라 경덕왕(景德王) 때 파평(坡平)으로 고쳐 내소군(來蘇郡)의 영현(領縣)으로 삼았다. 현종(顯宗) 때 장단현(長湍縣)에 편입시켰고 문종(文宗) 때 개성부(開城府)에 예속시켰으며 예종(睿宗) 때 파평현을 두었다. 본조 태조(太祖) 7년(1398)에 서원군(瑞原郡)에 편입시켰으니 바로 지금의 본주(本州)이다.

자운사(慈雲寺) 임진 서쪽 언덕에 있다.

고혜음사(古惠陰寺) 혜음령에 있다. ○ 고려 김부식(金富軾)의 기문[226]에 "봉성현(峯城縣) 남쪽 20리에 작은 절이 있는데, 무너진 지 오래되었지만 고을 사람들은 여전히 그곳을 석사동(石寺洞)이라 부른다. 동남쪽에 위치한 수많은 군현(郡縣)에서 경도(京都)로 오는 사람과 위에서부터 내려오

226 김부식(金富軾)의 기문 : 〈혜음사 신창기(惠陰寺新創記)〉이다. 《東文選 卷64》

는 사람들은 이 혜음령을 넘어오지 않는 이가 없었다. 그러므로 사람은 어깨가 서로 부딪힐 정도이고 말은 발자국이 이어져 죽 계속되어 일찍이 끊긴 적이 없다. 그러나 산세가 깊고 멀며 초목이 무성하여, 호랑이와 이리가 무리를 지어 모여 스스로 편안한 집이나 이로운 곳이라 생각하며 몰래 숨어 엿보다가 때로 나타나 피해를 입힌다. 이런 일뿐만 아니라 간혹 남의 물건을 뺏는 도적들이 지세가 험하여 쉽게 숨을 수 있고 사람들이 두려워하여 쉽게 겁줄 수 있음을 편리하게 여겨 와서 머물면서 간악한 짓을 한다. 양쪽 길을 가는 사람들은 주저하며 감히 앞으로 나가지 못하고 서로 경계하여 많은 사람을 모으고 무기를 지닌 뒤에 지나갔다. 그런데도 오히려 혹 죽음을 면치 못한 사람이 한 해에 수백 명이나 되었다. 왕이 이소천(李少千)에게 명하여 승려 100여 명을 모집하여 그곳에 초막을 짓고 머물게 하였고, 비구(比丘)인 응제(應濟)에게 명하여 그 일을 주관하게 하였다. 기계들을 정비하고 재목과 기와를 모아 경자년(1120, 예종15) 봄에 공사를 시작하여 임인년(1122) 봄에 마무리 지으니, 재사(齋祠)와 휴식처로부터 부엌과 창고에 이르기까지 모두 각각 갖추어졌다. 또 '임금께서 남쪽을 순행하시면, 모르겠지만 한번 행차하여 이곳에서 머물 수도 있으니 당연히 대비를 해야만 한다.'라고 생각하고는 마침내 별원(別院) 하나를 지었으니, 이 또한 아름다워 볼만하였다. 중종(中宗)이 즉위하자 혜음(惠陰)이라고 사액(賜額)하였다." 하였다.

화석정(花石亭) 주 북쪽 15리 율곡(栗谷)에 있다. 지돈녕부사 이명신(李明晨)이 예전부터 거주하던 곳인데 별장의 북쪽 깎아지른 언덕에 정자를 짓고 기이한 꽃과 괴석을 많이 심어 두고 완상하였다. 후에 무너졌는데, 이명신의 손자 이의석(李宜碩)이 관직을 그만두고 돌아와 옛터를 정리하고 정자를 지었고, 이숙함(李淑瑊)이 당나라 이덕유(李德裕)의 평천장(平泉莊)[227]과 관련된 말을 취하여 화석(花石)이라 명명하였다. 지세(地勢)가 구불구불 굽어 돌고 깎아지른 언덕이 우뚝 솟아 있으며 정자는 임진의 석벽(石壁)에 임하고 있다. 선조(宣祖) 때에 이의석의 증손 이이(李珥)가 다시 중건하였는데 지금 다시 무너졌다.

명환名宦

본조

유규(柳規) 장헌왕조(莊憲王朝 세종)에 원평 부사(原平府使)가 되었는데, 청렴하고 소탈하여 치적(治積)이 있었다.

남륜(南倫), **안상진**(安尙縝) 모두 원평 부사가 되었다.

유효진(柳孝眞) 파주 목사(坡州牧使)가 되어 치적이 가장 높아 승진하여 통정대부(通政大夫)에 올랐다.

여윤철(呂允哲) 파주 목사가 되어 정사를 펼칠 때에 청렴하고 공평하였다.

227 평천장(平泉莊) : 당(唐)나라의 명신 이덕유(李德裕)가 평천에 건립한 별장으로 수석(樹石)이 매우 아름다워 〈평천수석기(平泉樹石記)〉를 지었다 한다. 후대에 와서 별장을 평천 또는 평천화석(平泉花石)이라고 흔히 쓴다.

유우流寓

이첨(李詹) 홍주(洪州) 사람이다. 본조 초에 주(州) 서쪽 동산(童山) 아래에 우거하였는데, 널리 배우고 많이 기억하였고 문장으로 세상에 이름이 알려졌다. 후에 관직이 예문관학사 지의정부(藝文館學士知議政府)에 올랐다.

이명신(李明晨) 덕수(德水) 사람이다. 문종(文宗) 혹은 세조(世祖) 때에 지돈녕부사(知敦寧府事)로 관직에서 물러나 주 북쪽 율곡(栗谷)에 거처하였다. 강을 굽어보는 곳에 정사(亭榭)를 짓고 그곳에서 유유자적 지내며 늙으니 세상 사람들이 그의 풍치를 고상하게 여겼다.

성수침(成守琛) 한성(漢城) 사람이다. 만년에 주(州)의 우계(牛溪) 가에 거처하였다. 어버이를 모실 때에 지극한 효행이 있어 보는 사람들이 모두 감화되었다. 일찍이 조광조(趙光祖)를 스승으로 모시고 배웠는데, 문을 닫고 힘써 노력하였다. 날마다 《대학》과 《논어》를 외고, 손수 《통서(通書)》와 〈태극도(太極圖)〉를 베껴 이를 완미하고 연구하는 것으로 즐거움을 삼고 외물에 마음이 얽매이지 않아 늘그막에도 더욱 돈독하게 행하였다. 본조 공헌왕조(恭憲王朝 명종)에 유일(遺逸)로 천거되어 예산 현감(禮山縣監), 적성 현감(積城縣監)에 누차 제수되었지만 모두 관직에 나아가지 않았다. 70여 세에 졸하였다. 성수침은 타고난 자질이 뛰어나고 덕기(德器)가 완성된 사람이었는데, 홍봉세(洪奉世)가 일찍이 공을 칭찬하여 말하기를 "수사선도(守死善道)[228]는 바로 이 사람을 가리킨 말이다."라고 하였다. 이이(李珥) 또한 말하기를 "통달하였지만 법도를 넘지 않았고 개결(介潔)

228 수사선도(守死善道) : 《논어》 〈태백(泰伯)〉에 "독실하게 믿고 배우기를 좋아하며 죽음으로 지켜 도를 선하게 해야 한다.〔篤信好學, 守死善道.〕"라고 한 데서 온 말이다.

하였지만 세속을 도외시하지 않았으니 세상 사람들은 청송(聽松) 선생이라 불렀다."라고 하였다.[229]

백인걸(白仁傑) 한성 사람이다. 본조 공헌왕과 소경왕(昭敬王 선조) 때에 백인걸이 자주 직언(直言)을 하니 조야(朝野)에서 중하게 여겼다. 관직에서 물러나 파주의 별장에서 기거하였는데, 우참찬으로 특별히 불렀다. 백인걸이 조정에 들어갔을 때는 이미 나이가 많았다. 그러나 상이 그를 대우할 때에 예를 다하니, 사문(斯文)을 부지(扶持)하고 인재를 등용하는 것으로 마음을 삼아 늙어도 변함이 없었다.

이이(李珥) 이명신의 5대손이다. 소경왕조에 이이는 유신(儒臣)으로 조야에서 중망을 받았다. 일찍이 관직을 사양하고 옛집으로 돌아와 거처하니, 학자들이 그대로 율곡(栗谷) 선생이라 불렀다. 한성부에 자세히 보인다.

인물 人物

고려

윤신달(尹莘達) 파평 사람이다. 태조(太祖)를 보좌하여 삼한 공신(三韓功臣)이 되었다.

윤금강(尹金剛) 윤신달의 손자이다. 여러 관직을 거쳐 복야(僕射)에 이르렀다. 아들 윤집형(尹執衡) 또한 관직이 좌복야에 이르렀다.

229 이이(李珥)……하였다 : 이이가 쓴 성수침(成守琛)의 행장에 수록된 말이다. 《聽松集 卷2 附錄 行狀》

윤관(尹瓘) 윤집형의 아들이다. 문종조(文宗朝)에 과거에 급제하여 여러 관직을 거쳐 형부 상서(刑部尙書)에 이르렀다. 당시에 여진족이 정주(定州)에 난입하여 백성을 살해하고 노략질을 하니, 왕이 윤관을 동북면 행 영도통(東北面行營都統)으로 삼았다. 여진족을 격퇴하고 추격하여 선춘령(先春嶺)에 이르러 국경으로 삼아 구성(九城)을 설치하고 개선(凱旋)하였다. 이로 인해 관직이 태보 문하시중 판상서이부사(太保門下侍中判尙書吏部事)에 이르렀고 영평현 개국백(鈴平縣開國伯)에 봉해졌다. 졸한 뒤 문숙(文肅)이라는 시호가 내려졌다. 어려서부터 학문을 좋아하여 손에서 책을 놓지 않았고, 장상(將相)이 되어서는 비록 군중에 있을 때라도 늘 오경(五經)을 가지고 다녔다. 현자(賢者)를 좋아하고 선(善)을 좋아하는 것이 당대에 으뜸이었다. 후에 예종(睿宗)의 묘정(廟庭)에 배향되었다.

염신약(廉信若) 봉성(峯城) 사람이다. 인종조(仁宗朝)에 과거에 급제하여 광주 장서기(廣州掌書記)에 조용되었고, 누차 승진하여 정당문학 예부상서(政堂文學禮部尙書)에 이르렀다. 사람이 몸은 작았지만 담대(膽大)하여 지방관을 맡았을 때에 부임하는 곳마다 업적이 있었다.

윤언이(尹彦頤) 윤관의 아들이다. 인종조에 과거에 급제하여 관직이 정당문학에 이르렀다. 문장을 잘 지었고 일찍이 《역해(易解)》를 지었는데 세상에 전한다. 노년에 불법(佛法)을 좋아하였고, 관직에서 물러날 것을 청하여 파평에 거주하다 죽었다. 죽음에 임하여 벽에 글을 쓰기를 "봄이 다시 가을 되니, 꽃이 피었다가 잎이 지네. 동쪽에서나 다시 서쪽에서나 마음을 잘 길렀네. 오늘 도중에서 이 몸을 돌이켜 보니, 만 리나 뻗은 긴 하늘에 한 조각 구름이 열리네.〔春復秋兮 花開葉落 東復西兮 善養眞君 今日途中反觀此身 長空萬里 一片開雲〕"라고 하고는 글을 다 쓰자 죽었다.

윤인첨(尹鱗瞻) 윤언이의 아들이다. 예종조에 과거에 급제하였다. 명종(明宗)이 즉위하자 누차 승진하여 문하시랑평장사(門下侍郎平章事)에 이르렀다. 후에 원수(元帥)가 되어 서경(西京)을 공격하여 조위총(趙位寵)을 격파하여[230] 관직이 상주국 문하시중(上柱國門下侍中)에 이르렀다. 명종의 묘정(廟庭)에 배향되었다. 아우 윤돈신(尹惇信)은 관직이 병부 시랑(兵部侍郎)에 이르렀다.

윤세유(尹世儒) 윤관의 손자이다. 희종조(熙宗朝)에 우어사(右御史)가 되었고 문학으로 세상에 명망이 있었다. 조정에 불평스러운 점이 있으면 매번 시(詩)에 의탁하여 비방하고 풍자하니 당시 사람들이 광인이라 불렀다.

윤선좌(尹宣佐) 윤관의 7세손이다. 과거에 장원 급제하였다. 충숙왕(忠肅王) 때에 심왕(瀋王) 왕호(王暠)가 왕위를 엿보고 있었는데, 왕호의 당여(黨與)들이 원나라 조정에 글을 올려 왕호를 임금으로 세워 줄 것을 청하려고 백관(百官)을 모아 놓고 서명을 받았다. 윤선좌는 서명하지 않고 말하기를 "신하이면서 군주를 비난하는 일은 개나 돼지도 하지 않는다."라고 하고는 침을 뱉고 떠났다. 후에 관직이 첨의평리(僉議評理)에 이르렀다. 평소에 가산(家産)을 돌보지 않았고 교유를 삼가 한가로이 거처할 때에 늘 빈객을 대접하듯 하였고, 오직 경사(經史)만을 즐겼다. 시문(詩文)이 청아하고 순하였다.

윤안숙(尹安淑) 윤관의 후손이다. 관직이 첨의찬성사(僉議贊成事)에 이르

230 조위총(趙位寵)을 격파하여 : 조위총이 병부 상서(兵部尙書)로 서경 유수(西京留守)를 겸직하고 있던 중 1170년(의종24) 정중부(鄭仲夫), 이의방(李義方) 등이 무신정변을 일으키자 이들을 토벌한다는 명분을 내걸고 1174년(명종4) 군사를 일으켰는데, 이를 윤인첨(尹鱗瞻)이 토벌한 것을 말한다.

렀다. 시호는 양간(良簡)이다.

염제신(廉悌臣) 염신약의 후손이다. 어려서 아버지를 잃고 고모부인 원나라 평장사 말길(末吉)의 집에서 자랐다. 원나라 태정제(泰定帝)가 보고 기특히 여겨 궁궐에서 숙위(宿衛)하도록 명하였다. 오랫동안 어머니를 살피지 못했다는 이유로 휴가를 청하자 태정제가 명하여 금강산(金剛山)에 향을 내리는 일을 맡게 하였다. 원나라로 돌아가서 사명을 받아 강소(江蘇)와 절강(浙江)에 사신을 갔고 청백(淸白)으로 소문이 났다. 고려 공민왕(恭愍王)이 사신을 보내 염제신을 돌려보내 줄 것을 청하자, 태정제가 휘정원(徽政院)에서 연회를 베풀어 주고 보내면서 직접 염제신의 모습을 그려 내려 주며 말하기를 "시중(侍中)은 중원에서 학문을 하였고 성품이 고결하니 조정의 다른 신하들과 비교할 수 없다."라고 하였다. 관직이 영문하부사 곡성백(領門下府事曲城伯)에 이르렀다. 총재(冢宰)로 재직한 것이 모두 29년이었고 시호는 충경(忠敬)이다. 세 아들이 모두 현달하였으니, 염국보(廉國寶)는 중대광 서성군(重大匡瑞城君)이 되었고, 염흥방(廉興邦)은 재상에 제수되었으며, 염정수(廉廷秀)는 판전의시사 우문관제학(判典儀寺事右文館提學)이 되었다.

윤척(尹陟) 윤안숙의 아들이다. 관직이 영평군(鈴平君)에 이르렀다. 아들 윤승례(尹承禮)는 판도 판서(版圖判書)가 되었다.

본조

윤곤(尹坤) 윤관의 후손이다. 좌명 공신(佐命功臣)이 되었고 파평군(坡平君)에 봉해졌다. 시호는 소정(昭靖)이다.

윤번(尹璠) 윤승례의 아들이다. 관직은 영의정부사(領議政府事)에 증직되었으며 시호는 정정(貞靖)이다. 딸은 세조(世祖)의 비(妃) 정희왕후(貞熹王后)이다.

윤암(尹巖) 숙경옹주(淑慶翁主)에게 장가들었고 좌익 공신(佐翼功臣)으로 파평군에 봉해졌다.

윤사분(尹士昐) 윤번의 아들이다. 관직이 의정부 우의정에 이르렀다. 시호는 이정(夷靖)이다.

윤사윤(尹士昀) 윤사분의 아우이다. 장헌왕조(莊憲王朝 세종)에 갑과(甲科) 1등으로 급제하였다. 혜장왕조(惠莊王朝 세조)에 여러 관직을 거쳐 공조 판서가 되었으며 시호는 성안(成安)이다.

윤사흔(尹士昕) 윤사윤의 아우이다. 강정왕(康靖王 성종)을 섬겨 좌리 공신(佐理功臣)에 참여하였으며 관직이 우의정에 이르렀고 파천부원군(坡川府院君)에 봉해졌다. 시호는 양평(襄平)이다. 아들 윤계겸(尹繼謙)은 익대좌리 공신(翊戴佐理功臣)에 참여하였고 관직이 형조 판서에 이르렀으며 영평군(鈴平君)에 봉해졌다.

윤호(尹壕) 문과에 급제하여 관직이 우의정에 이르렀으며 국구(國舅)로 영원부원군(鈴原府院君)에 봉해졌다.

윤필상(尹弼商) 윤곤의 증손이다. 과거에 급제하여 관직이 의정부 영의정에 이르렀다. 사람이 왜소하였지만 담력이 있고 지략이 있었다. 헌종황제(憲宗皇帝)가 건주(建州)의 야인(野人)을 토벌하기 위하여 본국에 병사를 보내 줄 것을 요구하였다. 강정왕이 윤필상에게 명하여 도원수(都元帥)로 삼으니 군대를 이끌고 가 정벌을 도와 크게 승리하고 전리품을 바쳤다. 황제가 조서(詔書)를 내려 매우 후하게 포장(褒奬)하고 하사품을 내렸다. 파평부원군(坡平府院君)에 봉해졌다. 연산군(燕山君) 때에 진도(珍島)로 유배를 가 해를 입었다.

성혼(成渾) 성수침(成守琛)의 아들이다. 어릴 때에 과거 공부를 버리고 학문에만 전심하였다. 소경왕(昭敬王 선조) 초에 학문과 행실이 탁월하다는 이유로 누차 헌관(憲官)에 제수되었지만 고사(固辭)하고 관직에 나아가지 않았다. 또 간절히 불러 서울에 오게 하여 상이 치도(治道)에 대해 자문하였는데, 대답하기를 "치란(治亂)은 일정함이 없으니, 단지 임금의 한 마음에 달려 있습니다. 그러나 반드시 현명한 보상(輔相)을 얻어 그들로 하여금 널리 준걸들을 구하여 여러 직위에 배치한 뒤라야 다스림과 교화를 이룰 수 있을 것입니다."라고 하였다. 이어 상소하여 심학(心學)의 요체에 대해 논하고, 폐단을 혁파하고 백성을 보호하는 계책을 논하였다. 후에 조정으로 불러 이조 참판으로 삼았지만 오래지 않아 사직하고 돌아갔다. 임진왜란 때에 상은 서쪽으로 피란하고 세자가 이천(伊川)에 머물면서 검찰사(檢察使)에 제수하니, 성혼은 부름에 달려가 인하여 행재소(行在所)로 나아갔고 참찬(參贊)에 제수되었다. 얼마 뒤 치사(致仕)하고 파산(坡山)으로 돌아와 졸하였다. 성혼의 학문은 이황(李滉)을 존모하여 주자(朱子)의 학문을 법도로 삼았으며, 집에서는 지행(至行)이 있었고 사람 가르치는 일을 게을리하지 않았다. 이이(李珥)와 함께 일찍이 사단칠정(四端七情)과 이기(理氣)의 선후에 대한 설을 논하여 수천 마디를 주고받았는데 분변하여 분명하게 한 것들이 많았다. 이이가 일찍이 말하기를 "호원(浩原)은 조행(操行)이 돈독하고 확고하니 내가 미치지 못하는 부분이다."라고 하였다. 시호는 문간(文簡)이다. 학자들이 우계(牛溪) 선생이라 불렀다.

고양군高陽郡

동쪽으로 양주(楊州) 경계까지 14리이고, 남쪽[231]으로 교하현(交河縣) 경계까지 21리이고, 남쪽으로 양천현(陽川縣) 경계까지 26리이고, 북쪽으로 파주(坡州) 경계까지 19리이다. 서울과의 거리는 39리[232]이다.

한전旱田

수전水田

건치연혁建置沿革

본래 고구려 달을성현(達乙省縣)인데 신라 경덕왕(景德王) 때 고봉(高峯)으로 개명하고 교하군(交河郡)의 영현(領縣)으로 삼았다. 고려 현종(顯宗) 때[233] 양주(楊州)로 편입시켰다. 본조 태조 3년(1394)에 다시 고

231 남쪽 : 《신증동국여지승람》 권11 〈경기 고양군〉에는 '서쪽'으로 되어 있다.
232 39리 : 《신증동국여지승람》 권11 〈경기 고양군〉에는 '37리'로 되어 있다.
233 고려 현종(顯宗) 때 : 1018년(현종9)이다. 《新增東國輿地勝覽 卷11 京畿 高陽郡》

봉현(高峯縣)을 두었고 행주(幸州)를 병합하였다. 태종(太宗) 때에 고쳐 고양현(高陽縣)으로 삼았다. 성종(成宗) 2년(1471)에 경릉(敬陵)과 창릉(昌陵)이 있다는 이유로 승격시켜 군으로 삼았다. 광해군(光海君) 때에 벽제역(碧蹄驛)으로 치소(治所)를 옮겼다. 관장하는 면(面)은 □개[234]이다. 관원은 군수(郡守)와 훈도(訓導)이다. 각 1인이다.

군명郡名

고봉(高峯)

산천山川

장령산(長嶺山) 군 북쪽 18리에 있다.

대자산(大慈山) 군 남쪽 10리에 있다.

고령산(高嶺山) 군 동북쪽 10리[235]에 있다.

건자산(巾子山) 군 서쪽 20리[236]에 있다.

견달산(見達山) 군 서쪽 14리[237]에 있다.

건지산(巾之山) 군 남쪽 5리에 있다.

234 □개 : 《여지도서(輿地圖書)》에 의하면 고양군의 관할 면은 8개이다.

235 동북쪽 10리 : 《신증동국여지승람》 권11 〈경기 고양군〉에는 '서쪽 15리'로 되어 있다.

236 20리 : 《신증동국여지승람》 권11 〈경기 고양군〉에는 '15리'로 되어 있다.

237 14리 : 《신증동국여지승람》 권11 〈경기 고양군〉에는 '10리'로 되어 있다.

혜음령(惠陰嶺) 군 북쪽 9리[238]에 있다.

성산(城山) 행주(幸州)에 있다. 군과의 거리는 남쪽으로 20리이다. 성산 위에는 흙으로 쌓은 옛 성이 있다. 선조 26년(1593)에 왜적이 경성(京城)을 점거하였는데, 전라 순찰사(全羅巡察使) 권율(權慄)이 군사를 거느리고 진군하여 이 산에 주둔하였다. 왜병이 종일토록 산을 포위하여 공격하였지만 권율이 힘써 싸워 크게 격파하니 죽거나 다친 왜적이 무수히 많았다. 후에 사람들이 비석을 세워 전공을 기록하였다.

압도(鴨島) 군 남쪽 20리[239]에 있다. 둘레가 22리이다. 갈대가 자라는데 선공감(繕工監)에서 매년 베어다 국용(國用)으로 충당한다.

박만도(朴萬島) 군 남쪽 15리에 있다. 둘레가 10리이다.

가둔천(街頓川) 또 다른 이름은 보신천(寶信川)이다. 군 남쪽 13리[240]에 있다. 양주(楊州) 홍복산(弘福山)에서 발원하여 교하현(交河縣)에 이르러 금척진(金尺津)이 된다.

한강(漢江) 군 남쪽 20리에 있다. 양화나루〔楊花渡〕 하류이다.

토산土産

웅어〔葦魚〕, 게〔蟹〕, 은구어(銀口魚 은어)

238 북쪽 9리 : 《신증동국여지승람》 권11 〈경기 고양군〉에는 '남쪽 15리'로 되어 있다.
239 20리 : 《신증동국여지승람》 권11 〈경기 고양군〉에는 '15리'로 되어 있다.
240 남쪽 13리 : 《신증동국여지승람》 권11 〈경기 고양군〉에는 '동쪽 5리'로 되어 있다.

학교學校

향교(鄕校) 군 동쪽 1리에 있다.

궁실宮室

객관(客館)

봉수烽燧

소질달산 봉수(所叱達山烽燧) 군 북쪽 15리에 있다. 북쪽으로 파주(坡州)의 대산(大山)과 응하고 동쪽으로 서울의 무악(毋嶽)과 응한다.

고봉성산 봉수(高峯城山烽燧) 군 서쪽 15리에 있다. 서쪽으로 교하현의 검단산(黔丹山)과 응하고 동쪽으로 봉현(蜂峴)과 응한다.

봉현 봉수(蜂峴烽燧) 군 동쪽 15리에 있다. 서쪽으로 고봉성산과 응하고 동쪽으로 서울의 무악과 응한다.

우역郵驛

벽제역(碧蹄驛) 군 동쪽 15리에 있다. 중국의 사신(使臣)이 왕경(王京)으로 들어오기 하루 전에 반드시 이 역에서 유숙한다. 명나라 예겸(倪謙)의 시에,

왕경으로 들어가는 길에 밤기운 찬데	路入王京夜氣寒
두 행렬 붉은 횃불은 나그네 안장을 비추네	兩行紅炬照征鞍
청산을 지나온 것 얼마나 될까	靑山過盡知多少

자세하게 살펴보진 못했구나　　　　不得分明着眼看

하였다.

덕수원(德水院) 군 동쪽 7리에 있다.

인후원(仁厚院) 군 북쪽 10리에 있다.

중방원(重房院) 군 동쪽 50리에 있다.

흥복원(興福院) 군 북쪽 10리에 있다.

관량關梁

덕명교(德明橋) 군 남쪽 13리에 있다. 물에 놓인 홍문(虹門)은 6개이다.

덕수천교(德水川橋) 군 남쪽 19리에 있다. 돌로 세 개의 홍문을 만들었고 덕수천에 놓여 있다.

사묘祠廟

사직단(社稷壇) 군 서쪽에 있다.

문묘(文廟) 향교에 있다.

성황사(城隍祠) 하나는 군 서쪽 15리에 있고, 하나는 행주(幸州)에 있다.

여단(厲壇) 군 북쪽에 있다.

능묘陵墓

경릉(敬陵) 본조 덕종 회간대왕(德宗懷簡大王)의 능이다. 군 동쪽 10리에 있다. 서울과의 거리는 30리이다. 소혜왕후(昭惠王后)가 부장(祔葬)되어 있다.

창릉(昌陵) 경릉의 북쪽에 있다. 예종 양도대왕(睿宗襄悼大王)의 능이다. 안순왕후(安順王后)가 부장되어 있다.

희릉(禧陵) 군 서남쪽 25리에 있다. 중종(中宗)의 비(妃) 장경왕후(章敬王后)의 능이다. 처음에는 광주(廣州)에 장사 지냈는데, 중종 32년(1537)에 이곳으로 천장(遷葬)하였다.

효릉(孝陵) 희릉 북쪽 2리에 있다. 인종 영정대왕(仁宗榮靖大王)의 능이다. 인순왕후(仁順王后)가 부장되어 있다.

고려 공양왕(恭讓王) **능** 견달산에 있다.

최영(崔瑩) **묘** 대자산에 있다. 지금까지 무덤 위에 풀이 자라지 않는다. ○ 본조 변계량(卞季良)의 시[241]에,

위엄 떨쳐 나라 구하느라 귀밑머리 희어졌으니	奮威匡國鬢星星
말 배우는 거리의 아이마저 죄다 장군 이름 아는구나	學語街童盡識名
한 조각 장한 뜻은 응당 사라지지 않으리니	一片壯心應不死
천추토록 영원히 태산과 같이 우뚝하리	千秋永與太山橫

하였다.

성녕대군(城寧大君) **묘** 대자산에 있다.

월산대군(月山大君) **묘** 군 북쪽 2리에 있다.

소현세자(昭顯世子) **묘** 효릉 동쪽 2리에 있다.

황치신(黃致身) **묘** 군 북쪽 16리 덕수촌(德水村)에 있다.

241 변계량(卞季良)의 시 : 〈최 시중을 곡하다(哭崔侍中)〉이다. 《春亭集 卷2》

기건(奇虔) 묘 군 원당리(元堂里)에 있다.

최립(崔岦) 묘 압도에 있다.

사찰寺刹

대자암(大慈菴) 대자산에 있다.

정인사(正因寺) 경릉 동쪽에 있다. 능의 재궁(齋宮)에 김수온(金守溫)의 기문[242]이 있다.

나암사(羅巖寺) 군 동쪽 15리에 있다.

소화사(小華寺) 군 남쪽 15리 호숫가에 있다.

어침사(魚沈寺) 고령산에 있다.

흥복사(興福寺) 무을고리(無乙古里)에 있다.

고적古蹟

고고봉현(古高峯縣) 지금의 치소 서쪽 15리에 있다. 봉(峯) 자가 다른 본에는 봉(烽) 자로 되어 있다. ○ 고려 김부식(金富軾)이 이르기를 "한씨(漢氏)의 아름다운 딸이 달을성현(達乙省縣) 높은 산 정상에서 봉화를 피워 안장왕(安藏王)을 맞이하였기 때문에 후에 고봉(高烽)이라 이름 지었다."라고 하였다.

행주폐현(幸州廢縣) 현 남쪽 15리에 있다. 본래 고구려 개백현(皆伯縣)인

242 김수온(金守溫)의 기문 : 〈정인사 중창기(正因寺重創記)〉이다. 《拭疣集 卷2》

데 신라 경덕왕(景德王) 때 우왕(遇王)으로 개명하였다. 왕봉(王逢)이라고도 한다. 개명하고는 한양군(漢陽郡)의 영현(領縣)으로 삼았다. 고려 초에 행주(幸州)로 개명하였는데 일명 덕양(德陽)이라고도 한다. 현종(顯宗) 때에 양주(楊州)로 편입시켰다. 본조 초에 고봉(高峯)에 병합하였다. ○ 김부식이 이르기를 "한씨(漢氏)의 아름다운 딸이 개백현에서 안장왕을 맞이하였기 때문에 왕봉으로 개명하였다."라고 하였다.

부원폐현(富原廢縣) 군 동쪽 30리에 있다. 자세한 내용은 한성부(漢城府)에 있다.

황조향(荒調鄕) 군 서쪽 15리에 있다. 본래 부평부(富平府) 땅인데 본조 초에 5리를 파주군에 병합하였다. 속칭 주엽리(注葉里)라고 한다.

고고양(古高陽) 지금의 치소 서쪽 5리에 있다.

인물 人物

고려

기홍수(奇洪壽) 행주 사람이다. 어려서부터 글씨를 잘 쓰고 문장을 잘 지었다. 장성하자 무반(武班)에 종사하여 관직이 삼중대광(三重大匡) 문하시랑(門下侍郎)에 이르렀다.

기자오(奇子敖) 정중부(鄭仲夫)가 난을 일으킨 이후에 권신들이 서로 줄을 이었지만 기자오는 조용하게 도리로 시종일관 왕실을 부지하여 옛 왕업을 잃지 않게 하였다. 기자오의 막내딸이 원 순제(元順帝)의 제2황후가 되어 태자 애유식리달랍(愛猷識理達臘)을 낳았다. 이로 인해 원나라에서 기자오에게 병덕승화육경 공신(秉德承和毓慶功臣)을 증직하고 영안왕(榮安王)에 봉하였으며, 아들 기철(奇轍)은 행성참지정사(行省參知政事)로 삼았다. 본국에서는 기철은 부원군(府院君)이 되었고, 기원(奇轅)은 덕양군(德陽君)이 되었다.

본조

기건(奇虔) 한성부에 보인다.

정지운(鄭之雲) 그의 선조가 경주(慶州)에서 고양으로 이주하였다. 정지운은 김정국(金正國)에게 배워 전심으로 강론하고 연구하였는데, 일찍이 《역(易)》을 10년 동안 읽으면서 게을리하지 않았다. 효(孝)와 의(義)를 돈독히 실행하여 알려지기를 구하지 않았고 학문으로 즐거움을 삼았으며 집이 가난하여 죽조차 계속 먹지 못하였지만 태연자약하였다. 일찍이 《천명도설(天命圖說)》을 지었는데, 이황(李滉)이 이를 보고서 높이 평가하였다.

민순(閔純) 원래 관향은 여주(驪州)였지만 후에 행주 사람이 되었다. 어려서 학문에 뜻을 품고 서경덕(徐敬德)에게 배워 주정(主靜)의 설에 대해 듣고 깊이 완미하였고, 경전(經傳)에 침잠하여 자득한 것이 많았다. 소경왕(昭敬王 선조) 초에 효의(孝義)로 누차 천거되어 조정에 나아가 사헌부 지평(司憲府持平)에 제수되었다. 당시에 인순왕후(仁順王后) 상(喪)의 졸곡(卒哭) 복제(服制)를 예관(禮官)이 오모(烏帽)와 흑대(黑帶)로 정하였는데, 민순이 송 효종(宋孝宗)이 사용했던 백모(白帽)를 쓰고 삼년상을 치르는 제도를 시행하자고 청하였으므로 마침내 제도로 정해졌다. 외직으로 나가 용강 현령(龍岡縣令)이 되었는데, 이르는 곳마다 지성으로 백성을 어루만지니 백성들이 모두 아끼고 존중하였다. 내직으로 들어와서는 장령

(掌令)이 되었고, 후에 누차 주군(州郡)의 수령에 제수되었으나 나아가지 않았다. 행촌거사(幸村居士)라 자호하였다.

유우 流寓

신효(申曉) 본조 태종(太宗) 때에 과거에 장원 급제하였다. 사간원 정언(司諫院正言)에서 파직되어 유촌(柳村)의 농막으로 돌아가 벼슬하지 않고 서호산인(西湖散人)이라 자호하였다.

김정국(金正國) 공희왕조(恭僖王朝 중종)에 유신(儒臣)으로 승지가 되었고 누차 관찰사가 되었지만 기묘사화(己卯士禍)에 연루되어 물러나 군(郡)의 망동(芒洞)에 거처하였다. 작은 정자에 은휴(恩休)라 편액하고는 제생(諸生)들과 끊임없이 강론하였다. 이어 《성리대전(性理大全)》을 초록(抄錄)하여 《성리대전절요(性理大全節要)》 4권을 만들었고, 또 역대 승통도(承統圖)를 만들고는 우리나라의 승통을 부기(附記)하였다. 그리고 의서(醫書)를 모아 《촌가구급방(村家救急方)》을 만들고, 또 《척언(摭言)》 한 책을 저술하였으니 세상에 유행하고 있다. 망동에 거주한 지 19년 만에 다시 관직에 나아가 병조 참판이 되었다. 자세한 내용은 한성부에 보인다.

열녀 列女

석금(石金) 본군의 아전 식배(植培)의 아내이다. 본조 노산군(魯山君 단종) 때에 식배가 사형을 당하였는데, 석금은 6일 동안 먹지 않고 밤낮으로 울부짖으며 말하기를 "나는 응당 먼 곳으로 유배 갈 것인데, 반드시 압송하는 사람에게 몸을 더럽히게 될 테니 사는 것이 죽느니만 못하다."라고 하고는 마침내 목을 매어 자결하였다.

영평현永平縣

동쪽으로 포천현(抱川縣) 경계까지 32리이고, 서쪽으로 연천현(漣川縣) 경계까지 34리이고, 남쪽으로 포천현 경계까지 16리, 같은 현 경계까지 20리이고, 북쪽으로 강원도 철원부(鐵原府) 경계까지 39리이다. 서울과의 거리는 140리이다.

한전旱田

수전水田

건치연혁建置沿革

본래 고구려 양골현(梁骨縣)인데 신라 경덕왕(景德王) 때 동음(洞陰)으로 개명하여 견성군(堅城郡)의 영현(領縣)으로 삼았다. 고려 현종(顯宗) 때[243] 동주(東州)로 편입되었고, 예종(睿宗) 때에 다시 동음현을 두었는데 후에 영흥현(永興縣)이 되었다. 본조 태조(太祖) 3년(1394)에 고쳐

243 고려 현종(顯宗) 때 : 1018년(현종9)이다.《新增東國輿地勝覽 卷11 京畿 永平縣》

영평현으로 삼았다. 관장하는 면(面)은 4개이다. 관원은 현령(縣令)과 훈도(訓導)이다. 각 1인이다.

군명 郡名

동음(洞陰), 양골(梁骨), 영흥(永興)

산천 山川

백운산(白雲山) 현 동쪽 60리에 있다. 높고 커서 이 지역에서 으뜸이고, 운무가 산 정상에서 많이 피어오른다. 이 산의 동쪽은 바로 강원도 춘천부(春川府)이다.

혜재산(惠才山) 현 북쪽 40리에 있다.

수일산(水日山) 현 동쪽 18리[244]에 있다. 또 다른 이름은 풍혈산(風穴山)이다. 서쪽에 높이 솟은 산은 금주산(金柱山)이다.

관음산(觀音山) 현 동쪽 30리에 있다. 백운산 한 자락이 북쪽으로 나와 서쪽으로 이어져 이 산이 된다. 자등현(慈燈峴)이 그 사이에 있다.

불목산(佛目山) 현 북쪽 5리에 있다. 관음산이 서쪽으로 이어져 오던 것이 끊어졌다 다시 솟은 것이다.

금장산(金藏山) 현 북쪽 20리에 있다.

보장산(寶藏山) 현 서쪽 10리에 있다.

244 18리 : 《신증동국여지승람》 권11 〈경기 영평현〉에는 '20리'로 되어 있다.

청계산(青溪山) 현 동쪽 30리에 있다.

종현산(鍾賢山) 현 서쪽 20리에 있다. 남쪽으로 포천현(抱川縣)의 해룡산(海龍山)과 이어져 있다.

자등현(慈燈峴) 현 동북쪽 50리에 있다. 자등현 남쪽 기슭 아래에 옛날에 자등사(慈燈寺)가 있었으므로 이렇게 이름 지어졌다.

백운동(白雲洞) 현 동북쪽 50리 백운산 아래에 있다. 산양천(山羊遷)에서 시내를 따라 난 길로 들어가다 보면 길이 끝날 때쯤 골짜기 입구가 비로소 넓어지고 평야가 있다. 속칭 주루평(注婁坪)이라고 한다. 또 북동쪽에서 산속으로 들어가면 백운사(白雲寺)가 있는데, 백운계(白雲溪)가 이곳에서 발원한다.

풍류암(風流巖) 현 동쪽 7리에 있다.

응암(鷹巖) 현 동쪽 50리에 있다. 백운동 안에 봉우리가 하나 우뚝 솟아 있는데, 지나가던 매나 새매들이 그 바위 위에서 멈추고 휴식을 취하기 때문에 이름 지어졌다.

창옥병(蒼玉屛) 현 서쪽 20리에 있다. 산언덕이 깎아지른 듯 우뚝 솟아 높이가 수백 자나 되고 백운계가 그 아래를 지나가며 돌의 색깔은 짙푸르니 창옥병이라 명명한 것이다. 창옥병 남쪽 2, 3리쯤에 또 청학대(靑鶴臺)와 백학대(白鶴臺)가 있는데, 모두 본조의 박순(朴淳)이 노닐고 완상하던 곳이다.

백운계(白雲溪) 현 서쪽 5리에 있다. 속칭 전탄(箭灘)이라고 한다. 물은 백운산에서 발원하여 포천현의 칠리탄(七里灘)과 합쳐져 흘러 현의 남쪽을 경유하여 우두연(牛頭淵)이 되고 청령담(淸泠潭)이 되고, 서쪽으로 흘러 현의 서쪽 30리에 이르러 양주(楊州)의 대탄(大灘)으로 들어간다.

체천(砌川) 현 북쪽 17리에 있다. 바로 강원도 철원부(鐵原府) 체천의 하류이다. 양쪽 언덕 석벽(石壁)이 계단과 비슷하기 때문에 이름 지어졌다. 직탄(直灘)이라는 여울물이 있으니 남쪽으로 흘러 현의 서쪽 30리 양주 경계에 이르러 대탄이 된다.

화적연(禾積淵) 현 북쪽 30리 철원부 경계 체천의 상류에 있다. 물속에 솟아오른 바위가 있는데 우뚝 솟아 높이가 수백 자나 되고 솟아오른 모습이 마치 벼가 쌓인 듯하다. 그 아래에 물이 용솟음하며 못으로 흘러 들어가는데 깊이를 측량할 수 없어 굽어보면 겁이 날 정도이다. 가뭄이 들어 기우제를 지내면 효험이 있다. ○ 박순(朴淳)의 시[245]에,

용이 승천하듯 높은 바위는 구름으로 솟아 있고	穹石入雲龍矯矯
눈 쌓인 듯 거센 여울은 골짝에서 흘러오네	危灘出峽雪層層
우렁찬 물소리 풍이의 굴[246]로 쏟아지니	百雷躍下馮夷窟
깊은 못 매우 맑아 만 장까지 투명하네	蓄黛渟膏萬丈澄

하였다.

유리연(琉璃淵) 속칭 유리연(流里淵)이라고 한다. 현 동쪽 10리에 있다.

백로주(白鷺洲) 현 남쪽 11리에 있다. 포천의 칠리탄 물이 여기에 이르러 돌아 흘러 징담(澄潭)이 된다. 징담 가운데 석봉(石峯)이 있는데, 오래된 소나무가 돌 위에 곧게 서 있고 양쪽 언덕은 모두 석벽(石壁)과 기암(奇巖)이다. 그 사이의 사저(沙渚)를 백로주라 한다. 본조 허목(許穆)의 기문[247]에

245 박순(朴淳)의 시 : 〈화적연(禾積淵)〉이다.《思菴集 卷2》

246 풍이(馮夷)의 굴 : 화적연(禾積淵)을 가리킨다. 풍이는 수신(水神), 즉 하백(河伯)의 이름이다.

247 허목(許穆)의 기문 : 〈백로주기(白鷺洲記)〉이다.《記言 卷27》

"경성의 동북쪽에 유람할 만한 산수 중에는 영평의 백운계와 백로주가 가장 아름답다."라고 하였다.

토산土産

동철(銅鐵), 수일산에서 난다. 무쇠〔水鐵〕, 현 북쪽 금동(金洞)에서 난다. 자기(磁器), 석회(石灰), 안식향(安息香), 송이버섯〔松蕈〕, 석이버섯〔石蕈〕, 인삼(人蔘), 오미자(五味子), 산갓〔山芥〕, 당귀(當歸), 꿀〔蜂蜜〕, 황랍(黃蠟)

학교學校

향교(鄕校) 현 서쪽 3리에 있다.

옥병서원(玉屛書院) 현 서쪽 20리 백운계 가에 있다. 당시에 현의 사람들이 박순(朴淳)이 우거하던 터에 서원을 건립하고 이어 사당을 세워 박순을 제사 지냈다.

궁실宮室

객관(客館)

이양정(二養亭) 현 서쪽 20리에 있다. 고(故) 상신(相臣) 박순(朴淳)이 관직에서 물러나 거처하며 지은 것이다. 박순이 스스로 기문을 지었는데,[248] 기문은 다음과 같다.

"내가 병술년(1586, 선조19) 가을에 승은(承恩)을 입어 영평(永平)에 있는 초정(椒井)에서 목욕을 하였는데, 그 산수를 유람하고 진심으로 기뻐하여 마침내 이곳에 집을 짓고 거처하였다.

우리 동방의 산수 중에 이 영평현이 가장 유명하고, 영평현 중에서 말해 본다면 청령담(淸泠潭)이 가장 빼어난 곳이다. 청령담은 바로 백운계의 물이 모이는 곳이며 백운산에서 발원한다. 종현산(鍾賢山)의 동쪽 지맥이 청령담에 이르러 절벽이 되므로 물 밑에는 모두 온전한 돌이 깔려 있다. 높이 솟은 돌은 수면 위에 드러나 기괴하게 뒤섞여 늘어선 모습이 마치 거북이나 용이 햇볕을 쬐는 듯, 마치 작은 섬이 바다에 떠 있는 듯하다. 청령담을 내려다보는 절벽에 솟은 바위가 대(臺)가 된 것이 모두 넷이다. 하나는 백학대(白鶴臺)이고 또 하나는 청학대(靑鶴臺)인데, 흰 학 네 마리와 푸른 학 한 마리가 때로 사저(沙渚)를 오가니 모두 사실을 기록한 것이다. 나머지 둘은 산금대(散襟臺)와 수경대(水鏡臺)이고, 그 가운데에 끼어 있는 석상(石床)은 토운(吐雲)이다. 바위 밑부분이 물속에서 기울어져 1말들이 정도의 웅덩이가 형성된 것은 와준(窪尊)이고, 청령담이 긴 여울로 쏟아져 서쪽으로 꺾여 못이 된 것은 명옥(鳴玉)이다. 조물주가 솜씨를 마음껏 부린 우뚝한 벼랑이 하늘에 닿은 채 뿌리는 여울과 못에 잠겨 있으니, 이것은 창옥병(蒼玉屛)이다. 청령담의 서쪽에 지어 놓은 집은 배견와(拜鵑窩)인데, 매년 봄여름 창옥병에 두견새

248 박순이……지었는데 : 〈이양정기(二養亭記)〉이다. 《思菴集 卷4》

가 와서 구슬피 울어 텅 빈 산에 울려 퍼지면 듣는 사람들은 절로 감회에 젖는다. 또 청령담 절벽 중 가장 높은 곳에다 떠풀을 엮어 정자를 만들었는데 그 이름은 이양정(二養亭)이니, 이천(伊川)의 양덕(養德)과 양체(養體)의 뜻을 취한 것이다.

보건대 그 왼쪽에는 우뚝한 벼랑이 있고 오른쪽으로는 네 개의 대와 이어져 있으니, 모두 높은 산을 등졌고 형세는 맑고 깊다. 뭇 봉우리와 솟아오른 바위들이 안쪽을 향하여 공손히 읍하고 있고, 단단한 바위와 옥처럼 깨끗한 들판이 보는 곳마다 빙 둘러 있으니 안개와 남기(嵐氣)를 토하고 삼키며 숲과 들은 안개에 가려 있다. 사계절 기후가 달라짐에 따라 여러 가지로 변하여 모습을 바꾸니 기이함을 다투고 빼어남을 자랑하여 각자 서로 양보하지 않는다. 이러한 모든 경관들이 더불어 정신(精神)을 모아서 나의 침석(枕席) 사이 눈앞에 펼쳐 놓으니, 나를 위해 축적한 것인지라 매일 이와 더불어 즐기면서 한가로이 노닐며 시를 읊조린다. 경치가 깨끗하여 마음에 맞는지라 산이 막혀 있는지 자신이 멀리 와 있는지 날짐승 길짐승이 시기하는지도 모르니, 누가 이렇게 만든 것인가? 이 청령담이 나를 만나서 그런 것이 아니겠는가.

이름을 짓고 기문을 쓴 사람은 이양정의 주인이고, 큰 글자와 작은 글자를 쓴 사람은 주부(主簿) 한호(韓濩)이며, 열한 곳 바위에다 새긴 사람은 수재(秀才) 신이(辛夷)이다. 때는 만력 16년(1588)이다."

○ 박순의 시[249]에,

이따금 들려오는 외마디 산새 소리 谷鳥時時聞一箇

249 박순의 시 : 〈이양정 벽에 쓰다(題二養亭壁)〉이다. 《思菴集 卷2》

쓸쓸한 책상에는 책들만 널려 있네　匡床寂寂散群書
매번 가련타 백학대 앞의 물이　每憐白鶴臺前水
산문을 나가면 곧 흙탕물이 되는 것　纔出山門便帶淤

하였다.

금수정(金水亭) 현 서쪽 15리에 있다. 정자는 백운계 석벽 위에 자리하고 있다. 본조 양사언(楊士彥)이 따로 지었다. 양사언이 매번 달이 뜬 밤에 정자 위에서 금(琴)을 연주하였고 시를 지어 석벽에 새겼다. 그 시[250]에,

녹기금[251] 소리 백아의 마음이요　綠綺琴伯牙心
종자기만이 비로소 그 음을 아니　鍾子始知音
한 곡 탈 때마다 다시 한 수 읊조리네　一皷復一吟
청량한 허뢰[252]가 먼 봉우리에서 일어나니　泠泠虛籟起遙岑
강에 비친 달은 곱디곱고 강물은 깊어라　江月娟娟江水深

하였다. 필세(筆勢)가 용과 뱀처럼 생동적이다. ○ 박순의 시에,

절벽 위에 깎아 올린 작은 처마와 기둥　崖巓鑿架小簷楹
승경을 가려 장인의 솜씨 수고롭혔네　選勝應勞意匠營
교목이 둘러싸 깊으니 외로운 고을 작고　喬木擁深孤縣小
산봉우리 가운데 터졌으니 시내는 평평하네　亂峯中坼一川平
비옥한 전야와 암석이 서로 비추고　瓊田石骨相涵暎

250　그 시 : 〈금옹에게 주다〔贈琴翁〕〉이다. 《蓬萊詩集 卷1》

251　녹기금(綠綺琴) : 한(漢)나라 때 사마상여(司馬相如)가 〈옥여의부(玉如意賦)〉를 지어 양왕(梁王)에게 바치자, 양왕이 기뻐하여 사마상여에게 하사했다는 명금(名琴)의 이름이다. 《列子 湯問》 후세에는 일반적으로 좋은 거문고의 뜻으로 쓰인다.

252　허뢰(虛籟) : 텅 빈 산에서 바람 없이 일어나는 소리를 이른다.

안개와 푸른 산빛은 저 멀리 보였다 사라지네　　曖翠浮嵐遠滅明
듣자 하니 주인이 백발을 드리우고　　見說主人垂白髮
거문고로 산수에 마음 두니 곡조 맑다 하네　　琴心山水曲猶淸

하였다.

봉수烽燧

며로곡 봉수(旀老谷烽燧) 현 북쪽 20리에 있다. 북쪽으로 강원도 철원부(鐵原府)의 적골산(適骨山)과 응하고 남쪽으로 포천현(抱川縣)의 독산(禿山)과 응한다.

우역郵驛

양문역(梁文驛) 현 동쪽 9리에 있다. 속칭 독흘(獨訖)이라고 부르는데 양골(梁骨)이 와전된 듯하다.

사묘祠廟

사직단(社稷壇) 현 서쪽에 있다.

문묘(文廟) 향교에 있다.

성황사(城隍祠) 현 동쪽 12리에 있다.

여단(厲壇) 현 북쪽에 있다.

능묘陵墓

이정녕(李正寧) 묘 현 남쪽 10리 추동(楸洞)에 있다.

박순(朴淳) 묘 종현산 남쪽 지류에 있다.

이지완(李志完) 묘 현 북쪽 30리에 있다.

인흥군(仁興君) 묘 현 동쪽 9리 양문역 북쪽에 있다.

사찰寺刹

백운사(白雲寺) 백운산에 있다. 전하는 말로는 신라 때의 승려 도선(道詵)이 창건하였다고 한다. 본조 이민구(李敏求)의 중수기(重修記)[253]에 "우리나라의 산 중에 백운산이라 이름 지은 것이 수십 개인데 오직 영평현에 있는 것이 가장 수려하고 깊다. 산에다 불우(佛宇)를 건립한 것 중에 또 백운사라고 부르는 것이 많은데 영평현의 절이 가장 정엄(精嚴)하다. 샘이 맑고 돌들이 높이 솟아 경치가 빼어나니 이목을 즐겁게 하고 도기(道機)[254]를 맑게 할 수 있는 것은 영은사(靈隱寺)나 국청사(國淸寺)[255]와 비교할 만하다."라고 하였다.

원통사(圓通寺) 청계산에 있다.

253 이민구(李敏求)의 중수기(重修記) : 〈백운산 백운사 중수기(白雲山白雲寺重修記)〉이다. 《東州集 卷3》

254 도기(道機) : 도(道) 또는 학문을 뜻한다.

255 영은사(靈隱寺)나 국청사(國淸寺) : 영은사는 중국 절강성(浙江省) 항주(杭州) 서호(西湖) 서북쪽 영은산에 있는 절로, 진(晉)나라 함화(咸和) 1년(326) 인도의 승려 혜리(慧理)가 창건한 절이다. 국청사는 중국 천태산(天台山)에 있는 명찰(名刹)이다.

보장사(寶藏寺) 보장산에 있다.

보문암(普門菴) 백운산에 있다.

고적古蹟

옛 석성(石城) 두 개가 있다. 하나는 현 동쪽 12리에 있는데 둘레가 1리이고, 하나는 현 서쪽 15리에 있는데 둘레가 2리이다. 지금은 모두 무너졌다.

유우流寓

박순(朴淳) 광주(光州) 사람이다. 본조 선조(宣祖) 때에 재상이 되었는데 조야(朝野)의 사람들이 공의 청렴한 지조를 존경하였다. 만년에 당시 사람들에게 시기를 받아 영평현의 백운계 가로 물러났는데, 거처하던 곳에 배견와, 이양정이 있었다. 입을 닫고 시사(時事)를 말하지 않고 약초를 심고 고기 잡으며 책을 읽는 것을 즐거움으로 삼았다. 촌사람과 야로(野老)가 술을 가지고 찾아오면 기쁘게 마주하여 술을 마셨고, 학자들이 와서 강론할 때는 매번 추위나 더위를 잊었다. 끝내 이곳에서 졸하였는데, 공이 죽자 성혼(成渾)이 만시(挽詩)를 지어[256] 애도하였다. 그 만시에,

세상 밖 백운산 깊고도 깊은데 世外雲山深復深
시냇가 초가집 이미 찾기 어렵네 溪邊草屋已難尋

256 성혼(成渾)이 만시(挽詩)를 지어 : 〈사암 박 상공에 대한 만시〔挽思菴朴相公〕〉이다. 《牛溪集 卷1》

배견와 위에 삼경의 달　拜鵑窩上三更月
응당 선생의 일편단심 비추리라　應照先生一片心

하였다.

포천현抱川縣

동쪽으로 가평현(加平縣) 경계까지 18리이고, 서쪽으로 양주(楊州) 경계까지 30리이고, 남쪽으로 같은 주 경계까지 36리이고, 북쪽으로 영평현(永平縣) 경계까지 26리이다. 서울과의 거리는 97리이다.

한전旱田

수전水田

건치연혁建置沿革

본래 고구려 마홀군(馬忽郡)인데 명지(命旨)라고도 한다. 신라 경덕왕(景德王) 때에 고쳐 견성군(堅城郡)으로 삼았다. 고려 초에 고쳐 포주(抱州)로 삼았고 현종(顯宗) 때에 양주(楊州)로 편입시켰으며 명종(明宗) 때에 다시 포주를 분리해 현으로 삼았다. 본조 공정왕(恭定王 태종) 3년(1403)에 고쳐 포천현(抱川縣)으로 삼았다. 인조조(仁祖朝)에 영평현(永平縣)으로 편입시켜 병합하고 그대로 본현을 영평이라 불렀는데, 얼마 뒤에 다시 분리해 설치하였다. 관장하는 면(面)은 6개이다. 관원은 현감(縣

監)과 훈도(訓導)이다. 각 1인이다.

군명 郡名

견성(堅城), 포주(抱州)

산천 山川

성산(城山) 현 북쪽 1리에 있다. 진산(鎭山)이다. 산의 모습이 마치 반달 같아 반월산(半月山)이라고도 한다. 본조 양사언(楊士彦)이 "옛날 전하는 말에 '반달이 삼태성(三台星)을 얻어 안지(案地)[257]에 모이면 경상(卿相)이 대대로 끊이지 않는다.'라고 하였는데, 열 집 정도 되는 작은 고을에 지금도 재상(宰相)이 많으니, 전하는 옛말을 징험할 수 있다."라고 하였다.

운악산(雲嶽山) 현 동쪽 20리[258]에 있다. 또 다른 이름은 현등산(懸燈山)이다.

해룡산(海龍山) 현 서쪽 20리에 있다. 산 위에 감지(鑑池)가 있는데 기우제를 지내면 효험이 있다. 세속에 전하기를 "군마(軍馬)가 산 위를 밟으면 비가 내리거나 흐려진다."라고 한다.

왕방산(王方山) 해룡산 동쪽[259]에 있다.

수원산(水源山) 현 동쪽 10리에 있다.

257 안지(案地) : 안산(案山)을 말하는 듯한데, 안산은 풍수가들이 말하는 집터나 묏자리의 맞은편에 있는 산으로 여기서는 반월산을 두고 한 말인 듯하다.

258 20리 : 《신증동국여지승람》 권11 〈경기 포천현〉에는 '30리'로 되어 있다.

259 동쪽 : 《신증동국여지승람》 권11 〈경기 포천현〉에는 '남쪽'으로 되어 있다.

향적산(香積山) 현 서쪽[260] 30리에 있다.

불정산(佛頂山) 현 남쪽 15리에 있다.

천보산(天寶山) 현 서쪽 21리에 있다.

심곡산(深谷山) 현 서쪽 15리에 있다.

주엽산(注葉山) 현 남쪽 20리에 있다.

축석현(祝石峴) 현 남쪽 40리에 있다.

재벽동(滓甓洞) 현 서쪽 20리에 있다. 우리 태조(太祖)가 잠저(潛邸) 때에 이곳에 전지(田地)와 장원(莊園)을 두었다.

칠리천(七里川) 현 북쪽 7리[261]에 있다. 또 다른 이름은 칠리탄(七里灘)이고, 혹은 고교천(高橋川)이라고도 한다. 발원지가 두 곳이니, 하나는 축석현에서 나오고, 하나는 수원산에서 나와 현 서북쪽에서 합쳐져 영평현(永平縣)의 백운계(白雲溪)로 흘러 들어간다.

초천(椒泉) 현 남쪽 20리 광현(廣峴)에 있다.

토산土産

사기(沙器), 녹반(綠礬), 현 남쪽 안양사(安養寺)에서 난다. 꿀〔蜂蜜〕, 산갓〔山芥〕, 당귀(當歸), 송이버섯〔松蕈〕

260 서쪽 : 《신증동국여지승람》 권11 〈경기 포천현〉에는 '남쪽'으로 되어 있다.
261 북쪽 7리 : 《신증동국여지승람》 권11 〈경기 포천현〉에는 '서쪽 5리'로 되어 있다.

성곽城郭

산성(山城) 현 북쪽 성산 위에 있다. 돌로 쌓았고 둘레가 1737자이다. 옛 성이 오랫동안 폐기되어 있었는데, 본조 인조(仁祖) 때에 수축한 뒤 다시 폐해졌다. 성안에 우물이 2개 있다.

학교學校

향교(鄉校) 현 동쪽 1리에 있다.

문충서원(文忠書院) 현 남쪽 15리에 있다. 문충(文忠)은 이항복(李恒福)의 시호이다.

궁실宮室

객관(客館)

봉수烽燧

독산 봉수(禿山烽燧) 현 북쪽 15리에 있다. 북쪽으로 영평현(永平縣)의 미로곡(彌老谷)과 응하고 남쪽으로 잉읍점(仍邑岾)과 응한다.

잉읍점 봉수(仍邑岾烽燧) 현 남쪽 20리에 있다. 북쪽으로 독산과 응하고 남쪽으로 양주(楊州) 대이산(大伊山)과 응한다.

우역郵驛

안기역(安奇驛) 현 북쪽 4리에 있다. 성화(成化) 연간에 찰방 윤지(尹漬)가 역관(驛館)을 중수하고 새롭게 단장하였다. 성현(成俔)이 찬미하여 말하기를 "우역의 객관은 물가에 임해 있네. 옛날에는 비에 잠기더니 이제는 날아오를 듯 웅장하네. 진실로 깎고 조각한 것 적절하니 웅장한 건물에 빛이 나네. 보기에만 아름다울 뿐 아니라 객이 돌아감을 잊는구나. 우역을 두는 것은 왕명을 전하기 위함인데, 만일 말이 병든다면 정사를 제대로 하지 못한 것이라네. 윤후(尹侯)가 능히 잘 길러 모두 말의 본모습을 갖추었네. 진실로 이곳에 갈무리해 두니 구름이 성하구나."라고 하였다.

벽탄석원(碧呑石院) 현 남쪽 32리에 있다.

공덕원(功德院) 현 서쪽 5리에 있다.

사묘祠廟

사직단(社稷壇) 현 서쪽에 있다.

문묘(文廟) 향교에 있다.

성황사(城隍祠) 성산에 있다.

여단(厲壇) 현 북쪽에 있다.

능묘陵墓

성여완(成汝完) 묘, 성석린(成石璘) 묘 모두 현 북쪽 20리에 있다.

이항복(李恒福) 묘 현 남쪽 15리 화산(花山)에 있다.

유전(柳塡) 묘 현 서남쪽 25리에 있다.

정희등(鄭希登) 묘 현의 기지리(機池里)에 있다.

조경(趙絅) 묘

유명뢰(兪命賚) 묘 현 북쪽 10리 천주산 신륵사(神勒寺)의 옛터에 있다.

사찰 寺刹

수원사(水源寺) 수원산에 있다.

안양사(安養寺), 향적사(香積寺) 모두 향적산에 있다.

해룡사(海龍寺) 해룡산 감지 곁에 있다.

성불사(成佛寺) 주엽산에 있다.

고적 古蹟

쌍곡역(雙谷驛) 옛터가 현 남쪽 30리에 있다.

명환 名宦

본조

정렴(鄭磏) 명종조(明宗朝)에 포천 현감(抱川縣監)이 되어 물처럼 맑은 정사를 펼쳤다. 수년간 머물다 다른 관직에 제수되어 돌아갔다.

이지함(李之菡) 선조조(宣祖朝)에 포천 현감이 되어 백성을 자식처럼 돌보고 아전들을 가복처럼 어루만지니 사람들이 모두 공을 아끼고 존중하였다. 오래지 않아 관직을 버리고 돌아갔는데 사람들이 공을 오랫동안 그리워하였다.

유우流寓

성여완(成汝完) 창녕현(昌寧縣) 사람이다. 고려 말에 부원군(府院君)이 되었고, 본조 초에 현 북쪽에 우거하다 그곳에서 생을 마쳤다. 아들 성석린(成石璘), 성석용(成石瑢), 성석연(成石珚)은 모두 공경(公卿)이 되었다. 성석린은 호가 독곡(獨谷)이고, 성석용은 호가 상곡(桑谷)인데 모두 문장과 필법(筆法)으로 이름이 알려졌다.

정 장령(鄭掌令) 본조 중종(中宗) 때의 사람이다. 양사언(楊士彦)의 신관포(新灌浦)에 대한 기문[262]에 "현 북쪽 10리쯤에 신관포라는 들판이 있으니 수로의 길이가 거의 8, 9리나 되고 20이랑에 물을 댈 수 있다. 고(故) 정 장령이 처음 만들었는데 정씨의 이름은 실전(失傳)되었다. 정씨는 18세에 과거에 급제하고 30세에 장령이 되었다. 늘그막에 물을 대 농사지어 먹고살았는데, 곡식이 조금 여유가 있으면 춥고 굶주린 자들에게 모두 나누어 주었으며 자신은 초가집에 살고 베로 만든 옷을 입으면서도 유유자적 스스로 즐거워하였다. 사람들이 혹 풍악산(楓嶽山)으로 유람 가자고 청하면 사양하며 말하기를 '구름 낀 산 만 겹 봉우리가 이미 나의 흉중에 담겨 있어 정신으로 유람하는데 굳이 관인(館人)을 수고롭게 할 필요가 있겠는가.'라고 하였다. 사대부가 길을 지날 때면 반드시 그의 집을 방문하였는

262 양사언(楊士彦)의……기문 : 〈정장령포기(鄭掌令浦記)〉이다. 《蓬萊詩集 卷3》

데, 먼 곳으로 출타하였다는 핑계를 대고는 만나 보지 않았다. 80세까지 장수하고 생을 마쳤다."라고 하였다.

조경(趙絅) 한성(漢城) 사람이다. 인조(仁祖) 때에 누차 간관(諫官)이 되었지만 강직해서 간관의 자리에 오래 있지 못하였다. 효종(孝宗) 초에 이조판서에서 파직되어 현 북쪽 □□리로 물러나 살았다. 비교조차 할 수 없을 만큼 청렴하여 곤궁하였으므로 거처하는 곳이 비바람도 가릴 수 없을 정도였다. 오직 문을 닫고 독서하며 여생을 보낸 것이 20년이었으니, 향리의 사람들은 공이 경상(卿相)의 자리에 있었다는 것조차 몰랐다.

인물 人物

본조

유응부(兪應孚) 그의 선조는 □□ 사람인데, 후에 포천현에 거주하였다. 유응부는 용력이 남들보다 뛰어나 무재(武才)로 현달하였다. 여러 관직을 거쳐 함길도 절도사(咸吉道節度使)가 되었고, 물처럼 청백(淸白)하였으니 세종(世宗)과 문종(文宗)이 모두 신임하고 중하게 여겼다. 세조(世祖)가 선위(禪位)를 받자 성승(成勝), 박팽년(朴彭年) 등과 함께 상왕(上王)을 복위시키려고 도모하다 일이 발각되어 함께 죽으니 세상에서는 육신(六臣)이라 불렀다. 성품이 매우 효성스러웠고, 형 유응신(兪應信)과 우애가 돈독하였으며 집에는 조금의 곡식도 비축해 둔 것이 없었다. 어머니의 마음을 위로할 수 있는 일이라면 하지 않는 일이 없었다.

유순(柳洵) 그의 선조는 문화(文化) 사람인데, 후에 개성(開城)에서 포천으로 이주하여 살았다. 고려 찬성(贊成) 유돈(兪墩)의 후손이다. 독서를 좋아하였고 문장을 잘 지었다. 세조조에 과거에 급제하였고 또 중시(重試)와 탁영시(擢英試)에 합격하였다. 성종(成宗) 때에 여러 번 승진하여 부제학이 되었다. 상이 일찍이 미인도(美人圖)를 꺼내어 불러 시를 짓게 하였는데, 유순이 지은 시의 말련(末聯)에 "군왕은 본래 성색을 멀리하니, 그림 펼쳐 놓고 응당 한번 인상을 찌푸려야지.〔君王自是疏聲色 展畫唯應寄一嚬〕"라고 하니, 상이 좋은 시라 칭찬하였다. 여러 번 승진하여 공조 판서에 이르렀다. 연산군(燕山君) 때에 영의정이 되었는데, 관직을 떠나려 하였으나 떠나지 못하자 늘 근심하고 상심하였다. 문성부원군(文城府院君)에 봉해졌고 다시 영의정이 되었다. 성품이 검소하여 잔치를 벌여 즐기는 일을 좋아하지 않았고 형제와 우애가 있었다. 시호는 문희(文僖)이다. 아들 유응룡(柳應龍)은 문원군(文原君)에 봉해졌다.

유인선(柳仁善) 유순의 족자(族子)이다. 포천현 자작리(自作里)에 거처하였다. 효성과 우애가 매우 돈독하여 향당의 사람들이 경외하였고, 아우 유예선(柳禮善), 유지선(柳智善)과 같은 집에서 살았는데, 문중에서 험담하는 말이 없었고 마치 부모처럼 아우들을 사랑하였다. 행의(行義)로 천거되어 사산감역(四山監役)에 제수되었는데, 공이 떠날 때에 이졸(吏卒)들이 길을 막고 뒤따르며 눈물을 흘렸으며, 이졸들이 공의 고향 사람을 만날 때마다 반드시 유부(柳父)[263]의 안부를 물었다. 효우(孝友)로 정려문이 세워

263 유부(柳父) : 이졸들이 유인선을 부모처럼 여겼다는 말이다. 양사언(楊士彦)이 유인선의 정려문에 대해 쓴 〈효우문전(孝友門傳)〉에 "모년에 행의로 천거되어 사산감역으로 징벽되었는데, 얼마 뒤에 파직당하였다. 관직을 수행한 것은 몇 개월밖에 되지 않았지만 산지기들이 돌아가는 길을 막고 눈물을 흘리며 말하기를 '하늘이 우리 아버지를 빼앗아 가니 우리는 장

졌는데, 읍재인 이온(李穩)이 글을 지어 문 곁 기둥에 기록해 두었다. 유예선은 현감을 지냈고, 유지선은 공희왕조(恭僖王朝 중종)에 과거에 급제하여 관직이 형조 참판에 이르렀다.

이몽량(李夢亮) 본관은 경주(慶州)이다. 고려 재상 이제현(李齊賢)의 후손이다. 문과에 급제하여 명종조(明宗朝)에 강원도, 경상도, 충청도, 경기 네 곳의 관찰사가 되었고, 관직이 의정부 우참찬에 이르렀다. 국량이 있었고 판결을 잘하였다.

유전(柳堧) 유예선(柳禮善)의 아들이다. 공헌왕(恭憲王 명종) 때에 과거에 급제하여 내외직을 두루 역임하였는데 명망이 있었다. 소경왕조(昭敬王朝 선조)에 관직이 의정부 영의정에 이르렀고 시령부원군(始寧府院君)에 봉해졌다. 아들 유희축(柳熙縮)은 관직이 개성 유수(開城留守)에 이르렀다.

양사언(楊士彦) 공헌왕조에 과거에 급제하였고, 여러 번 강릉 부사(江陵府使), 안변 부사(安邊府使)에 조용(調用)되었다. 문장과 필법으로 세상에서 칭송을 받았다. 뛰어난 재주와 신선의 풍모를 지녀 늘 금강산(金剛山)을 좋아하여 여러 차례 가서 유람하였고, 그대로 고성(高城)에 복거(卜居)하며 봉래도인(蓬萊道人)이라 자호하였다. 아우 양사준(楊士俊) 또한 시를 잘 짓는다는 명성이 있었다.

이항복(李恒福) 이몽량의 아들이다. 어려서부터 의기가 있고 용맹함을 좋아하였으며 자신을 낮추고 학문에 힘썼다. 소경왕조에 과거에 급제하여 늘 임금을 가까이서 모시는 자리에 있었다. 임진왜란 때에 도승지로서 상

차 어이할까.' 하였다.〔某年以行薦, 徵以四山監役, 俄見罷, 在官凡幾月分. 山直夫遮回路泣曰: 天奪我父, 吾將奈何?〕"라고 하였으므로 이렇게 말한 것이다.《蓬萊詩集 卷3》

이 서쪽으로 몽진하는 것을 수행하였는데, 충성심과 부지런함이 모두 지극하였다. 중국에 원병을 청하여 적을 물리치고 국가를 회복하려는 계책을 건의한 것이 이항복에게서 많이 나왔다. 여러 번 승진하여 병조 판서, 대제학에 이르렀고 얼마 뒤에 상신(相臣)에 제수되었다. 승진하여 영의정이 되었고 호종 공신(扈從功臣)으로 오성부원군(鰲城府院君)에 봉해졌다. 광해군 때 모후(母后)를 폐하려고 할 적에 다른 의견을 낸 사람들은 사형에 처하였는데, 이항복은 올바른 논의를 하며 자신의 의견을 굽히지 않다가 마침내 북청(北青)으로 유배 가서 졸하였다. 이항복은 지기(志氣)가 남달라 공훈과 절개가 크게 드러났다. 조정에 벼슬한 40년 동안에 네 번 의정(議政)이 되고 한 번 원수(元帥)가 되고 두 번 체찰사(體察使)가 되었는데, 건의한 것들이 가장 많았다. 중국의 경리(經理) 양호(楊鎬)가 매번 판단하기 어려운 일을 만날 때마다 "반드시 이 상서(李尙書)가 필요하다."라고 하였다. 시호는 문충(文忠)이다. 저술한 책은 《백사집(白沙集)》, 《사체훈몽(四體訓蒙)》, 《노사영언(魯史零言)》이 있다.

열녀列女

김씨(金氏) 본조 초의 재상 김사형(金士衡)의 손녀로 사성(司成) 홍의달(洪義達)에게 시집갔다. 홍의달이 죽자 자식이 없었는데 예를 다해 상사(喪事)를 치렀고, 슬픔으로 인해 몸이 상한 것이 예에 지나칠 정도였다. 삼년상을 마치고도 여전히 소복(素服)을 입고 지냈는데, 종신토록 바꾸지 않았다. 향리의 사람들이 그녀의 성심과 절개에 감명을 받았고, 이 일이 조정에 알려져 정려(旌閭)되었다.

적성현積城縣

동쪽으로 마전군(麻田郡) 경계까지 17리이고, 남쪽으로 양주(楊州) 경계까지 31리이고, 서쪽으로 장단부(長湍府) 경계까지 8리, 파주(坡州) 경계까지 8리이고, 북쪽으로 장단부 경계까지 20리이다. 서울과의 거리는 108리이다.

한전旱田

수전水田

건치연혁建置沿革

본래 고구려 칠중현(七重縣)이다. 신라 경덕왕(景德王) 때에 중성(重城)으로 개명하여 내소군(來蘇郡)의 영현(領縣)으로 삼았다. 고려 초에 적성(積城)으로 개명하였고 현종(顯宗) 때에 장단현(長湍縣)으로 편입되었으며 문종(文宗) 때에 개성부(開城府)에 직속토록 하였고 예종(睿宗) 때에 다시 적성현(積城縣)을 두었다. 본조에서 그대로 따랐다. 관장하는 면(面)은 4개이다. 관원은 현감(縣監)과 훈도(訓導)이다. 각 1인이다.

군명 郡名

칠중(七重), 중성(重城)

산천 山川

감악산(紺嶽山) 현 동쪽 25리[264]에 있다. 정상에는 돌 봉우리가 있는데, 큰 이빨과 같은 모양으로 기이하고 빼어나다. 고려 임춘(林椿)의 시[265]에 "이 산 처음부터 끝까지 몇 고을에 걸쳐 있고, 하늘 밖으로 솟은 모습 춤추는 봉새 같구나.〔玆山首尾跨數州 天外廻翔如舞鳳〕"라고 하였다. 본조 김시습(金時習)의 시[266]에 "감악산 높이 하늘로 솟아 있고, 아스라한 골짝엔 구름 안개 피어나네.〔紺嶽之山高揷天 縹緲洞壑浮雲煙〕"라고 하였다. 허목(許穆)의 유산록(遊山錄)[267]에 "견불사(見佛寺)에서 유숙하고 새벽에 깎아지른 벼랑 정상에 올라 신정(神井)에서 물을 길었다. 그 위에는 감악사(紺嶽祠)가 있는데 석단(石壇)으로 높이는 3장(丈) 정도이며 석단 위에는 산비(山碑)가 있는데 오래되어 글자가 마멸되었다. 곁에는 설인귀(薛仁貴)의 사당이 있는데, 혹자는 왕신사(王神祠)라고도 하고 음사(淫祀)를 지낸다. 산에는 돌 봉우리가 많은데 정상은 높이가 2300장이나 되어 매우 먼 곳까

264 25리 : 《신증동국여지승람》 권11 〈경기 적성현〉에는 '20리'로 되어 있다.

265 임춘(林椿)의 시 : 〈감악산 정각승사에서 노닐다 그 벽에 쓰다〔遊紺嶽正覺僧舍書其壁〕〉이다. 《西河集 卷3》

266 김시습(金時習)의 시 : 〈감악산의 맑은 구름을 보고〔紺嶽晴雲〕〉이다. 《梅月堂集 梅月堂詩集 卷10》

267 허목(許穆)의 유산록(遊山錄) : 〈감악산(紺嶽山)〉이다. 《記言 卷27》

지 두루 잘 보인다. 서쪽 돌 봉우리 아래에는 운계폭포(雲溪瀑布)가 있다." 라고 하였다.

용두산(龍頭山) 현 서쪽 8리에 있다. 사면에 돌이 솟아 있고 둘레는 1리이며 높이는 50보이고 40여 명이 앉을 만하다. 가뭄이 들면 기우제를 지내는 곳이다.

차거산(硨磲山) 현 동쪽 15리에 있다.

설마현(雪馬峴) 현 남쪽 15리에 있다.

청학동(青鶴洞) 현 동쪽 20리에 있다. 본조 남효온(南孝溫)의 기문[268]에 "적성현의 청학동은 감악산 서쪽에 있는데, 동구(洞口)에 구불구불 굽이도는 시내가 있다. 내가 일찍이 이곳을 유람하며 물길을 거슬러 오르고 그윽한 곳을 찾아 하나의 시내를 열두 번 건넌 뒤에 이를 수 있었다."라고 하였다.

소마동(所磨洞) 현 남쪽 5리에 있다.

단수(湍水) 현 동북쪽[269] 9리에 있다. 단수는 연천현(漣川縣)에서 여기에 이르러 양주(楊州)의 체수(砌水)와 합쳐지는데, 혹 구연강(九淵江)이라고도 한다. 또 서쪽으로 흘러 장단부(長湍府) 경계로 흘러 들어간다.

토산土産

도기(陶器), 적토(赤土), 꿀〔蜂蜜〕, 황랍(黃蠟), 누치〔訥魚〕, 쏘가리〔錦鱗魚〕, 게〔蟹〕, 산무애뱀〔白花蛇〕

268 남효온(南孝溫)의 기문 : 〈냉화(冷話)〉이다. 《秋江集 卷7》

269 동북쪽 : 《신증동국여지승람》 권11 〈경기 적성현〉에는 '동쪽'으로 되어 있다.

학교學校

향교(鄕校) 현 서쪽에 있다.

궁실宮室

객관(客館) 서거정(徐居正)의 기문[270]에 "적성은 작은 읍이다. 현의 치소(治所)가 본래 산성의 남쪽에 있었는데, 땅이 좁고 후미져 백성과 물산이 쇠잔하여 국가의 부역(賦役)을 감당할 수 없었다. 고려 말에 죄인 임치(林椒)[271]의 집을 적몰하여 읍으로 삼고 이주하였다. 뒤에 비록 관청의 건물을 지었지만 규모가 좁았고 세월이 오래되어 거의 다 무너졌다. 정통(正統) 을축년(1445, 세종27)에 현감 이숙희(李俶喜)가 중건하였다."라고 하였다.

우역郵驛

상수역(湘水驛) 현 남쪽 27리에 있다.

단조역(丹棗驛) 현 서쪽 4리에 있다.

270 서거정(徐居正)의 기문 : 〈적성현 객사 중신기(積城縣客舍重新記)〉이다. 《四佳集 四佳文集 卷2》

271 임치(林椒) : ?~? 본관은 평택(平澤), 임견미(林堅味)의 아들이다. 우왕(禑王)의 총애를 등에 업고 전횡을 일삼았다. 상호군(上護軍), 밀직사(密直使) 등을 역임하였다.

관량關梁

사근나루〔沙斤渡〕 후근나루〔朽斤渡〕라고도 한다. 군 동쪽 17리에 있다. 바로 단수의 나루터로 길이 마전군(麻田郡)으로 통한다.

사묘祠廟

사직단(社稷壇) 현 서쪽에 있다.

문묘(文廟) 향교에 있다.

감악사(紺嶽祠) 감악산 정상에 있다. 사전(祀典)에는 명산이기 때문에 중사(中祀)[272]에 기록되어 있다. 봄과 가을에 향과 축문을 내려 제사 지낸다. ○ 세속에 전하는 말에는 "신라 때에 당나라 장수 설인귀(薛仁貴)를 산신(山神)으로 삼았다."라고 하였다. 고려 현종(顯宗) 5년(1014)에 안홍점(安鴻漸)이 말하기를 "거란의 병사가 장단(長湍)에 이르자 바람과 눈이 크게 일어나 감악산의 신사(神祠)에 마치 정기(旌旗)와 병사와 말이 있는 것처럼 보이니, 거란의 병사들이 두려워 감히 앞으로 나아가지 못했습니다. 감악사에 보답하는 제사를 지내소서."라고 하였다. 또 충렬왕(忠烈王)이 원나라로 가서 황제가 내안(乃顔)을 정벌하는 것을 도우려 할 때에 음우(陰祐)를 받기 위해 이곳의 신을 제이자(第二子)로 봉하고 도만호(都萬戶)로 삼았다.

여단(厲壇) 현 북쪽에 있다.

272 중사(中祀) : 259쪽 주182 참조.

능묘陵墓

이견기(李堅基) 묘 현 남쪽 27리에 있다.

권홍(權弘) 묘 현 서쪽 15리에 있다.

홍성민(洪聖民) 묘 현 남쪽 16리에 있다.

이탁(李鐸) 묘 현 동남쪽 27리 관산리(關山里)에 있다.

사찰寺刹

감악사(紺嶽寺) 감악산에 있다.

운계사(雲溪寺), 신암사(神巖寺) 모두 감악산에 있다.

고적古蹟

토탄고성(吐呑古城) 성산(城山)이라고도 한다. 현 서쪽 3리에 있다. 바로 옛 칠중성(七重城)이다. 돌로 쌓았고 둘레가 1937자이다. 지금은 없어졌다. 성안에 우물이 있는데, 깊이를 측량할 수 없고 큰 가뭄이 들어도 마르지 않는다.

아미성(阿彌城) 현 동쪽 18리에 있다. 돌로 쌓았고 둘레가 1937자이다.

수철성(水鐵城) 현 동쪽 10리에 있다.

명환名宦

신라

필부(匹夫) 무열왕(武烈王) 때에 고구려, 백제, 말갈(靺鞨)이 번갈아 침입하자 신라를 업신여기는 자를 막을 수 있는 충성스럽고 용맹한 자를 구하여 필부를 칠중성(七重城)의 현령으로 삼았다. 후에 고구려가 신라와 당나라가 백제를 멸망시킨 것을 꺼려 공격해 와서 칠중성을 포위하였는데, 필부가 성을 지키며 항전하였다. 시일이 오래되자 고구려 사람이 군사를 이끌고 돌아가려 하였다. 대내마(大奈麻) 비삽(比歃)이 은밀하게 고구려 군영에 사람을 보내, 성안에 양식이 떨어지고 병사들의 힘이 고갈되었음을 알려 주니 고구려 군사가 다시 공격하였다. 필부는 비삽을 참하고 군중을 돌며 말하기를 "충신과 의사(義士)는 죽을지언정 굴복하지 않는 법이니 힘써 노력하라."라고 하였다. 그러자 약해지고 병들었던 병사들조차 모두 일어났다. 필부가 군사들을 독려하며 항전하였는데, 화살이 필부에게 집중되어 피가 흘러 발꿈치까지 이르러 마침내 전사하였다. 왕이 심하게 통곡하였고 급찬(級飡)을 증직하였다.

교하현交河縣

동쪽으로 파주(坡州) 경계까지 16리, 고양군(高陽郡) 경계까지 26리이고, 남쪽으로 같은 군 경계까지 22리이고, 서쪽으로 풍덕부(豐德府) 경계까지 9리이고, 북쪽으로 장단부(長湍府) 경계까지 25리이다. 서울과의 거리는 90리이다.

한전旱田

수전水田

건치연혁建置沿革

본래 고구려 천정구현(泉井口縣)인데 굴화군(屈火郡)이라고도 한다. 신라 경덕왕(景德王) 때에 고쳐 교하군(交河郡)으로 삼았다. 고려 현종(顯宗) 때에 양주(楊州)로 편입시켰다. 본조 태조(太祖) 3년(1394)에 다시 교하군을 두고 심악(深嶽)을 교하군에 병합시켰다. 공정왕(恭定王 태종) 때에 교하현을 없애 원평군(原平君)으로 편입시켰는데 얼마 뒤 다시 분리하여 설치하였다. 관장하는 면(面)은 □개[273]이다. 관원은 현감(縣監)과 훈도(訓導)이다. 각 1인이다.

군명郡名

천정구(泉井口) 별호는 선성(宣城)이다.

산천山川

검단산(黔丹山) 현 서쪽 5리에 있다. 백제의 승려 검단(黔丹)이 거처하던 곳이기 때문에 이렇게 이름 지어졌다.

심악산(深嶽山) 현 남쪽 21리 심악현(深嶽縣)에 있다.

오도성산(烏島城山) 현 서쪽 7리에 있다. 검단산에서 서쪽으로 비스듬히 이어져 높이 솟아 물가로 들어가는데, 한수(漢水)와 단수(丹水)가 그 아래에서 서로 만난다.

한록산(漢麓山) 현 서쪽 7리에 있다. 옛 성터가 남아 있는데 둘레가 1리쯤 된다.

약산(藥山) 현 남쪽[274] 5리에 있다.

한강(漢江) 김포현(金浦縣) 경계로부터 서쪽으로 흘러 현 남쪽 20리 심악산 서쪽을 경유하니 속칭 심악강(深嶽江)이라고 한다. 현 서쪽 9리에 이르러

273 □개 : 《여지도서(輿地圖書)》에 의하면 교하현의 관할 면은 8개이다.

274 남쪽 : 《신증동국여지승람》 권11 〈경기 교하현〉에는 '서쪽'으로 되어 있다.

단수(湍水)와 합쳐져 조강(祖江)이 되어 바다로 흘러 들어간다.

단수(湍水) 현 북쪽 25리에 있다. 바로 장단부(長湍府) 단수의 하류로 또 다른 이름은 낙하(洛河)이다. 남쪽으로 흘러 한강과 합류한다.

금척진(金尺津) 양주(楊州)의 홍복산(洪福山)에서 발원하여 현 동쪽 20리를 경유하여 현 남쪽 5리에 이르러 서쪽으로 조강으로 흘러 들어간다. 또 다른 이름은 장곶진(長串津)이다.

율포지(栗浦池) 현 동쪽 8리에 있다.

일미도(一眉島) 현 북쪽 10리에 있다. 물이 불어나면 잠긴다.

토산土産

숭어〔秀魚〕, 웅어〔葦魚〕, 붕어〔鯽魚〕, 게〔蟹〕

학교學校

향교(鄕校) 현 동쪽 2리에 있다.

궁실宮室

객관(客館)

봉수烽燧

검단산 봉수(黔丹山烽燧) 서쪽으로 풍덕군(豐德郡)의 덕적산(德積山)과 응하고 남쪽으로 고양군(高陽郡)의 고봉성산(高峯城山)과 응한다.

우역郵驛

냉정원(冷井院) 현 동쪽 15리에 있다.

낙하원(洛河院) 낙하나루〔洛河渡〕 언덕에 있다.

관량關梁

낙하나루〔洛河渡〕 현 북쪽 26리에 있다. 도승(渡丞)이 있다. 장단부(長湍府)에도 보인다.

사묘祠廟

사직단(社稷壇) 현 서쪽에 있다.

문묘(文廟) 향교에 있다.

성황사(城隍祠) 오도성(烏島城)에 있다.

여단(厲壇) 현 북쪽에 있다.

능묘陵墓

윤번(尹璠) 묘 현 북쪽[275] 15리에 있다.

황희(黃喜) 묘, 황수신(黃守身) 묘 모두 현 북쪽 15리에 있다.

박중손(朴仲孫) 묘 현 북쪽 20리 오고미리(烏古美里)에 있다.

윤사흔(尹士昕) 묘 현 남쪽 15리 와동(瓦洞)에 있다.

조온(趙溫) 묘 현 남쪽 7리 남촌(南村)에 있다.

정연(鄭淵) 묘 현 서쪽 5리에 있다.

사찰寺刹

검단사(黔丹寺) 검단산에 있다.

고적古蹟

심악폐현(深嶽廢縣) 현 남쪽 10리에 있다. 옛 보신향(寶薪鄕)이다. 고려 현종(顯宗) 때에 고쳐 심악현(深嶽縣)으로 삼았는데, 얼마 뒤 한양(漢陽)으로 편입시켰다. 본조 초에 교하현으로 병합시켰다.

석천향(石淺鄕) 현 동쪽 20리에 있다. 본래 부평부(富平府) 땅이었는데, 본조 초에 떼어 편입시켰다.

오도성산성(烏島城山城) 돌로 쌓았고 둘레가 2071자이다. 전하는 말로는 삼국 시대 때에 축조한 것이라고 한다. 한수와 단수가 이 성 아래에서 만난다.

275 북쪽 : 《신증동국여지승람》 권11 〈경기 교하현〉에는 '남쪽'으로 되어 있다.

인물人物

본조

노한(盧閈) 모습이 헌칠하고, 구차하게 말하거나 웃지 않았다. 어려서부터 경제(經濟)를 자임하였고 집안일을 돌보지 않았다. ○ 태종이 누차 이조전서(吏曹典書)로 삼았다. ○ 장헌왕조(莊憲王朝 세종)에 의정부우의정 겸판병조사(議政府右議政兼判兵曹事)에 제수되었다. 졸한 뒤 시호는 공숙(恭肅)이다. 재상이 되었을 때에 힘써 대체(大體)를 보존하였고 가혹한 정사를 일삼지 않았다. 아들 노물재(盧物載)는 동지돈녕부사가 되었다.

노사신(盧思愼) 노물재의 아들이다. 과거에 급제하여 등용되었다. ○ 장헌왕이 그의 박학다식함을 아껴 특별히 승진시켜 도승지로 삼았고 호조 판서까지 제수하였다. 후에 익대 좌리 공신(翊戴佐理功臣)에 참여하였다. ○ 강정왕조(康靖王朝 성종)에 의정부에 들어가 영의정이 되었고 선성부원군(宣城府院君)에 봉해졌다. 시호는 문광(文匡)이다. 박학하였고 문장을 잘 짓는다는 명성이 있었다.

노공필(盧公弼) 노사신의 아들이다. 문과에 급제하였고 육조(六曹)의 판서를 두루 역임하였다. 공희왕조(恭僖王朝 중종)에 관직이 우참찬, 영중추부사에 이르렀고 교성군(交城君)을 습봉(襲封)받았다. 어버이를 효성으로 섬겼는데 늙을수록 더욱 돈독하였다.

가평현加平縣

동쪽으로 강원도 춘천부(春川府) 경계까지 12리[276]이고, 남쪽으로 양근군(楊根郡) 경계까지 43리이고, 서쪽으로 포천현(抱川縣) 경계까지 79리이고, 북쪽으로 영평현(永平縣) 경계까지 54리이다. 서울과의 거리는 137리이다.

한전旱田

수전水田

건치연혁建置沿革

본래 고구려 근평군(斤平郡)이다. 병평(竝平)이라고도 한다. 신라 경덕왕(景德王) 때에 고쳐 가평군(加平郡)으로 가(加) 자는 다른 본에는 가(嘉)로 되어 있다. 삼았다. 고려 현종(顯宗) 때[277]에 춘주(春州)로 편입시켰다. 본조 태조(太祖) 5년(1396)에 다시 가평현을 두었고, 태종 13년(1413)에

276 12리 : 《신증동국여지승람》 권11 〈경기 가평현〉에는 '13리'로 되어 있다.

277 고려 현종(顯宗) 때 : 1018년(현종9)이다. 《新增東國輿地勝覽 卷11 京畿 加平縣》

강원도에서 본도로 이속하였다. 관장하는 면(面)은 5개이다. 관원은 현감(縣監)과 훈도(訓導)이다. 각 1인이다. 지금 증보하건대 중종(中宗) 2년(1507)에 승격되어 군이 되었다. 현의 땅에 어태(御胎)를 봉안하였기 때문에 승격되었다.

군명 郡名

청평(廳平), 가평(嘉平)

산천 山川

화악산(華嶽山) 현 북쪽 30리에 있다. 속칭 광악산(廣嶽山)이라고 한다. 동쪽은 바로 강원도 춘천부(春川府) 경계이다. 본조 허목(許穆)의 유산록(遊山錄)[278]에 "화악(華嶽)은 가평과 춘천의 경계에 있는 산으로 둘레가 300여 리이며 가장 웅장하고 수려하다. 서쪽 골짝은 층층이 돌이 쌓인 가파른 바위인데 정상에 이르러 극치를 이룬다. 구름과 안개 때문에 낮에도 캄캄하여 사람들이 감히 그 꼭대기에 선뜻 올라가지 못한다."라고 하였다.

운악산(雲嶽山) 현 서쪽 60리에 있다. 또 다른 이름은 현등산(懸燈山)이다.

가주지산(加注之山) 현 서쪽 59리에 있다.

소의산(所衣山) 현 서쪽 59리에 있다. 상의산(相宜山)이라고도 한다.

278 허목(許穆)의 유산록(遊山錄) : 〈백운산(白雲山)〉에 이하의 내용이 수록되어 있다. 《記言 卷27 山川上》

비령산(飛靈山) 현 서쪽 43리에 있다. 속칭 비랑산(非郎山)이라고도 한다. 소의산과 접해 있다.

은두정산(銀頭頂山) 현 서쪽 35리에 있다.

청송산(靑松山) 현 서쪽 25리에 있다.

대야산(大也山) 현 서쪽 40리에 있다.

굴파현(屈坡峴) 조종폐현(朝宗廢縣) 서쪽 22리 포천현(抱川縣) 경계에 있다. 바로 운악산의 남쪽 자락이다. ○ 본조 이맹순(李孟畇)의 시에,

새벽에 포천에서 말 타고 굴파현을 넘어	夙駕抱川逾屈坡
조종에서 안장 풀고 잠시 쉬었다네	卸鞍朝宗成小歇
험한 산 뚫고 가자니 골짝은 깊고	行穿亂山澗谷深
길은 구불구불 많이도 굽이졌네	一路縈紆多曲折
비록 말을 재촉하지만 전진하기 어렵더니	縱然叱馭跋踄難
시험 삼아 이곳에 이르니 마음 너무도 시원하네	試到此地心已豁
높디높은 화악산 북쪽을 누르고 있는데	崢嶸華嶽鎭其北
바위 골짝엔 태고의 눈 쌓인 듯하구나	巖壑猶堆太古雪
산자락 첩첩 봉우리 되어 한 현을 감쌌으니	支爲重峯擁一縣
천태만상이 모두 기이하고 빼어나구나	千態萬狀總奇絶

하였다.

회수(淮水) 춘천부 서쪽에서 남쪽으로 흘러 현의 경계로 들어오고 현 동쪽 5리를 지나 또 남쪽으로 흘러 양근군(楊根郡) 경계로 들어간다.

입석천(立石川) 현 남쪽 43리에 있다. 춘천부 경계에서 발원하여 남쪽으로 흘러 회수로 들어간다.

안판탄(按板灘) 현 동쪽 7리에 있다. 바로 회수의 강여울인데 이곳을 기점

으로 위아래에 유속이 빠른 여울이 또 있다.

토산土産

은(銀), □□□에서 난다. 녹반(綠礬), 현 서쪽 두모곡(豆毛谷)에서 난다. 잣〔海松子〕, 황옥(黃玉), 현 남쪽 적촌리(赤村里)에서 난다. 석이버섯〔石蕈〕, 송이버섯〔松蕈〕, 꿀〔蜂蜜〕, 황랍(黃蠟), 산갓〔山芥〕, 당귀(當歸)

학교學校

향교(鄕校) 현 서쪽 1리에 있다.

궁실宮室

객관(客館)

초연대(超然臺) 현 동쪽 5리에 있다. 절벽이 강에 임해 있어 자연적으로 만들어진 대(臺)이다. 산기슭이 강 모퉁이로 곧장 들어가 깎아지른 절벽이 되어 자연적인 대가 만들어졌다. 위에는 정우(亭宇)가 있는데 경치가 기이하고 빼어나다. ○ 본조 김상헌(金尙憲)의 시[279]에,

봄을 찾아 멀리서 온 나그네 산 가까이 찾아들어　　尋春遠客傍山來
저물녘에 말 멈추고 옛 대에 올랐네　　落日停驂訪古臺

279 김상헌(金尙憲)의 시 : 〈초연대(超然臺)〉이다. 《淸陰集 卷10 淸平錄》

바다에서 솟아나 자라들이 이고 섰고[280]	飛出海中鼇戴立
맷돌 위에 올라 보니 개미들이 빙빙 도네[281]	登臨磨上蟻旋迴
맑은 강과 푸른 골짝 구름 우레 굴러가고	晴江翠峽雲雷轉
여린 풀과 새로 핀 꽃 비단을 수놓은 듯하네	細草新花錦繡裁
두 냇물과 세 개의 산 묘사하기 힘든 곳이니	二水三山難寫處
적선 재주 다시금 또 생각나게 하는구나	令人更憶謫仙才

하였다.

우역 郵驛

감천역(甘泉驛) 현 남쪽 15리에 있다.

연동역(連洞驛) 현 서쪽 45리에 있다.

적률원(狄栗院) 현 서쪽 22리에 있다.

임초원(林草院) 현 서쪽 34리에 있다.

280 바다에서……섰고 : 산이 높이 솟아 있다는 뜻이다. 《열자(列子)》 〈탕문(湯問)〉에 의하면, 발해(渤海)의 동쪽에 깊은 골짜기 안에 대여(岱輿), 원교(員嶠), 방호(方壺), 영주(瀛洲), 봉래(蓬萊)의 다섯 선산(仙山)이 있는데, 이 산들이 항상 조수를 따라 오르락내리락하므로 사방으로 떠내려갈까 걱정하던 상제(上帝)가 15마리의 자라로 하여금 머리를 들어 떠받치게 하자 다섯 선산이 비로소 움직이지 않게 되었다고 한다.

281 맷돌……도네 : 개미가 맷돌 위를 다닐 때에 맷돌은 왼쪽으로 돌고 개미는 오른쪽으로 돌면 맷돌이 도는 속도보다 느린 개미는 맷돌을 따라 왼쪽으로 돌지 않을 수 없다는 말로, 맷돌을 천체(天體)에, 개미를 일월(日月)의 운행에 비유한 것이다. 《晉書 天文志》

사묘祠廟

사직단(社稷壇) 현 서쪽에 있다.

문묘(文廟) 향교에 있다.

성황사(城隍祠) 하나는 현 동쪽 3리에 있고, 하나는 조종현(朝宗縣)에 있다.

여단(厲壇) 현 북쪽에 있다.

화악산사(華嶽山祠) 본읍에서 봄과 가을에 제사를 지낸다.

능묘陵墓

이정귀(李廷龜) 묘 현 서쪽 45리 조종폐현(朝宗廢縣) 서쪽에 있다.

사찰寺刹

용천사(龍泉寺), 영통사(靈通寺), 영취암(靈聚菴), 영제암(永濟菴), 혜수암(惠壽菴) 모두 화악산에 있다.

현등사(懸燈寺), 미라사(彌羅寺),[282] 지장암(地藏菴) 모두 운악산에 있다.

고적古蹟

조종폐현(朝宗廢縣) 현 서쪽 45리에 있다. 본래 고구려 심천현(深川縣)이

282 미라사(彌羅寺) : 《신증동국여지승람》 권11 〈경기 가평현〉에는 '미라암(彌羅菴)'으로 되어 있다.

었다. 복사매(伏斯買)라고도 한다. 신라 때에 준천(浚川)으로 고쳐 가평군(加平郡)의 영현(領縣)으로 삼았다. 고려 때에 조종으로 고쳤고 현종 때에 가평과 함께 춘천(春川)으로 편입시켰다. 본조 태조 때에 가평현을 두어 조종을 병합시켰다.

강역정(講易亭) 조종폐현 북쪽 5리에 있다. 본조 이적(李迹)이 역학(易學)에 정통하였는데 물러나 이곳에 거처하였다. 장헌대왕(莊憲大王 세종)이 이적이 연로하여 억지로 초치(招致)할 수 없다고 여겨 매번 근신(近臣)을 보내 조용히 《역(易)》에서 의심스러운 뜻을 물어보았다. 그러면 이적이 집 앞 나무 아래로 근신을 인도하여 앉아 함께 강설하였다. 후인들이 그 나무를 강역정이라 불렀다. 지금은 유지(遺址)만 남아 있다.

유우流寓

이적(李迹) 본래 여주(驪州) 사람이다. 대제학 이행(李行)의 아들이다. 본조 장헌왕조에 관직이 대사헌에 이르렀다. 역학에 정통하였고 만년에 물러나 조종현에서 여생을 보냈다.

장단도호부長湍都護府

동쪽으로 삭녕군(朔寧郡) 경계까지 70리,[283] 마전군(麻田郡) 경계까지 46리,[284] 적성현(積城縣) 경계까지 44리[285]이고, 남쪽으로 파주(坡州) 경계까지 22리[286]이고, 서쪽으로 풍덕군(豐德郡) 경계까지 36리,[287] 개성부(開城府) 경계까지 40리[288]이고, 북쪽으로 황해도 우봉현(牛峯縣) 경계까지 35리[289]이다. 서울과의 거리는 123리[290]이다.

한전旱田

수전水田

---

283 70리 : 《신증동국여지승람》 권12 〈경기 장단도호부〉에는 '50리'로 되어 있다.
284 46리 : 《신증동국여지승람》 권12 〈경기 장단도호부〉에는 '36리'로 되어 있다.
285 44리 : 《신증동국여지승람》 권12 〈경기 장단도호부〉에는 '51리'로 되어 있다.
286 22리 : 《신증동국여지승람》 권12 〈경기 장단도호부〉에는 '45리'로 되어 있다.
287 36리 : 《신증동국여지승람》 권12 〈경기 장단도호부〉에는 '26리'로 되어 있다.
288 40리 : 《신증동국여지승람》 권12 〈경기 장단도호부〉에는 '37리'로 되어 있다.
289 35리 : 《신증동국여지승람》 권12 〈경기 장단도호부〉에는 '13리'로 되어 있다.
290 123리 : 《신증동국여지승람》 권12 〈경기 장단도호부〉에는 '147리'로 되어 있다.

건치연혁建置沿革

본래 고구려 장단성현(長湍城縣)인데 야야(耶耶)라고도 하고 야아(夜牙)라고도 한다. 신라 경덕왕(景德王) 때에 장단(長湍)으로 개명하여 우봉군(牛峯郡)의 영현(領縣)으로 삼았다. 고려 목종(穆宗) 때[291]에 승격하여 단주(湍州)로 삼았는데, 시중(侍中) 한언공(韓彦恭)의 고향이라는 이유로 승격하였다. 현종(顯宗) 때[292]에 다시 장단현(長湍縣)으로 삼았고, 문종(文宗) 때[293]에 개성부(開城府)에 직속토록 하였다. 본조 공정왕(恭定王 태종) 14년(1414)에 임강현(臨江縣)과 병합하여 장림현(長臨縣)으로 개명하였다. 장헌왕(莊憲王 세종) 초[294]에 다시 장단현으로 삼았고 혜장왕(惠莊王 세조) 5년(1459)에 임진현(臨津縣)과 병합하고, 왕비 윤씨(尹氏)의 선조 묘소가 그 땅에 있다는 이유로 승격시켰다. 양도대왕(襄悼大王 예종) 1년(1469)에 진(鎭)을 두고 도호부로 승격시켰다. 광해군(光海君) 때에 백악산(白嶽山) 남쪽으로 치소를 옮겼으니 바로 옛 임진현 땅이다. 관장하는 면(面)은 20개, 도호부 1개, 강화(江華) 군 3개, 풍덕군(豐德郡), 삭녕군(朔寧郡), 마전군(麻田郡) 현 2개이다. 연천현(漣川縣), 교동현(喬桐縣). 지금의 부(府)는 옛 치소 남쪽 22리에 있다. 관원은 부사(府使)와 교수(教授)이다. 각 1인이다.

291 고려 목종(穆宗) 때 : 1001년(목종4)이다.《新增東國輿地勝覽 卷12 京畿 長湍都護府》

292 현종(顯宗) 때 : 1018년(현종9)이다.《新增東國輿地勝覽 卷12 京畿 長湍都護府》

293 문종(文宗) 때 : 1062년(문종16)이다.《新增東國輿地勝覽 卷12 京畿 長湍都護府》

294 장헌왕(莊憲王) 초 : 1418년(세종 즉위년)이다.《新增東國輿地勝覽 卷12 京畿 長湍都護府》

군명郡名

장천성(長淺城), 단주(湍州)

형승形勝

양경(兩京 한양과 개성) 사이에 끼어 있다. 본조 서거정(徐居正)의 기문[295]

백악(白嶽)을 등지고 북쪽으로 오관산(五冠山)이 누르고 있으며 남쪽으로 임진강(臨津江)을 끼고 있다.

산천山川

망해산(望海山) 지금의 부 북쪽 26리 옛 읍에 있다. 진산(鎭山)이다.

용호산(龍虎山) 지금의 부 동북쪽 30리 임강현(臨江縣) 남쪽에 있다. 속칭 국사봉(國祀峯)이라고 부른다.

화장산(華藏山) 임강현에 있다. 오관산 동쪽에서 나와 한 자락이 끊어졌다 다시 일어나 이 산이 되었다. 가파르고 높아 바라보면 웅장하다. 우리 태조(太祖)가 이 산에서 사냥을 하다 절벽까지 사슴을 쫓았는데, 절벽의 높이가 수십 자나 되어 사람이 갈 수가 없었다. 사슴이 미끄러져 내려가자 태조의 말 또한 미끄러져 내려갔는데, 바닥에 이르러 말이 넘어졌다 일어나기도 전에 즉시 활을 쏘아 사슴을 죽였다.

295 서거정(徐居正)의 기문 : 〈장단부 신영객관기(長湍府新營客館記)〉이다. 《四佳集 四佳文集 卷2》

백악(白嶽) 지금의 부 서북쪽 4리에 있다. 고려 때에 풍덕(豐德) 백마산(白馬山)을 우소(右蘇)로 삼고 백악을 좌소(左蘇)로 삼았다.[296] ○ 고려 공민왕(恭愍王) 9년(1360)에 남경(南京)으로 천도(遷都)하려고 태묘에 점을 쳤는데 불길하였다. 그래서 천도하지 않았다. 이에 직접 이 산으로 행행(行幸)하여 땅을 살펴 산 남쪽에 궁궐을 지었는데, 둘레가 720보였다. 당시 사람들이 신경(新京)이라 불렀다.

도라산(都羅山) 부 서남쪽 15리에 있다. 고려 충렬왕(忠烈王)이 수차례 이 산에서 패하였다.

성거산(聖居山) 부 북쪽 60리[297]에 있다. 또 다른 이름은 구룡산(九龍山)이다. 자세한 내용은 우봉현(牛峯縣)에 보인다.

오관산(五冠山) 부 서쪽 60리[298]에 있다. 산 정상에 다섯 개의 돌 봉우리가 우뚝 솟아 있는데, 그 모습이 관(冠)처럼 높고 둥글기 때문에 오관산이라 이름 지어졌다. 혹자는 "빼어난 경치가 나라 안의 산들 중에 으뜸이기 때문에 이렇게 이름 지어졌다."라고 한다. ○ 고려의 효자 문충(文忠)이 오관산 영통동(靈通洞)에 거주하였다. 문충이 지은 악부(樂府) 〈오관산곡(五冠山曲)〉이 남아 있다. ○ 본조 최숙정(崔淑精)의 시에,

높고 높은 오관산이 巍巍五冠山

296 고려……삼았다 : 고려 시대에 도참설(圖讖說)의 지리쇠왕설(地理衰旺說)에 의하여 국가의 기업(基業)을 연장시키고자 도성(都城)인 개경(開京) 둘레에 삼소(三蘇)를 두었는데, 백악산(白嶽山)을 좌소(左蘇)로 백마산(白馬山)을 우소(右蘇)로 기달산(箕達山)을 북소(北蘇)로 삼고 각각 행궁(行宮)을 짓고 임금이 주기적으로 순행하며 머물렀다.

297 60리 : 《신증동국여지승람》 권12 〈경기 장단도호부〉에는 '30리'로 되어 있다.

298 60리 : 《신증동국여지승람》 권12 〈경기 장단도호부〉에는 '30리'로 되어 있다.

우뚝하게 푸른 하늘로 솟았구나	靈秀入空碧
우뚝한 모습 일관봉[299]과 짝할 만하여	高標配日觀
만고에 웅장하게 서리고 앉았구나	萬古雄盤礴
큰 소나무는 층층 봉우리를 가렸고	長松陰層巓
기이한 풀은 암벽을 덮었네	瑤草被巖壑
골이 깊으니 아침노을을 쏟아 내고	崖深瀉朝霞
절벽이 높으니 둥지 튼 학을 받쳐 주네	壁絶盤巢鶴
다섯 봉우리 차례대로 낮고 높으니	五峯次低昂
관 쓰고 패옥 찬 형제가 늘어선 듯	冠佩列仲伯
그 가운데 옛 신단이 있으니	中有古神壇
사질은 오악과 같네[300]	祀秩同五嶽
멀리 산 아래 있는 사람 생각하니	緬懷山下人
아름다운 소문 천억 년에 빛나는구나	令聞昭千億
평생에 충효를 다한 마음	平生忠孝心
길이 쇠락한 풍속을 격려시키네	永激頹靡俗
상상만 할 뿐 만나 볼 수 없으니	相思不爲見
부질없이 목계곡[301]만 부르네	空歌木鷄曲

299 일관봉(日觀峯) : 태산(泰山)에서 가장 높은 봉우리 이름이다.

300 사질(祀秩)은 오악(五嶽)과 같네 : 사질은 국가에서 일정하게 지내는 제사에 등급이 있는데 이를 두고 한 말이고, 오악은 우리나라의 지리산(智異山), 삼각산(三角山), 치악산(雉嶽山), 백악산(白嶽山), 감악산(紺嶽山)을 가리키는 듯하다. 즉 오관산의 제사가 오악의 제사와 같은 등급임을 말한 것이다.

301 목계곡(木鷄曲) : 효자 문충(文忠)이 지은 〈오관산곡(五冠山曲)〉의 이칭이다.

하였다.

보봉산(寶鳳山) 부 북쪽 30리[302] 회령(檜嶺) 동쪽에 있다. 산세가 봉황이 춤을 추는 모습과 비슷하므로 이름 지어졌다.

용암산(湧巖山) 오관산 동북쪽에 있다. 용암산은 오관산과 천마산(天磨山) 등의 산들과 서로 이어져 있는데, 봉우리만 다를 뿐이다.

고양산(高陽山) 부 동북쪽 60리 마전(麻田)과 연천(漣川)의 경계에 있다.

달령(獺嶺) 낙산사동(落山寺洞)에 있다. ○ 고려 의종(毅宗)이 일찍이 승려 각예(覺倪)와 달령에서 창수(唱酬)하며 궁궐로 돌아가지 않자 장사(將士)들이 피곤하여 정중부(鄭仲夫) 등이 비로소 반역을 일으킬 마음을 가졌다. 왕이 일찍이 말을 달려 홀로 달령에 이르렀는데, 시종하던 신하들이 모두 따라오지 못하였다. 왕이 기둥에 기대어 말하기를 "만약 정습명(鄭襲明)[303]이 살아 있었다면 내가 어찌 이 지경에 이르렀겠는가."라고 하였다.

회령(檜嶺) 바로 화장사(華藏寺) 서쪽 고개이다. 이색(李穡)의 시[304]에,

험한 길 따라 회령 정상에 오르니	崎嶇上檜頂
봉우리들이 하늘가에 편평하구나	天際峯巒平
잠깐 서서 한번 휘파람 부노라니	一嘯立須臾
내 가슴속의 정이 확 트였네	豁我方寸情

하였다.

302 30리 : 《신증동국여지승람》 권12 〈경기 장단도호부〉에는 '20리'로 되어 있다.

303 정습명(鄭襲明) : ?~1151. 본관은 영일(迎日), 호는 형양(滎陽)이다. 왕실의 사부로서 의종(毅宗)을 훈육하고 보필하는 데 사명을 다하였으며, 주로 간관(諫官)을 맡아 직언을 잘하였다. 한림학사, 추밀원 지주사(樞密院知奏事) 등을 역임하였다.

304 이색(李穡)의 시 : 〈입산(入山)〉이다. 《牧隱藁 牧隱詩藁 卷26》

유현(柳峴) 진현(榛峴) 서쪽 2리에 있다.

진현(榛峴) 동파역(東坡驛) 서쪽 3리에 있다.

중광현(重光峴) 용호산 서쪽에 있다. 속칭 중방현(重方峴)이라고 한다.

면주동(綿紬洞) 오관산 아래에 있다. 면주동 안은 넓고 깊은데 사찰이 하나도 없다. 세속에 전하는 말로는 "만약 이곳에 절을 짓는다면 국조(國祚)가 오래가지 못한다."라고 하니, 대개 고려 때의 비보(裨補)의 뜻[305]이다.

영통동(靈通洞) 오관산 아래에 있다. 화담(花潭)으로부터 올라가면 산이 굽어지고 길이 구불구불하며 시내를 따라가다 수차례 건너야 영통동에 도착한다. 영통동 안은 평평하고 넓은데 산수의 형승이 송경(松京)에서 최고이다.

차일암(遮日巖) 면주동 입구에 있다. 암석이 앉을 수 있을 정도로 평평하고 넓으며, 돌을 파내어 구멍을 만들어 둔 것이 있다. 사람들은 "옛사람이 장막을 칠 때 기둥을 세우던 곳이다."라고 하고 어떤 이는 "신선들이 노닐던 곳이다."라고 하기도 하고 어떤 이는 "군왕이 행차했던 곳이다."라고 하기도 한다. 빙빙 돌아 흘러오는 샘이 있는데 쏜살처럼 빠르고, 그 아래는 웅덩이가 되었는데 바닥은 모두 돌로 되어 있어 뛰어오르는 물고기들을 하나하나 헤아릴 수 있다.

화암(花巖) 영통동 입구에 있다. 일명 화담(花潭)이라고도 한다. 화담 왼쪽에는 푸른 절벽이 우뚝 솟아 있는데, 마치 그림 병풍을 펼쳐 놓은 듯하다.

305 비보(裨補)의 뜻 : 비보는 비보사찰(裨補寺刹)의 준말이다. 고려 태조(太祖)가 창업한 뒤에 국사(國師) 도선(道詵)의 말을 들어서 국내에 지리의 결점이 있는 곳을 보충하기 위하여 각처에 절을 짓게 하였으니, 이것이 비보사찰이다. 이 밖에는 새로 절을 짓지 말라고 유훈을 남겼다.《高麗史節要 卷13 明宗2》

바위틈에는 철쭉꽃이 있어 봄이 되면 만개하는데, 붉은빛이 물 밑에 비치기 때문에 이름 지어졌다. 화담 오른쪽에는 작은 바위가 있는데, 사면이 깎아지른 듯하다. 그 위 네 모퉁이에는 또한 구멍이 있는데, 고려 때에 연회를 즐기던 곳이었다. 본조 서경덕(徐敬德)이 화암 곁에 터를 잡고 집을 지었기 때문에 화담이라 불렸다. 일찍이 시를 짓기를,

꽃 핀 골짝 연하는 갈수록 짙어지니	花洞煙霞趁步深
무릉도원 굳이 찾을 필요 있을까	桃源何用枉探尋
한가함 속의 흥미를 만끽한 뒤로	自從喫得閑中味
호리병 속 건곤[306]이 마음에 있음 알겠구나	壺裡乾坤認在心

하였다.

산대암(山臺巖) 송경 숭인문(崇仁門) 밖에 있다. 절벽은 높이가 100장(丈)인데, 모습이 마치 높은 채붕(彩棚)[307]과 같기 때문에 이름 지어졌다. ○ 고려 이색(李穡)의 시[308]에,

군왕은 당일 생황 잡고 노래하였으니	君王當日擁笙歌
한 시대 번화함이 전쟁 그쳤음을 알겠구나	一代繁華想止戈

306 호리병 속 건곤(乾坤) : 호리병 속의 세상이라는 말로 별천지(別天地), 즉 선경을 의미한다. 후한(後漢) 때 한 노인이 여남(汝南)의 시장에서 약장사를 하면서 밤이면 가게 머리에 매달린 병 속으로 뛰어 들어가곤 했다. 그것을 본 비장방(費長房)이 그 노인을 찾아가 보고 노인을 따라 함께 그 병 속으로 들어가 보니 옥당(玉堂)이 화려하고 좋은 술과 안주가 가득하여 노인과 함께 실컷 마시고 나왔다는 고사에서 온 말이다.《後漢書 費長房列傳》

307 채붕(彩棚) : 대나무나 나무를 가지고 탑 모양으로 만든 다음 채색 종이나 채색 천 및 소나무 가지나 잣나무 가지 등으로 장식한 것을 말하는데, 상례(喪禮) 때 쓰기도 하고 결혼식이나 축하하는 의식에 사용하기도 한다.

308 이색(李穡)의 시 : 〈산대암(山臺巖)〉이다.《牧隱藁 牧隱詩藁 卷26》

산대암은 절벽에 서서 푸른 물을 굽어보고 臺聳斷岸臨碧水
정자는 옛터에 남아 찬 잔디가 자라는구나 亭留舊址長寒莎
삼한의 기개야말로 뭇 용이 모여들었건만 三韓氣概群龍集
만고 영웅도 새 한 마리가 지나간 격일세[309] 萬古英雄一鳥過
모르겠다 태평 시대가 다시 돌아올지 未識大平回得未
신은 지금 늙었으니 장차 어이한단 말인가 臣今老矣欲如何

하였다.

탁타암(槖駝巖) 산대암 서쪽에 있다.

고암(鼓巖) 용암산 오룡봉(五龍峯) 위에 있다. 모습이 마치 북과 같이 생겼기 때문에 이름 지어졌다.

추암(皺巖) 송경 도성 동북쪽 2, 3리에 있다. 시내가 흐르는 곁에 바위가 우뚝 솟아 있는데, 병풍을 펼쳐 놓은 듯하고 모두 가로로 난 결이 있기 때문에 이렇게 명명한 것이다. 아래에는 큰 돌이 많은데 앉아서 술을 마실 수 있다. 고려 최당(崔讜)이 매번 말을 타고 늙은이들과 여기서 노닐었다고 한다. 고려 민사평(閔思平)의 시[310]에,

천 척의 바위가 북쪽 산에 솟아 있으니 千尺雲根聳北山
옛 현인의 유적은 그림으로 그리기 어렵네 古賢遺跡畫應難
상국[311]이 시를 지은 뒤로부터 自從相國題詩後
많은 행인들 가리키며 자세히 본다네 多少行人指點看

309 새……격일세 : 새가 눈앞을 언뜻 지나간 것처럼 잠시일 뿐인 덧없는 인생을 의미한다.

310 민사평(閔思平)의 시 : 〈동국사영에 수록된 익재 시에 차운하다(東國四詠益齋韻)〉이다. 《及菴詩集 卷2》

311 상국(相國) : 최당(崔讜)을 가리킨다.

하였다.

봉황암(鳳凰巖) 부 서쪽 언덕에 있다.

용둔교(龍遁郊) 현재 부 서쪽 10리[312] 대사현동(大蛇峴洞)에 있다. 이제현(李齊賢)의 〈송도팔영(松都八詠)〉 중에 〈용야심춘(龍野尋春)〉이라는 시가 이 들판을 읊조린 것이다.

호곶교(壺串郊) 부 남쪽 35리에 있다. 목장이 있는데 둘레가 12리이다. ○ 신우(辛禑)가 이곳에 누(樓)를 세우고, 또 누선(樓船)을 만들어 매우 사치스럽고 크게 꾸미고는 봉천선(奉天船)이라 불렀다. 물놀이를 베풀어 흥청거리며 놀아 법도가 없었는데, 일찍이 술에 취하여 의관을 벗지도 않은 채 말을 타고 물로 들어갔다.

백안교(白顔郊) 부의 낙하나루〔洛河渡〕 북쪽에 있다. 지금은 목장이 되었다.

석벽협(石壁峽) 부 동쪽 25리에 있다. 단수(湍水)의 양쪽 언덕은 푸른데, 협곡의 절벽이 우뚝 솟아 있다. 상류에서 적성(積城)과 연천(漣川)에 이르기까지 모두 이런 모습이다. 물이 그 가운데를 흐르는데, 마치 물이 흐르는 해자(垓子)의 모습이다. 속칭 장단석벽(長湍石壁)이라고 한다. 허목(許穆)의 〈주행기(舟行記)〉[313]에 "임진나루에서 거슬러 올라가면 강의 언덕이 마치 석벽(石壁)이 서 있는 듯하다. 골짜기 입구에 들어서면 강의 벽이 더욱 높고 가파르며 물은 더욱 푸르고 깨끗하다."라고 말한 것이 바로 이곳이다. ○ 고려 이제현(李齊賢)의 시[314]에,

312 10리 : 《신증동국여지승람》 권12 〈경기 장단도호부〉에는 '15리'로 되어 있다.

313 허목(許穆)의 주행기(舟行記) : 〈무술 주행기(戊戌舟行記)〉이다. 《記言 別集 卷15》

314 이제현(李齊賢)의 시 : 〈송도팔경(松都八景)〉 중 〈장단석벽(長湍石壁)〉이 두 편인데, 그 중 첫 번째 시이다. 《益齋亂藁 卷10》

강물에 꽂힌 석벽이 솟아 있고 　 揷水雲根聳
허공을 가르는 푸른 벽이 펼쳐 있네 　 橫空黛壁開
물고기와 용이 물결 일으키며 모퉁이를 돌아가고 　 魚龍吹浪轉隅隈
푸른빛은 백 리나 이어졌네 　 百里綠徘徊

하였다. 또 다른 시[315]에,

앙상한 절벽은 천년을 서 있고 　 瘦骨千年立
푸른 뿌리는 백 리에 서려 있네 　 蒼根百里盤
푸른 물결 사이로 가로세로 뻗었으니 　 橫張側展綠波間
일대가 옥을 머금은 험한 절벽이구나 　 一帶玉孱顔

하였다.

단수(湍水) 또 다른 이름은 단강(湍江)이다. 함경도 안변부(安邊府) 영풍현(永豐縣) 남쪽에서 발원하여 이천(伊川)과 안협(安峽)으로 흘러간다. 또 동쪽으로 삭녕(朔寧)과 연천(漣川)으로 흘러 마전군(麻田郡) 남쪽에 이르러 체수(砌水)와 합하고, 꺾여 서쪽으로 흘러 적성현(積城縣)을 지난다. 부 동쪽에 이르러 장단나루가 되고, 부 남쪽은 임진나루가 되며, 덕진성(德津城) 아래를 지나 교하현(交河縣) 북쪽에 이르러 낙하나루가 된다. 또 봉황암을 지나 오도성에 이르러 한수(漢水)와 합류하여 서쪽으로 바다로 흘러간다. 삭녕과 연천에서 임진나루에 이르기까지 양쪽 언덕이 모두 석벽이고 물이 협곡 사이를 흐르는데, 임진나루 이하로부터 비로소 평지로 갈 수 있다. ○ 고려 김부식(金富軾)의 시[316]에,

315 다른 시 : 〈송도팔경〉 중 〈장단석벽〉의 두 번째 시이다. 《益齋亂藁 卷10》
316 김부식(金富軾)의 시 : 〈임진유감(臨津有感)〉이다. 《東文選 卷19》

가을바람 살랑살랑 물은 넘실넘실　秋風嫋嫋水洋洋
긴 다리로 고개 돌리니 생각이 아득하네　回首長橋思渺茫
슬프다 미인은 천 리 멀리 있으니　惆悵美人隔千里
강변의 향초는 누굴 위해 향기롭나　江邊蘭芷爲誰香

하였다. ○ 고려 이색(李穡)의 시[317]에,

장단의 석벽은 푸른 병풍 펼친 듯하고　長湍石壁翠屛橫
철쭉꽃 핀 모습은 비단을 펼친 듯 환하네　躑躅花開綿綉明
잠시 상선 빌려 물길 따라 내려가니　暫借商船順流下
한 시절의 정경 모두 형언하기 어렵구나　一時情境儘難名

하였다.

동강(東江) 부 서쪽 10리[318]에 있다.

강련포(江連浦) 부 서쪽 10리 봉황암 아래에 있다. 단강의 별도의 포구로 어선이 정박하는 곳이다.

사미천(沙彌川) 삼미천(三彌川)이라고도 한다. 부 동쪽 50리에 있다. 우봉현(牛峯縣)의 성개산(性蓋山)에서 발원하여 부 북쪽 경계를 돌아 동남쪽으로 흘러 단강으로 들어간다.

판적천(板積川) 옛 송림현(松林縣)에서 발원하여 백악(白嶽) 이남의 여러 물과 합쳐져 풍덕군(豐德郡)의 사천(沙川)으로 흘러들어 바다로 들어간다.

호로탄(瓠蘆灘) 부 동쪽 30리에 있다. 바로 단수의 여울물이다. 신라 문무왕

317 이색(李穡)의 시 : 〈중동을 데리고 인장 박영기와 함께 장단 석벽의 철쭉을 구경하다(携中童與隣長朴英起看躑躅長湍石壁)〉이다. 《牧隱藁 牧隱詩藁 卷35》
318 10리 : 《신증동국여지승람》 권12 〈경기 장단도호부〉에는 '15리'로 되어 있다.

(文武王) 때에 당나라 유인궤(劉仁軌)가 병사를 거느리고 호로탄을 건너 신라 칠중성(七重城)을 공격하였는데, 유인궤가 건넌 곳이 바로 이 여울이다.

토산土産

명주실〔絲〕, 삼〔麻〕, 송이버섯〔松蕈〕, 웅어〔葦魚〕, 누치〔訥魚〕, 쏘가리〔錦鱗魚〕, 숭어〔秀魚〕, 은구어(銀口魚 은어), 게〔蟹〕, 석창포(石菖蒲), 녹반(綠礬), 부 동쪽 독자동(獨子洞)에서 난다. 석회(石灰)

공서公署

도원도 찰방사(桃源道察訪司) 부 북쪽 22리에 있다. 도원(桃源), 구화(仇和), 백령(白嶺), 옥계(玉溪), 단조(丹棗), 상수(湘水) 여섯 역을 관할한다. ○ 찰방(察訪) 1인이 있다. 옛날에는 승(丞)이었는데 지금은 참하(參下) 찰방을 두었다.

학교學校

향교(鄕校) 부 북쪽 3리에 있다.

봉잠서원(鳳岑書院) 부 동쪽 23리에 있다. ○ 효종(孝宗) 때에 부의 선비들이 사원(祠院)을 건립하고 후에 고려 안순(安珣)·이색(李穡), 본조 김안국(金安國)·김정국(金正國)을 제사 지냈다.

화곡서원(花谷書院) 화담동(花潭洞)에 있다. 본조 서경덕이 일찍이 서재

(書齋)를 짓고 머물며 휴식을 취하였는데 학자들이 모두 서경덕을 좇아 이곳에서 학문을 배웠다. 서경덕이 죽자 향사(鄕士)와 대부들이 건의하여 서원을 세우고 사당을 세워 제사 지냈다. 서경덕의 문인인 박순(朴淳), 허엽(許曄), 민순(閔純)을 배향하였다. 선조(宣祖)가 서원의 편액 및 서적을 하사하였다. 서원의 뒤에는 서경덕의 묘가 있다.

궁실 宮室

객관(客館)

봉수 烽燧

천수산 봉수(天壽山烽燧) 바로 천수원(天壽院) 북쪽 봉우리이다. 송림 서쪽에 있다. 남쪽으로 도라산과 응하고 서쪽으로 개성부(開城府) 송악산(松嶽山)의 국사당(國師堂)과 응한다.

도라산 봉수(都羅山烽燧) 북쪽으로 천수산과 응하고 동쪽으로 파주(坡州) 대산(大山)과 응한다.

우역 郵驛

도원역(桃源驛) 부 북쪽 22리에 있다. 찰방사의 본역(本驛)이다.

동파역(東坡驛) 현재의 부 남쪽 10리에 있다.

구화역(仇和驛) 부 북쪽 50리[319]에 있다.

백령역(白嶺驛) 부 동서쪽 40리[320]에 있다.

통제원(通濟院) 부 남쪽 15리[321]에 있다.

냉정원(冷井院) 부 남쪽 10리[322]에 있다.

오목원(梧木院) 오목원(吾目院)이라고도 한다. 부 남쪽 5리[323]에 있다.

약사원(藥師院) 현재의 부 서쪽 20리에 있다.

연화원(蓮花院) 부 동쪽 13리[324]에 있다.

석주원(石柱院) 부 동쪽 30리[325]에 있다.

숙천원(淑川院) 부 서쪽 15리에 있다.

선구원(禪具院) 부 서쪽 20리에 있다.

천수원(天壽院) 부 서쪽 30리[326]에 있다. 자세한 내용은 개성부에 보인다.

관량關梁

판문교(板門橋) 부 서쪽 35리에 있다.

319 북쪽 50리 : 《신증동국여지승람》 권12 〈경기 장단도호부〉에는 '북동쪽 30리'로 되어 있다.

320 동서쪽 40리 : 《신증동국여지승람》 권12 〈경기 장단도호부〉에는 '동쪽 30리'로 되어 있다.

321 15리 : 《신증동국여지승람》 권12 〈경기 장단도호부〉에는 '35리'로 되어 있다.

322 10리 : 《신증동국여지승람》 권12 〈경기 장단도호부〉에는 '30리'로 되어 있다.

323 5리 : 《신증동국여지승람》 권12 〈경기 장단도호부〉에는 '30리'로 되어 있다.

324 13리 : 《신증동국여지승람》 권12 〈경기 장단도호부〉에는 '33리'로 되어 있다.

325 30리 : 《신증동국여지승람》 권12 〈경기 장단도호부〉에는 '10리'로 되어 있다.

326 30리 : 《신증동국여지승람》 권12 〈경기 장단도호부〉에는 '25리'로 되어 있다.

장단나루〔長湍渡〕 부 동쪽 25리[327]에 있다. 두기진(頭耆津)이라고도 한다.

○ 고려 악부(樂府) 중에 〈장단도곡(長湍渡曲)〉[328]이 있다. 태조(太祖)가 순행하며 백성의 풍속을 살펴 부족한 것을 보조해 주어 백성들과 함께 즐겼는데, 백성들이 태조의 덕을 사모하여 오랫동안 잊지 않았다. 후대의 왕들이 수차례 장단으로 행차하여 절도 없이 즐기기만 하자 뱃사공이 성조(聖祖)의 덕을 노래하여 이 노래를 통해 송축하고 경계하니 장단에 거주하는 백성들이 아직까지 그 가곡(歌曲)을 전하고 있다.

임진나루〔臨津渡〕 부 남쪽 20리[329]에 있다. 길이 삼경(三京)으로 통한다. 도승(渡丞) 1인을 두었는데, 출입을 기찰(譏察)한다. 파주(坡州)에도 보인다.

○ 명나라 장녕(張寧)의 시[330]에,

삼월 봄날은 경물 몹시 새로운데	三月韶華景最新
뱃노래 소리 속에 임진나루 건너네	棹歌聲裡渡臨津
눈 녹은 들판에는 푸른 봄풀 많고	雪消野渚多青草
비 지나간 강가에는 푸른 물풀 자라네	雨過芳洲長綠蘋
그림배의 맑은 유람 하늘나라 나그네고	畫舫淸遊天上客
푸른 구름 성긴 그림자 물 가운데 사람일세	碧雲疏影水中人
이번 사행 임금의 은명을 펴기 위한 것이지	玆行總爲宣恩命

327 25리 : 《신증동국여지승람》 권12 〈경기 장단도호부〉에는 '33리'로 되어 있다.

328 장단도곡(長湍渡曲) : 〈장단곡(長湍曲)〉이라고도 한다. 고려 시대의 어느 공인(工人)이 고려 태조가 민물(民物)을 구휼한 것을 칭송하는 내용을 담아 후대의 왕들로 하여금 민물을 생각하고 행동을 경계하도록 하기 위하여 지은 노래라고 한다. 《高麗史 卷71 樂志 高麗俗樂》

329 20리 : 《신증동국여지승람》 권12 〈경기 장단도호부〉에는 '37리'로 되어 있다.

330 장녕(張寧)의 시 : 〈임진강을 건너며〔渡臨津〕〉이다. 《方洲集 卷13》

뗏목 탄 한나라의 사신[331]이 아니라네　　非是乘槎漢使臣

하였다.

낙하나루〔洛河渡〕 또 낙화나루〔洛華渡〕라고도 한다. 부 □□리에 있다. 도승 1인을 두었다. 교하현(交河縣)에도 보인다.

사묘 祠廟

사직단(社稷壇) 부 서쪽에 있다.

문묘(文廟) 향교에 있다.

성황사(城隍祠) 부 동쪽 2리에 있다.

여단(厲壇) 부 북쪽에 있다.

덕진사(德津祠) 단수(湍水)가 부 서남쪽 10리에 이르면 덕진이라 부르는데 덕진사는 그 언덕에 있다. 사전(祀典)에 서독(西瀆)으로 되어 있고 중사(中祀)로 수록되어 있다. 봄가을에 향과 축문을 내려 제사 지낸다.

오관산사(五冠山祠) 사전에 소사(小祀)로 수록되어 있다. 매년 봄가을에 향과 축문을 내려 제사 지낸다. 오관산사는 영통사 북쪽 언덕에 있다.

용호산사(龍虎山祠) 용호산에 있다. 봄가을에 본읍에서 제사 지낸다.

331 뗏목……사신 : 장건(張騫)을 가리킨다. 한 무제(漢武帝)가 장건으로 하여금 대하(大夏)에 사신으로 가서 황하(黃河)의 근원을 찾게 하였는데, 장건이 뗏목을 타고 가다가 견우(牽牛)와 직녀(織女)를 만났다고 한다. 《荊楚歲時記》

능묘陵墓

고려 숙종(肅宗) 능 송림폐현(松林廢縣) 불정원(佛頂原)에 있다. 영릉(英陵)이라 부른다.

고려 명종(明宗) 능 현재 부 북쪽 15리에 있다. 지릉(智陵)이라 부른다.

신라 경순왕(敬順王) 묘 현재 부 북쪽 15리에 있다.

허공(許珙) 묘 조현역(調絃驛) 뒤에 있다.

염제신(廉悌臣) 묘 임강폐현(臨江廢縣) 대곡원(大谷原)에 있다.

안향(安珦) 묘 현재 부 서북쪽 35리에 있다. 문성(文成) 안향.[332] 묘는 장단부 송림현의 대덕산(大德山) 북쪽 계좌정향(癸坐丁向)의 언덕에 있다.

한악(韓渥) 묘 송림폐현 서곡리(瑞谷里)에 있다.

안종원(安宗源) 묘 임진폐현 서곡리에 있다.

송송례(宋松禮) 묘 부 서쪽 6리 대곡산(大谷山)에 있다.

윤안숙(尹安淑) 묘 부 동쪽 25리[333] 대덕산 북쪽 구정리(口井里)에 있다. 세상에 전하기를 "원(元)나라 말에 학사 주당(周鐺)이 난을 피해 승려가 되어 윤안숙의 집에 와서 투숙하였는데, 윤안숙이 주당이 비범한 사람임을 알고는 매우 후하게 대우하였다. 주당이 안숙을 위하여 복지(福地)를 구하여 말하기를 '이곳은 비룡(飛龍)이 아홉 번 꺾이는 형세이니, 응당 9세(世)가 번영하고 현달할 것이다.'라고 하였다. 윤안숙이 죽자 마침내 이곳에 장사 지냈다."라고 한다.

332 문성(文成) 안향 : 대본에는 '安文成珦新立云'으로 되어 있는데, '新立' 앞뒤로 결락이 있는 듯하여 번역하지 않았다.

333 25리 : 《신증동국여지승람》 권12 〈경기 장단도호부〉에는 '15리'로 되어 있다.

한수(韓脩) 묘 임진폐현 서곡 남쪽에 있다.

윤척(尹陟) 묘 부 동북쪽 30리에 있다.

윤승례(尹承禮) 묘 부 동쪽 8리에 있다.

왕후(王煦) 묘 현재 부 동쪽 12리에 있다.

이정간(李貞幹) 묘 임강폐현 남촌(南村) 우근동(于勤洞)에 있다.

권중화(權仲和) 묘 서촌리(西村里)에 있다.

변계량(卞季良) 묘 임진폐현 서쪽 구화리(九和里)에 있다.

홍길민(洪吉旼) 묘, 홍여방(洪汝方) 묘 모두 부 동쪽 20리 판부리(板浮里)에 있다.

조석문(曺錫文) 묘 현재 부 동쪽 10리에 있다.

최숙생(崔淑生) 묘 부 동쪽에 있다.

허종(許琮) 묘, 허침(許琛) 묘 모두 현재 부 북쪽 40리에 있다.

정곤수(鄭崑壽) 묘 현재 부 동쪽 10리에 있다.

윤두수(尹斗壽) 묘 부 동북쪽 20리 오음리(梧陰里)에 있다.

윤근수(尹根壽) 묘 부 북서쪽 10리 임강현에 있다.

김정국(金正國) 묘 현재 부 동쪽 10리 하포(下浦)에 있다.

김안국(金安國) 묘 현재 부 동북쪽 30리 해곡(海谷)에 있다.

서경덕(徐敬德) 묘 오관산 아래 화곡(花谷)에 있다.

사찰 寺刹

화장사(華藏寺) 보봉산에 있다. 화장사는 처음에 계조암(繼祖菴)이었는데, 지공(指空)이 처음 땅을 살피고서 사찰을 크게 지어 마침내 큰 총림(叢林)

이 되었다. 불전(佛殿)과 승당(僧堂)의 제도가 매우 엄격하여 매년 여름에 승려들이 모여 좌선(坐禪)하는 것이 양주(楊州) 회암사(檜巖寺)와 서로 비슷하였다. 화장사에는 지공이 서축(西竺)에서 가지고 온 패엽(貝葉)에 쓴 불경(佛經)[334]이 있다.

극락사(極樂寺) 오관산에 있다.

창화사(昌化寺) 도라산에 있다.

영통사(靈通寺) 오관산 아래에 있다. 골짜기는 깊고 산세가 빙 둘러싼 모습이며, 또한 산이 기이하고 수려하며 흐르는 물이 굽이쳐 흘러 송도(松都)에서 제일의 승경지이다. 영통사에는 김부식(金富軾)이 찬한 승통(僧統) 의천(義天)의 탑명(塔銘)이 있다. 의천은 고려 문종(文宗)의 아들로 승려가 된 왕후(王煦)이다. 또 문종의 화상(畫像)과 홍자번(洪自藩)의 초상(肖像)이 있다. ○ 본조 이승소(李承召)의 시[335]에,

숲을 뚫고 시내 건너 깊은 산에 들어가니	穿林度澗入深山
산 중턱 사찰은 푸른 시내 끼고 있네	山半僧居抱碧灣
누런 잎은 구름에 잇닿아 원근이 헷갈리고	黃葉連雲迷遠近
푸른 이끼 길에 가득해 오르기 힘들구나	蒼苔滿路困躋攀
적선[336]의 시흥은 연하 밖에 있고	謫仙詩興煙霞外

334 서축(西竺)에서……불경(佛經) : 서축은 서천축국(西天竺國)으로 인도를 가리키고, 패엽은 인도의 패다라수(貝多羅樹) 잎으로 인도에서는 패엽에 불경을 썼다.

335 이승소(李承召)의 시 : 〈다시 읊다〔再賦〕〉이다. 《三灘集 卷3》

336 적선(謫仙) : 하늘에서 인간 세상으로 귀양 온 신선을 뜻하는 말로 흔히 이백(李白)을 가리키는 말로 쓰인다.

사부[337]의 높은 회포 수석의 사이에 있네　謝傅高懷水石間
한밤에 서루에 기대 잠들지 못하고　夜倚西樓仍不寐
창에 가득한 달빛 속에 시냇물 소리 듣네　滿窓明月聽潺溪
하였다.

성등암(聖燈菴) 오관산 극암(戟巖) 아래에 있다. 고려 초에 술사(術士)의 말로 인하여[338] 창암(倉巖)에 네 개의 돌기둥을 세워 집 모양처럼 만들고 장명등(長明燈)을 설치하여 극암의 재이(災異)를 진압하였다. 본조 초에 또한 중수(重修)하였다.

만일암(萬日菴) 성거산 위에 있다. ○ 본조 신광한(申光漢)의 시[339]에,
봉우리 돌고 협곡 가파른 곳에 동천[340]이 깊으니　峯回峽急洞天深
홀연 바람과 샘물 소리에 마음이 깨끗해지네　忽聽風泉已洗心
성거산의 숨겨진 비경을 전해 들었는데　聞說聖居幽跡秘
작은 암자 외로이 구름 덮인 봉우리에 기대 있네　小庵孤絶寄雲岑
하였다.

337 사부(謝傅) : 진(晉)나라 때의 명사이자 명신인 사안(謝安)을 가리킨다. 사안은 양하(陽夏) 사람으로, 자는 안석(安石)이다. 벼슬이 상서 복야(尙書僕射)로 태보(太保)에 이르렀으며, 뒤에 태부(太傅)에 증직되었으므로 세상에서 사 태부(謝太傅)라 칭하였다. 사안은 동산(東山)에 은거하면서 맑은 풍모를 드날렸다.

338 술사(術士)의 말로 인하여 : 고려 태조가 삼한(三韓)을 통일하고 송악산 남쪽에 새 도읍을 세울 때 술사가 말하기를 "창암(倉巖)이 우뚝 솟은 곳은 바로 지맥(地脈)이 둘째 번 순룡(順龍)의 폐간(肺肝) 자리에 해당하는데 하늘을 찌를 듯이 서 있으니, 이는 삼재(三災)가 일어날 곳입니다. 만약 이 삼재를 제거하려면 마땅히 석당(石幢)을 세워야 합니다."라고 하였는데, 이를 가리켜 말한 것이다.《陽村集 卷13 五冠山聖燈庵重創記》

339 신광한(申光漢)의 시 : 〈성거산 만일암을 유람하고(遊聖居山萬日菴)〉이다.《企齋集 卷9》

340 동천(洞天) : 도가(道家) 용어로, 신선이 사는 곳을 뜻하는데, 천하의 절승(絶勝)을 의미하는 말로 쓰인다.

낙산사(洛山寺) 용암산 아래에 있다. 절벽이 깎아지른 듯 서 있는데, 세 면이 깎은 듯 가파르다. 낙산사는 암석들 사이에 있는데, 남쪽만 홀로 트여 있어 마치 하늘이 만든 것처럼 황홀하다. 낙산사 동쪽에는 외로운 봉우리가 하나 있는데 높이 하늘까지 솟아 있고 위에는 반석(盤石)을 이고 있는데 정병대(正甁臺)라 부른다. 낙산사 남쪽에 봉우리가 또 하나 있는데 향로봉(香爐峯)이다. 낙산사에 관음 소상(觀音塑像)이 있는데, 사람들은 신라의 승려 의상(義湘)이 만들었다고 한다. 몹시 영험하여 도성의 남녀들이 끊임없이 기도하러 온다. ○ 성화(成化) 을유년(1465, 세조11) 봄밤에 우레 치는 듯한 소리가 나 절의 승려들이 모두 놀라 두려워하였다. 다음 날 보니 절 뒤 돌로 된 언덕이 절로 끊어져 동문 밖에 옮겨져 서 있었는데, 두 봉우리가 정치(鼎峙)하고 있는 듯 우뚝하였다. ○ 고려 정추(鄭樞)의 시에,

돌층계에는 구름이 소매에서 생겨나고	石磴雲生袖
소나무 봉우리에는 달이 품속으로 들어오네	松巒月入懷
탁 트인 정경을 보려면	要看空閒闊
보병대에 올라야겠지	須上寶屛臺

하였다.

안적사(安積寺) 성거산 남쪽에 있다.

증각암(證覺菴) 화장사 위에 있다. ○ 이색(李穡)의 시[341]에,

깎아지른 석봉이 속세를 벗어나 있으니	石峯如削出塵寰
아득한 운연 사이에 앉아서 어루만지네	坐撫雲煙縹渺間
범패 소리 잦아들고 승려 선정에 들었는데	梵唄聲殘僧入定

341 이색(李穡)의 시 : 〈증각사에서 묵다〔宿證覺寺〕〉이다. 《牧隱藁 牧隱詩藁 卷30》

둥근 밝은 달이 천산을 비추네　　　　　　　　一輪明月照千山

하였다.

고적古蹟

고려 때 만들어진 궁〔高麗作宮〕 하나는 현재 부 동북쪽 30리 용호산 동남쪽에 있다. 고려 때에 궁을 옮겼다. 섬돌과 벽돌탑이 여전히 남아 있고 창동이궁(窓洞移宮)이라 부른다. 하나는 현재 부 서북쪽 40리 화장산 동쪽 독봉(禿峯) 위와 아래에 있다. ○ 고려 때 궁을 옮겼는데 궁묘(宮墓), 돌계단, 섬돌이 예전 모습 그대로 남아 있다. 세속에서는 새장동이궁(塞墻洞移宮)이라 부른다.

고려 신경구지(新京舊址) 임진현(臨津縣) 북쪽 백악산 남쪽에 있다. 고려 공민왕(恭愍王) 9년(1360)에 남경(南京)으로 천도(遷都)하려고 태묘(太廟)에 점을 치자 불길하여 천도를 결행하지 못하였다. 이에 공민왕이 직접 옛 땅에 행행하여 궁궐을 하나하나 지었는데, 둘레가 720보였다. 당시 사람들은 신궁(新宮)이라 불렀다.

임진폐현(臨津廢縣) 부 남쪽 25리에 있다. 본래 고구려 임진성현(臨津城縣)으로, 오아홀(烏阿忽)이라고도 한다. 신라 때에 임진으로 고치고 개성군(開城郡)의 영현(領縣)으로 삼았다. 고려 현종(顯宗) 때 장단현(長湍縣)에 편입시켰고, 문종(文宗) 때 개성부(開城府)에 직속토록 하였고, 공양왕(恭讓王) 초에 임진현을 설치하였다. 본조 공정왕(恭定王 태종) 14년(1414)에 장단과 합하여 임단(臨湍)이라 불렀다. 장헌왕(莊憲王 세종) 1년(1419)에 다시 나누어 임진현으로 삼았다. ○ 혜장왕(惠莊王 세조) 14년(1468) 다시 편입시켰다.

임강폐현(臨江廢縣) 부 북쪽 40리에 있다. 본래 고구려 장항현(獐項縣)으로, 고사야홀차(古斯也忽次)라고도 한다. 신라 때에 임강으로 고쳐 우봉군(牛峯郡)의 영현(領縣)으로 삼았다. 고려 현종 때에 장단현에 편입시켰고, 문종(文宗) 때에 개성부에 직속토록 하였고, 공양왕 초에 임강현을 설치하였다. 본조 공정왕 14년에 장단과 병합하여 장림현(長臨縣)이라 불렀는데, 몇 개월 뒤 다시 나누어 현을 두었다. 혜장왕 4년(1458)에 다시 편입시켰다.

송림폐현(松林廢縣) 부 북쪽 20리에 있다. 본래 고구려 약지두치현(若只頭恥縣)으로, 지섬(之蟾)이라고도 하고 삭두(朔頭)라고도 한다. 신라 때에 여파(如羆)로 고쳐 송악군(松嶽郡)의 영현(領縣)으로 삼았다. 고려 초에 송림으로 고쳤고, 현종 때에 장단현에 편입시켰으며, 문종 때에 개성부에 직속토록 하였는데 뒤에 송림현을 두었다. 본조 공정왕 때에 다시 편입시켰다.

고장단(古長湍) 하나는 부 동쪽 27리에 있다. 바로 고려 때 옛 장단현이다. 이색(李穡)의 시에 "감악산 높이 솟아 장단촌을 누르네.〔紺嶽高壓長湍村〕"라고 한 것이 바로 이곳이다. 하나는 부 북쪽 22리에 있다. 본래 도원역 땅이었는데, 본조 세조 때에 장단을 승격시켜 군으로 삼고 이곳에다 옮겨 설치하였다. 광해군(光海君) 때에 이르러 다시 지금의 치소(治所)로 옮기고, 또한 그 지역을 일컬어 고장단이라 하였다.

덕진산성(德津山城) 부 서쪽 □리[342]에 있다. 성이 가로질러 산을 끊어 놓았고 아래로는 단수(湍水)를 누른다. 돌로 쌓았고 둘레는 몇 보인지 모른다. 오래전에 없어졌는데, 광해군 때에 부사(府使) 이서(李曙)가 수축하였다.

342 부 서쪽 □리 : 《대동지지(大東地志)》에는 '남쪽 강변 15리'로 되어 있다.

지금은 다시 무너져 없어졌다.

호로고루(瓠蘆古壘) 부 동쪽 32리 호로탄(瓠蘆灘) 가에 있다. 그 동쪽은 바로 적성현(積城縣) 경계이다. 두 누(壘)가 강을 사이에 두고 서로 마주 보고 있는데, 석벽(石壁)으로 인하여 견고하다. 전하는 말로는 삼국 시대 때에 군대를 주둔하여 지키던 곳이라고 한다.

조현역(調絃驛) 부 서남쪽 25리에 있다. 바로 옛 보현원(普賢院)이었는데, 본조 초에 조현역을 두었다가 세종조에 없앴다. 시내가 있는데 백악산 북쪽에서 흘러와 조현역 북쪽에 이르러 질펀히 흘러 물굽이를 이룬다. 고려 의종(毅宗)이 제방을 쌓아 못을 만들고는 유락을 즐기는 곳으로 삼았다. 후에 무신 정중부(鄭仲夫) 등이 문신을 모두 죽여 이 못에 빠뜨리고는 흙으로 메워 버렸다. 사람들이 조정침(朝廷沈)이라 불렀다.

흥성사(興聖寺) 오관산 아래 영통사 북쪽에 있다. 전하는 말로는 "보육(寶育)이 거처하던 마하갑(摩訶岬)의 땅이다."라고 한다. 고려 초에 집을 없애고 절을 지어 숭복관(崇福觀)이라고 하였는데, 후에 병화(兵火)로 소실되었다. 공민왕이 중건하여 흥성사로 개명하였고, 노국공주(魯國公主)가 스스로 공덕주(功德主)가 되었다. 이색(李穡)이 찬한 기문[343]이 있다. ○ 고려 김관의(金寬毅)의 《편년통록(編年通錄)》에 이르기를,

> "애초에 강충(康忠)이 오관산 아래 마하갑에 살았는데, 강충의 아들 보육이 거사(居士)가 되어 그대로 목암(木庵)을 짓고 거처하였다. 신라의 술사(術士)가 이를 보고 말하기를 '이곳에 거처하면 반드시 대당(大唐)

343 이색(李穡)이 찬한 기문 : 〈오관산 흥성사 전장법회기(五冠山興聖寺轉藏法會記)〉이다. 《牧隱藁 牧隱文藁 卷2》

의 천자가 와서 사위가 될 것이다.'라고 하였다. 후에 딸 둘을 낳았는데, 막내는 이름이 진의(辰義)로 아름다우면서도 재주와 지혜가 많았다. 막 15세가 되었을 때에 언니가 오관산 정상에 올라 소변을 보자 흘러 천하가 잠기는 꿈을 꾸었다. 꿈에서 깨 진의와 꿈 이야기를 하였는데, 진의가 말하기를 '비단치마로 그 꿈을 사고 싶습니다.'라고 하자 언니가 허락하였다. 진의가 언니에게 다시 꿈 이야기를 해 달라고 하면서 이를 잡아 가슴에 품는 듯한 행동을 세 번 하고는 마치 얻은 것이 있는 것처럼 마음으로 매우 자부하였다. 당 숙종(唐肅宗)이 잠저(潛邸)에 있을 때에 산천을 두루 유람하고자 하여 천보(天寶) 12년(753) 계사년 봄에 바다를 건너 송악군(松嶽郡)에 이르러 마하갑 양자동(養子洞)에 도착하여 보육의 집에 기숙하였다. 두 딸을 보고는 기뻐하면서 터진 옷을 꿰매 줄 것을 부탁하자, 보육이 그가 중화(中華)의 귀한 사람임을 알아채고는 즉시 장녀에게 명을 따르게 하였다. 그런데 장녀가 문지방을 넘자마자 코피가 나니 진의에게 대신하게 하여 마침내 천침(薦枕)하게 하였다. 약속된 한 달을 머물렀는데 진의가 임신한 것을 알고는 이별할 때에 말하기를 '나는 대당의 귀성(貴姓)이다.'라고 하고 활과 화살을 주며 말하기를 '아들을 낳으면 그에게 주라.'라고 하였다. 과연 아들을 낳았는데 그의 이름이 작제건(作帝建)이다. 후에 보육을 추존하여 국조 원덕대왕(國祖元德大王)으로 삼고, 보육의 딸 진의는 정화왕후(貞和王后)로 삼았다."

하였다. 또 이르기를,

"작제건이 장성하자 육예(六藝)의 재주를 모두 겸하였다. 16세에 어머니가 숙종이 남긴 활과 화살을 작제건에게 주었다. 작제건이 아버지를 뵙고자 하여 상선을 타고 바다 가운데 나가자 운무가 짙게 껴 배가 앞으로 나아갈 수 없었다. 배 안의 사람이 점을 치고는 말하기를 '고려인을 버려야만 한다.'라고 하였다. 그러자 작제건이 활과 화살을 잡고는 스스로 바다로 몸을 던졌는데, 아래에 암석이 있어 암석 위에 서 있었다. 얼마 뒤 한 늙은이가 절을 하며 말하기를 '나는 서해의 용왕(龍王)입니다. 매일 밤에 늙은 여우가 치성광여래(熾盛光如來)[344]의 모습을 하고 하늘에서 내려와 이 바위에 앉아 《옹종경(臃腫經)》을 읽으면 저는 두통이 매우 심해집니다. 그대가 활을 잘 쏜다고 들었으니 원컨대 저에게 해를 끼치는 것을 없애 주소서.'라고 하였다. 나타날 시간이 되자 작제건이 활을 쏘아 늙은 여우를 죽이니 늙은이가 맞이하여 궁으로 들이고는 사례하여 말하기를 '그대 덕분에 저의 우환이 없어졌으니 큰 덕에 보답하려고 합니다. 장차 서쪽으로 당나라로 들어가 천자인 아버지를 뵈시겠습니까, 칠보(七寶)[345]를 넉넉하게 가지고 동쪽으로 돌아가 어머니를 봉양하시겠습니까?'라고 하였다. 작제건이 말하기를 '제가 하고자 하는 바는 동토(東土)의 왕이 되는 것입니다.'라고 하자, 늙은이가 말하기를 '동토의 왕이 되는 것은 그대의 자손인 삼건(三建)[346]을 기다리면 반

344 치성광여래(熾盛光如來) : 불신(佛身)의 모공(毛孔)에서 대광명(大光明)을 발산해 해, 달, 별 등 제천요수(諸天曜宿)를 거느리고 정법을 따르게 하는 여래의 이름이다.

345 칠보(七寶) : 일곱 종류의 보물로, 여러 가지 견해가 있다. 《반야경(般若經)》에는 금(金)·은(銀)·유리(瑠璃)·차거(硨磲)·마노(瑪瑙)·호박(琥珀)·산호(珊瑚), 《아미타경(阿彌陀經)》에는 금·은·유리·파리(玻璃)·차거·적주(赤珠)·마노, 《법화경(法華經)》에는 금·은·유리·차거·마노·진주(眞珠)·민괴(玫瑰), 《무량수경(無量壽經)》에는 금·은·유리·파리·산호·마노·차거, 《항수경(恒水經)》에는 금·은·유리·진주·차거·명월주(明月珠)·마니주(摩尼珠)라 하였다.

346 삼건(三建) : 작제건(作帝建 의조(懿祖)), 용건(龍建 세조(世祖)), 왕건(王建 태조(太祖))

드시 이루어질 것입니다.'라고 하고는 장녀인 저민의(翥旻義)를 아내로 삼아 주었다. 작제건이 칠보를 가지고 돌아오려고 할 때에 용왕의 딸이 말하기를 '아버지는 버들 지팡이와 돼지를 가지고 있는데 칠보보다 낫습니다. 어찌 그것을 청하지 않으십니까.'라고 하였다. 작제건이 청하여 칠보를 돌려주고 버들 지팡이와 돼지를 얻기를 원하였다. 그러자 늙은이가 말하기를 '이 두 물건은 나의 신통력이 깃든 물건입니다. 그러나 그대가 청하니 감히 따르지 않겠습니까.'라고 하고는 이에 더하여 돼지를 주었다. 이에 옻칠한 배를 타고 칠보와 돼지를 싣고 항해하여 순식간에 해안에 닿으니 바로 창릉굴(昌陵窟) 앞 강 언덕이었다. 배주(白州)[347]의 정조(正朝)[348] 유상희(劉相晞) 등이 이 사실을 듣고 말하기를 '작제건이 서해 용왕의 딸과 혼인하여 돌아왔으니 실로 큰 경사이다.'라고 하고는 개주(開州), 정주(貞州), 염주(鹽州), 배주의 사람들을 거느리고서 영안성(永安城)을 축조하고 궁실을 지었다. 용왕의 딸이 처음 와서 즉시 개주 동북쪽 산기슭에 가서 은사발로 땅을 파 물을 길어 사용하였는데, 지금 개성(開城)의 대정(大井)이 그 우물이다. 1년을 거주하였는데

을 말하기도 하고 왕건만을 상징적으로 말하기도 하는데, 여기서는 후자의 설에 따라 번역하였다. '삼(三)' 자는 '왕(王)' 자에서 '곤(坤)'을 뽑은 글자로 '왕' 자에 관한 해설은 석왕사(釋王寺) 녹기담(綠起譚)에서 태조 이성계(李成桂)가 꿈에 서까래 셋을 지고 나왔다는 상징적인 말로 표현하고 있기도 하다.

347 배주(白州) : 지금의 황해도 배천군(白川郡) 지역이다.

348 정조(正朝) : 고려 초기 관료들의 공적의 지위와 신분을 나타내던 관계(官階)의 한 종류로, 1품의 삼중대광(三重大匡)·중대광(重大匡)에서 군윤(軍尹)·중윤(中尹)의 9품에 이르는 16등위 가운데 7품의 12등위에 해당하며, 995년(성종14) 향직으로 개편하기 이전까지 사용되었다.

돼지가 우리로 들어오지 않자 용왕의 딸이 돼지에게 말하기를 '만약 이 땅이 살 만하지 않다면 나는 네가 가는 곳을 따라가겠다.'라고 하였다. 다음 날 아침 돼지가 송악 남쪽 기슭에 이르러 눕자 마침내 새로운 집을 지었으니, 바로 강충이 옛날에 거주하던 곳이었다. 영안성을 왕래하며 거주한 것이 30여 년이었다. 용왕의 딸이 일찍이 송악의 새집 침실 창밖에 우물을 파고 우물 안으로부터 서해의 용궁을 다녀오곤 하였으니, 바로 광명사(廣明寺) 동쪽에 있는 상방(上房)의 북쪽 우물이다. 일찍이 작제건과 약속하기를 '내가 용궁에서 돌아올 때에 부디 보지 마십시오. 그렇지 않으면 다시 돌아오지 않을 것입니다.'라고 하였다. 하루는 작제건이 몰래 훔쳐보았는데, 용왕의 딸이 화가 나 마침내 어린 딸과 함께 모두 용으로 변하여 우물로 들어가 다시는 돌아오지 않았다. 후에 작제건을 추존하여 의조 경강대왕(懿祖景康大王)으로 삼고, 용왕의 딸은 원창왕후(元昌王后)로 삼았다. 용왕의 딸은 아들 넷을 낳았는데, 첫째가 용건(龍建)으로 뒤에 융(隆)으로 개명하였으니, 이분이 세조(世祖)이다. 기국(器局)이 넓고 커서 삼한(三韓)을 병탄하려는 뜻이 있었다. 세조가 일찍이 꿈에서 한 미인을 만나 아내로 삼겠다고 약속하였다. 후에 송악에서 영안성으로 갈 때에 꿈에 본 여인과 매우 닮은 여인을 길에서 만나 마침내 혼인을 하고는 몽부인(夢夫人)이라 불렀으니 이분이 위숙왕후(威肅王后)이다."

하였다. ○ 충선왕(忠宣王)이 원나라에 있을 때 한림학사 중에 충선왕과 종유한 사람이 있었다. 충선왕에게 말하기를 "일찍이 듣건대 왕의 선계(先系)가 당 숙종(唐肅宗)에게서 나왔다고 하니 무엇을 근거로 한 것입니까? 숙종은 어려서부터 일찍이 대궐을 나간 적이 없고 안녹산(安祿山)의 난에 영무(靈武)에서 즉위하였으니, 언제 동쪽으로 유람하여 아들까지 둔 단 말입니까."라고 하니, 충선왕이 크게 부끄러워하며 대답하지 못하였다. 민지(閔漬)가 곁에서 말하기를 "우리 국사(國史)에 잘못 기록된 것일 뿐입니다. 숙종이 아니고 바로 선종(宣宗)입니다."라고 하니, 학사가 말하기를 "만일 선종이라면 외지에서 오랫동안 고생하였으니 혹 그럴 수도 있겠습니다."라고 하였다.[349] ○ 이제현(李齊賢)이 말하기를,

"김관의가 이르기를 '강충이 거사 보육을 낳았으니, 이분이 국조 원덕대왕이다. 보육이 낳은 딸이 당나라 귀성의 배필이 되어 의조(懿祖)를 낳았고 의조는 세조를 낳았고 세조는 태조를 낳았다.'라고 하였다. 김관의의 말과 같다면 당나라 귀성이란 자는 의조에게는 아버지가 되고 보육은 의조 아버지의 장인이 되는데, 국조(國祖)라고 칭한 것은 어째서인가? 《왕대종족기(王代宗族記)》를 살펴보니 '국조는 태조의 증조이고, 정화왕후는 국조의 비(妃)이다.'라고 하였고, 《성원록(聖源錄)》에는 '보육 성인은 원덕대왕의 외조(外祖)이다.'라고 하였다. 이 말로 본다면 원덕대왕은 바로 당나라 귀성의 아들로 의조에 있어서는 고(考)가 되고, 정화왕후는 바로 보육의 외손부(外孫婦)로서 의조에게는 비가 되니, 보육을 국조 원덕대왕으로 삼은 것은 잘못이다. 김관의가 또 이르기를 '의조가 당나라 아버지가 남긴 활과 화살을 얻고서 바다를 건너 멀리 뵈러 가려고 하였다.'라고 하였으니, 그렇다면 의조가 아버지를 뵈러 가려는 뜻이 매우 간절한 것이다. 그런데 용왕이 원하는 바를 묻자 즉시 동쪽으로 돌아갈 것을 구하였으니 의조가 이와 같이 행동하지는 않았

349 일찍이 듣건대……하였다 : 《성호사설(星湖僿說)》 권27 〈왕건세계(王建世系)〉에 나온다.

을 것이다. 《성원록》에 '의조가 장가든 용왕의 딸은 평주(平州) 사람 각간(角干) 두은점(豆恩坫)의 딸이다.'라고 하였으니 김관의가 기록한 것과는 다르다. 또 김관의가 이르기를 '의조와 세조의 이름 아래 글자는 태조의 이름과 같다.'라고 하였다. 의조는 육예(六藝)에 통달하였고, 세조는 어려서부터 큰 기국(器局)을 온축해 두었으니, 어찌 조고(祖考)의 이름을 범해서는 안 된다는 사실을 모르고 스스로 이름을 삼고, 게다가 조고의 이름으로 아들을 명명하기까지 하였겠는가. 더구나 태조가 창업하여 왕통을 전함에 모든 일에서 선왕(先王)을 본받았는데, 어찌 부득이한 점이 있어 예가 아닌 이름을 편안히 사용하였겠는가. 내 생각에는, 신라 때에 임금을 마립간(麻立干)이라 칭하고 신하를 아간(阿干), 대아간(大阿干)이라 칭하였으며 시골 백성들에 이르러서도 으레 간(干) 자를 이름에 연결하여 불렀으니, 이는 간 자가 서로 존중해 주는 말이었기 때문이다. 아간을 간혹 아찬(阿粲), 알찬(閼餐)이라고 한 것은 간(干), 찬(粲), 찬(餐)의 세 글자의 소리가 비슷하기 때문이다. 따라서 의조와 세조 이름의 아래 글자도 또한 간, 찬, 찬의 소리와 서로 비슷하므로 이에 이른바 서로 존중해 주는 말을 이름에 연결하여 부르던 것이 바뀐 것일 뿐이지 이름은 아니다. 태조께서 마침 이 글자로 이름을 삼았으므로 뒤의 호사가(好事家)들이 마침내 견강부회하여 '삼대(三代)가 같은 이름을 사용하면 반드시 삼한(三韓)의 왕이 된다.'라는 말을 만들어 낸 것이니, 이는 믿을 만한 것이 못 된다."

하였다. ○ 정인지(鄭麟趾)가 말하기를,

"김관의는 의종조(毅宗朝) 사람으로 《편년통록》을 지었고, 상서(尙書) 김영부(金永夫)는 이 책에서 가려 뽑아 의종에게 바치면서 차자(箚子)

에 또한 아뢰기를 '김관의가 여러 집안에 사적으로 모아 둔 문서를 방문하여 모았습니다.'라고 하였다. 그 뒤에 민지(閔漬)가 《편년강목(編年綱目)》을 편찬하면서 또한 김관의의 설을 그대로 따랐다. 위에서 언급한 숙종인지 선종인지에 대한 문제를 《당서(唐書)》에서 살펴보니 숙종은 어려서부터 궁궐을 나간 적이 없다는 말은 과연 원나라 학사의 말과 같았다. 그리고 선종은 비록 광왕(光王)에 봉해졌지만 《당사(唐史)》에는 또한 번왕(藩王)을 봉지(封地)로 내보내는 제도는 없었다. 두 설은 모두 근거가 없으므로 믿을 것이 못 된다. 더구나 용왕의 딸과 관련한 일은 어쩌면 그리도 황당하고 괴이하단 말인가. 《태조실록(太祖實錄)》에 '태조 즉위 2년(919)에 삼대 조고(祖考)를 왕으로 추봉하고 시조(始祖)의 존시(尊諡)를 지어 올려 원덕대왕이라 하고 비를 정화왕후라 하였으며, 의조를 경강대왕이라 하고 비를 원창왕후라 하였으며, 세조를 위무대왕이라 하고 비를 위숙왕후라고 하였다.'라고 하였다.[350] 《태조실록》은 바로 정당문학 수국사(政堂文學修國史) 황주량(黃周亮)이 편찬한 책이다. 황주량은 현종조에 벼슬하여 태조 때의 일을 보고 들었을 것이므로 추증(追贈)한 것에 대해 실제에 근거하여 기록하여 정화왕후를 국조의 비로 삼아 삼대(三代)로 삼았고, 세상에 전하는 말은 한마디도 언급하지 않았다. 김관의가 살던 시기는 태조와 260여 년이나 차이가

350 태조실록(太祖實錄)에……하였다 : 본문에서 정인지가 말한 내용은 전문이 《고려사》에 수록되어 있지만 이 부분은 빠져 있고, 다른 기록에서도 정인지가 말한 부분인지는 확인할 수 없다. 하지만 문맥을 고려하여 정인지의 말로 번역하였다. 본문에 수록된 《태조실록》의 내용은 현재 《태조실록》이 현존하지 않기 때문에 확인할 수 없고, 《고려사》에 비슷한 내용이 수록되어 있다.

나니, 어찌 당시의 실록을 버리고서 후대에 근거 없이 뒤섞여 나온 책을 믿을 수 있단 말인가."

하였다.

불일사(佛日寺) 고려 광종(光宗)이 송림현(松林縣) 북쪽에 불일사를 창건하고 현의 치소를 동북쪽으로 옮겼다.

동림사(東林寺) 용암산의 오룡봉(五龍峯)아래에 있다. ○ 고려 김극기(金克己)의 시에,

깊숙이 골 가운데 절을 찾으니	幽討洞中寺
숲 너머 특이한 향내 전해 오네	隔林聞異香
길이 그윽한데 이끼 잎 깨끗하고	徑幽苔葉淨
못은 고요한데 국화는 향기롭네	潭靜菊花香
학의 그림자는 눈이 천 길이고	鶴影雪千丈
샘물 소리는 거문고 한 자락이네	泉聲琴一張
봉우리 구름은 길이 은밀히 감싸	嶺雲長密護
아침저녁으로 용당에 둘러 있네	晨夕繞龍堂

하였다.

자제사(慈濟寺) 정종(靖宗)이 임진 과교원(課橋院)에 자제사라는 이름을 하사하였다. 이보다 앞선 시기에 나루에 배다리가 없어 행인들이 다투어 건너다 물에 빠져 죽는 일이 많았다. 유사(有司)가 부교(浮橋)를 만드니 이로부터 인마(人馬)가 평지를 다니듯 오가게 되었다.

명환 名宦

유우流寓

이색(李穡) 한산(韓山) 사람이다. 고려 공양왕(恭讓王) 때에 판문하사(判門下事)로 장단으로 유배 와 거처하였다.

인물人物

고려

한언공(韓彦恭) 천성이 총명하고 일에 민첩하였다. 광종(光宗)과 목종(穆宗) 때에 여러 관직을 거쳐 내부시랑평장사(內史侍郎平章事)에 이르렀고 개국후(開國侯)에 특진되었다. 일찍이 사명(使命)을 받들고 송(宋)나라에 갔는데, 황제가 한언공의 의용(儀容)이 법도에 맞다는 이유로 검교병부상서(檢校兵部尙書)의 벼슬을 내렸다. 고려로 돌아와 왕에게 아뢰기를 "추밀원(樞密院)은 바로 우리 조정의 직숙(直宿)하는 관원과 서리가 해야 할 직무이니 이런 관청을 설치하소서."라고 하였다. 이에 비로소 중추원(中樞院)을 설치하였다. 죽은 뒤 시호는 정신(貞信)이다. 목종의 묘정(廟庭)에 배향되었다.

한안인(韓安仁) 아버지 한규(韓圭)는 향공(鄕貢)에 급제하여 관직이 호부시랑(戶部侍郎)에 이르렀다. 한안인은 초명(初名)이 교여(皦如)였다. 과거에 급제하여 예종조(睿宗朝)에 우부승선, 형조 상서를 두루 역임하였다. 사리에 밝고 문장을 잘 지었으며, 또 《역(易)》을 통한 점서(占筮)를 잘하여 당대에 명류(名流)가 되었다. 이자겸(李資謙)과 화합하지 못하여 살해당했다. 이자겸이 실각하자 뒤미처 문열(文烈)이라는 시호를 받았다.

한충(韓冲) 주(州)의 향리(鄕吏)로 벼슬을 시작하였다. 과거에 급제하여 예종조에 우보궐(右補闕)에 제수되었다. 이자겸이 한안인을 죽였을 때에 한충은 한안인의 종제(從弟)라는 이유로 외지로 유배 보내졌다. 이자겸이 실각하자 초빙되어 예부 시랑(禮部侍郞)에 제수되었고 국자 좨주(國子祭酒)를 역임하였다. 성품이 강직하고 말할 때에 거리낌이 없었으며 학문을 독실히 하고 문장을 잘 지었다. 정사(政事)는 청렴과 은혜를 중시하여 부임하는 곳마다 명성과 공적이 있었다.

문충(文忠) 오관산 아래 영통동(靈通洞)에 거주하였다. 어머니를 지극한 효성으로 모셔 봉양을 위하여 녹사(祿仕)하였다. 경성(京城)과의 거리가 30리였는데, 아침에 나갈 때나 저녁에 돌아와서나 어머니를 대면하고 혼정신성(昏定晨省)하면서 조금도 게을리하지 않았다. 어머니가 연로한 것이 근심스러워 나무 닭〔木鷄〕를 만들고는 노래를 지었는데, 제목은 〈오관산곡(五冠山曲)〉이다. 악부(樂府)에 전한다. 후에 이제현(李濟賢)이 사(詞)를 지어 그 뜻을 풀이하기를,

나뭇조각으로 작은 당닭 만들어	木頭雕作小唐鷄
젓가락으로 집어 벽의 홰에 앉혔네	筯子拈來壁上栖
이 닭이 꼬끼오 울며 시간을 알릴 제야	此鳥膠膠報時節
어머님 얼굴 비로소 지는 해와 같으리	慈顔始似日平西

하였다.

강화도호부江華都護府

해도(海島) 가운데 있다. 동쪽으로 갑곶포(甲串浦) 해안까지 10리이고, 남쪽으로 해안까지 40리이고, 서쪽으로 인화석진(寅火石津) 해안까지 26리이고, 북쪽으로 승천포(昇天浦) 해안까지 15리이다. 서울과의 거리는 130리[351]이다.

한전旱田

수전水田

건치연혁建置沿革

본래 고구려 혈구군(穴口郡)이다. 갑비고차(甲比古次)라고도 한다. 신라 경덕왕(景德王) 때에 고쳐 해구군(海口郡)으로 삼았고, 원성왕(元聖王) 때에 혈구진(穴口鎭)을 설치하였다. 고려 초에 고쳐 강화현(江華縣)으로 삼았고, 고종(高宗) 19년(1232)에 몽고의 병사를 피해 들어와 도읍으로 삼고 강화군(江華郡)으로 승격시키고는 강도(江都)라 불렀다. 원종

351 130리 : 《신증동국여지승람》 권12 〈경기 강화도호부〉에는 '135리'로 되어 있다.

(元宗) 11년(1270)에 송도(松都)로 돌아왔다. 강도에 들어가 있은 지 39년 만이었다. 충렬왕(忠烈王) 때에 인주(仁州)에 병합하였고 얼마 뒤에 복구하였다. 신우(辛禑) 때에 승격시켜 강화부(江華府)로 삼았다. 본조 공정왕(恭定王 태종) 13년(1413)에 도호부로 고쳤다. 관장하는 면(面)은 □개이다. 관원은 부사(府使)와 교수(教授)이다. 각 1인이다. 지금 증보하건대 인조(仁祖) 때에 강도로 승격시켰다.

군명郡名

혈구(穴口), 해구(海口), 강도(江都)

형승形勝

안으로는 마니산(摩尼山)과 혈구산(穴口山)이 웅거하고 있고 밖으로는 동진산(童津山)과 백마산(白馬山)을 경계로 하고 있다. 고려 최자(崔滋)의 〈삼도부(三都賦)〉

사면이 바다로 둘러싸여 있고 토지가 비옥하다. 본조 정이오(鄭以吾)의 기문에 "사면이 바다로 둘러싸여 있고 토지가 비옥하니 큰 구릉과 평지가 있고, 식물이 풍성하게 자라니 콩, 보리, 벼가 자라기에 적합하다."라고 하였다.

동쪽으로 곧장 통진(通津)이고, 북쪽으로 풍덕(豐德)을 바라본다. 지지(地志)

섬으로 성(城)을 삼고, 바다는 천연의 해자(垓子)가 된다. 본조 김세렴(金

世濂)이 강도에 대해 논한 글[352]에 "강도는 천연의 험지(險地)이니 섬으로 성을 삼고 바다는 천연의 해자가 된다."라고 하였다.

산천山川

고려산(高麗山) 부 서쪽 5리[353]에 있다. 진산(鎭山)이다.

마니산(摩尼山) 부 남쪽 35리에 있다. 고려 고종(高宗) 46년(1259)에 교서랑(校書郞) 경유(景瑜)의 말을 따라 이 산의 남쪽에 이궁(離宮)을 창건하였다.

전등산(傳燈山) 부 남쪽 32리에 있다.

혈굴산(穴窟山) 부 서쪽 10리에 있다.

진강산(鎭江山) 진강현(鎭江縣)에 있다.

길상산(吉祥山) 부 남쪽 30리에 있다. 둘레가 13리이다. 목장이 있다.

송악산(松嶽山) 부 북쪽 1리에 있다.

봉두산(鳳頭山) 바로 하음성산(河陰城山)이다. 부 북쪽 16리에 있다.

대모성산(大母城山) 부 남쪽 30리에 있다.

바다〔海〕 부 사면이 모두 바다이다. 동쪽으로 통진과의 거리는 겨우 4리이고, 북쪽으로 풍덕과의 거리는 30여 리이고, 서쪽과 남쪽은 연결되어 있다.

갑곶진(甲串津) 부 동쪽 10리에 있다.

352 김세렴(金世濂)이……글 : 김세렴이 1631년(인조9)에 올린 〈폐단을 진달하는 상소〔陳弊上疏〕〉이다. 《東溟集 卷7》

353 5리 : 《신증동국여지승람》 권12 〈경기 강화도호부〉에는 '15리'로 되어 있다.

인화석진(寅火石津) 부 서쪽 32리에 있다. 교동(喬桐)을 왕래하는 사람들은 이 나루를 통해 왕래한다. 옛날에는 정자가 있었다.

가릉포(嘉陵浦) 부 서쪽 32리에 있다. 마니산에서 발원하여 서쪽으로 흘러 바다로 들어간다. 큰 제방이 있는데 길이가 20자이다.

하포(蝦浦) 부 북쪽 12리에 있다. 고려산에서 발원하여 북쪽으로 흘러 바다로 들어간다.

대청포(大青浦) 부 남쪽 13리에 있다. 혈굴산에서 발원하여 동쪽으로 흘러 바다로 들어간다.

염점포(鹽岾浦) 부 서쪽 22리에 있다. 고려산에서 발원하여 서쪽으로 흘러 바다로 들어간다.

조산포(造山浦) 부 남쪽 5리에 있다. 고려산에서 발원하여 동쪽으로 흘러 바다로 들어간다.

말오을포(末吾乙浦) 부 서쪽 20리에 있다. 발원지는 두 개로 하나는 고려산에서 나오고 하나는 혈굴산에서 나오는데 합하여 서쪽으로 흘러 바다로 들어간다.

승천포(昇天浦) 부 북쪽 19리에 있다.

고려천(高麗川) 부 서쪽 15리에 있다. 고려산에서 발원하여 서쪽으로 흘러 염점포로 들어간다.

마장천(馬場川) 부 남쪽 13리에 있다. 발원지는 두 개로 하나는 혈굴산에서 나오고 하나는 진강산에서 나오는데 합하여 흘러 대청포로 들어간다.

오리천(吾里川) 부 서쪽 10리에 있다. 고려산에서 발원하여 북쪽으로 흘러 하포로 들어간다.

매도(煤島) 부 서쪽에 있다. 옛날 구음도(仇音島)로, 둘레가 60리이다. 섬에 광박석(廣博石)이 있어 국용(國用)으로 사용된다. 목장이 있다.

주문도(注文島) 매도 서쪽 7리에 있다. 정포(井浦)의 영전(營田)이 있고 또 목장이 있다.

보음도(甫音島) 주문도 서쪽에 있다. 둘레가 17리이다. 좌도 수군의 영전(營田)이 있고 또 목장이 있다.

말도(末島) 주 서쪽 5리에 있다. 둘레가 43리이다.

금음북도(今音北島) 부 동쪽 16리에 있다. 염분(鹽盆)이 있다.

미법도(彌法島) 금음북도 북쪽 2리에 있다. 목장이 있다.

장봉도(長烽島) 진강현에 있다. 둘레가 25리이고 목장이 있다.

신도(信島) 부 남쪽 20리[354]에 있다. 목장이 있다.

거도(居島) 신도 서쪽에 있다.

소도(少島) 보음도 동쪽 3리에 있다.

오두두지(吾豆頭池) 부 남쪽 15리에 있다. 깊이가 10자이다.

와초지(瓦草池) 대모성 아래에 있다.

토산土産

석회(石灰), 청란석(靑爛石), 모두 마니산에서 난다. 산초〔川椒〕, 감〔柿〕, 쑥〔艾〕, 소금〔鹽〕, 홍어(洪魚), 쌀새우〔白蝦〕, 조개〔蛤〕, 토화(土花 미네굴), 굴〔石花〕, 낙지〔絡蹄〕, 소라(小螺), 부레〔魚鰾〕, 숭어〔秀魚〕, 중하(中蝦), 맛조개〔竹蛤〕, 해파리〔海膹〕, 참조기〔黃石首魚〕, 게〔蟹〕

354 20리 : 《신증동국여지승람》 권12 〈경기 강화도호부〉에는 '30리'로 되어 있다.

성곽城郭

공서公署

정포 만호진(井浦萬戶鎭) 부 서쪽 20리에 있다. 수군만호(水軍萬戶) 1인이 있다.

학교學校

향교(鄕校) 부 동쪽 1리에 있다.

궁실宮室

객관(客館)

이섭정(利涉亭) 갑곶나루 언덕에 있다. 본조 이첨(李詹)의 기문은 다음과 같다. "한강(漢江)과 임진강(臨津江)이 합류하여 조강(祖江)이 되어 서쪽으로 비스듬히 흘러 바다로 가는데 별도로 흘러 갑곶이 된다. 전조(前朝)의 고종(高宗)이 이곳으로 난리를 피해 왔는데, 원나라 병사가 추격해 이르러 말하기를 '갑옷을 쌓으면 건널 수 있겠다.'라고 하였다. 그러므로 갑곶이라 명명한 것이다. 강화부는 거진(巨鎭)으로 바다에 있는 관문이 되어 육지와 연결되어 있지 않다. 부의 북쪽 물가는 수도(水道)가 모두 통하는데, 다만 물이 너무도 넓어 혹 풍랑을 만나 막혀 버리면 때로 건널 수 없게 된다. 만일 조강을 배로 건너 30여 리 정도 육지로 이동하여 갑곳에 이르면 건너는 곳이 매우 좁아 쉽게 건널 수 있다. 그러므로 순찰을 맡은 사상(使相)이나 어명을 받은 내신(內臣)들이 모두 이 길을 경유하여 부로 나아가며, 기타 왕래하는 여행객들 또한 끊임없이 오가니 실로 이곳에 정자를 지어 맞이하고 전송하는 장소로 삼기에 알맞다.

홍무(洪武) 무인년(1398, 태조7) 가을 9월에 같은 고을에 사는 이성(李晟)이 가선대부(嘉善大夫)로 부사(府使)가 되어 병마를 단련하는 임무를 겸하게 되었는데, 부임하자마자 군민(軍民)의 온갖 일들이 이미 모두 잘 거행되었다. 이듬해 봄에 관리와 백성들을 모아 놓고 말하기를 '읍의 치소에 볼거리나 유람할 곳을 두는 것은 실로 논의할 사항이 아니다. 그러나 기운이 번잡하거나 생각이 혼란하거나 시야가 옹색하거나 뜻이 막히는 때를 당하면 군자는 반드시 노닐고 휴식하는 장소와 헌창한 건물을 두어 돌아보고 배회하며 정신을 평안하고 여유롭게 해야 한다. 이렇게 한 뒤라야 번잡하던 기운이 간략해지고 혼란하던 생각이 정해지며 옹색하던 시야가 트이고 막혔던 뜻이 시행된다. 더구나 한만(汗漫)을 보고 홍몽(鴻濛)을 엿보아[355] 사물과 기(氣)의 시초에 마음을 노닐어 나의 호연지기를 기르고, 또 사람과 함께 돌아보기까지 한다면 즐겁지 않겠는가.'라고 하였다. 관리와 백성들이 모두 이 말을 옳다 여기자 경영할 것을 도모하였다.

이에 옛터에 다시 새롭게 만들고는 창을 높게 달아 사신들이 올라 전망할 수 있게 하였고 담장을 둘러 여행객들이 머물며 쉴 수 있게 하였

355 한만(汗漫)을……엿보아 : 《회남자(淮南子)》 〈도응훈(道應訓)〉에 나오는 말로, 한만은 더 넓은 공간을 뜻하고 홍몽(鴻濛)은 우주가 형성되기 이전의 상태를 뜻한다.

다. 시원하면서 따뜻하고 견고하면서 주밀하며 돌을 쌓아 높이고 낮은 담을 둘렀음에도 기한에 맞게 완성하니, 관리와 백성들이 놀라며 '하늘에서 떨어졌나, 땅에서 솟았나?'라고 하면서 모두 신기하게 여겼다.

이후(李侯)가 교체될 시기가 되자 나에게 편지를 보내와 정자의 이름과 기문을 청하였다. 물을 쉽게 건널 수 있는데 정자가 마침 물을 건너는 곳에 있기 때문에 이섭(利涉)이라 편액하였다."

연미정(燕尾亭) 갑곶나루 가에 작은 산이 있는데, 그 아래 해구(海口)가 둘로 나뉘어 흐른다. 그러므로 연미라고 명명하였다. 하도(下道)에서 오는 조공선이 지나거나 정박하는 곳이다.

진해루(鎭海樓) 갑곶진에 있다. 본조 이안눌(李安訥)의 시[356]에,

진해루는 아스라이 하량[357]을 누르고	鎭樓迢遞壓河梁
철쇄 같은 초문에 석성은 길구나	鐵鎖譙門石壘長
한수가 북쪽에서 흘러와 이곳에서 한 갈래 나뉘고	漢水北來分一派
해천은 서쪽으로 바라보니 세 방향과 접해 있네	海天西望接三方
지형은 예로부터 천연의 요새요	地形自昔金湯險
왕도는 현재도 옥처럼 빛나네	王道如今玉燭光
굽은 난간에 앉아 읊조리는데 조수가 항구에 가득하니	坐嘯曲欄潮滿港
수많은 돌아오는 범선이 고깃배 상선과 뒤섞였구나	歸帆無數雜魚商

하였다.

356 이안눌(李安訥)의 시 : 〈진해루(鎭海樓)〉이다. 《東岳集 卷12 江都錄》

357 하량(河梁) : 한(漢)나라 이릉(李陵)이 소무(蘇武)에게 준 송별시에 "손을 잡고 하량에 올라간다.〔攜手上河梁〕"라는 말이 있는데, 하량은 하수의 다리이다. 《漢書 李陵傳》 여기서는 갑곶나루를 가리킨다.

봉수烽燧

진강산 봉수(鎭江山烽燧) 서쪽으로 강산(綱山)과 응하고 동쪽으로 대모성산과 응한다.

강산 봉수(綱山烽燧) 동쪽으로 진강산과 응하고 서쪽으로 교동현(喬桐縣)의 화개산(華蓋山)과 응한다.

송악산 봉수(松嶽山烽燧) 동쪽으로 통진현(通津縣)의 남산(南山)과 응하고 서쪽으로 하음성산(河陰城山)과 응한다.

하음성산 봉수(河陰城山烽燧) 동쪽으로 송악산과 응하고 서쪽으로 교동현의 화개산과 응한다.

대모성산 봉수(大母城山烽燧) 동쪽으로 통진현의 수안성산(守安城山)과 응하고 서쪽으로 진강산과 응한다.

우역郵驛

갑곶원(甲串院) 갑곶나루 해안에 있다.

인석원(寅石院) 인화석나루 해안에 있다. 옛 정자가 있다.

승천포원(昇天浦院) 승천포나루 해안에 있다.

관량關梁

대청포교(大青浦橋)

토교(兎橋) 부 남쪽 4리에 있다.

하포교(蝦浦橋)

갑곶나루〔甲串渡〕 부 동쪽 10리에 있다. 길이 통진(通津)과 부평(富平)으로 통한다. ○ 고려 고종이 난리를 피해 본도(本島)로 들어왔는데, 원나라 병사가 고종을 추격하여 이곳에 이르러 말하기를 "갑옷을 쌓으면 건널 수 있겠다."라고 하였다. 그러므로 이 말로 인해 갑곶나루라고 명명하였다.

승천포나루〔昇天浦渡〕 부 북쪽 19리에 있다. 길이 풍덕(豐德)과 개성부(開城府)로 통한다.

인화석나루〔寅火石渡〕 부 서쪽 32리에 있다. 교동을 왕래하는 사람은 이 나루를 이용한다.

○ 이상의 세 나루는 모두 바다 나루이다.

사단祠壇

참성단(塹城壇) 마니산 정상에 있다. 돌로 쌓아 축조하였다. 단의 높이는 10자이고 위는 사각형이며 아래는 원형이다. 위의 사면은 각각 6자 6치이고 아래 원은 둘레가 각각 15자이다. 세상에 전하는 말로는 단군(檀君)이 하늘에 제사를 지내던 곳이라 한다. 본조에서는 전조(前朝)의 구습에 따라 이곳에서 별에 제사를 지낸다. 사당 아래에는 재궁(齋宮)이 있다. ○ 고려 이색(李穡)의 시[358]에,

무릉은 무슨 일로 애써 신선을 구했었나[359] 茂陵何事苦求仙

358 이색(李穡)의 시 : 〈마니산 기행(摩尼山紀行)〉 중 〈차운하여 재궁에서 읊다〔次韻齋宮〕〉이다. 《牧隱藁 牧隱詩藁 卷4》

359 무릉(茂陵)은……구했었나 : 무릉은 한 무제(漢武帝)의 능호(陵號)로, 전하여 한 무제를 가리키는데, 한 무제가 일찍이 신선을 구하려고 애를 썼기 때문에 이렇게 말한 것이다. 《漢

다만 이 봉래산 때문에 혹 그렇게 했는가 祇是蓬萊亦或然
산은 구름과 함께 떠 있으니 절로 끝이 없고 山與雲浮自無際
바람은 배를 몰아가니 앞설 것이 없구나 風吹船去莫能前
금인은 소반 속에 이슬을 한 번 떨구고[360] 金人一滴盤中露
청조는 해상의 하늘을 외로이 나네[361] 青鳥孤飛海上天
어떻게 하면 그대로 참성에 제사를 지내 何似塹城修望秩
앉아서 사람마다 태평세월을 누리게 할까 坐令人享太平年

하였다. ○ 또 이색의 시[362]에,

산하가 이처럼 험고하니 山河險如此
장하다 우리나라여 壯哉吾有國
정상엔 운기가 흐르고 絶頂雲氣流
절벽에선 교목이 굽어보네 傾崖俯喬木
바람 맞으며 길이 휘파람 부니 臨風發長嘯
울리는 소리 암곡을 진동하네 餘響振巖谷

書 郊祀志上》

360 금인(金人)은……떨구고 : 한 무제가 동선인(銅仙人)의 수장(手掌)으로 승로반(承露盤)을 받드는 형상을 20장(丈) 높이로 만들어 세운 데서 온 말이다. 승로반에 맺힌 이슬에 옥설(玉屑)을 타서 마시면 장생할 수 있다고 하여 이것을 만들었다. 《漢書 郊祀志上》

361 청조(青鳥)는……나네 : 청조는 선녀(仙女)인 서왕모(西王母)의 사자(使者)이다. 《태평어람(太平御覽)》 권31에 "《한무고사(漢武故事)》에 '7월 7일 갑자기 청조가 궁전(宮殿) 앞에 날아 앉자, 동방삭(東方朔)이 말하기를 「서왕모가 오려고 한다.」 했는데, 잠시 후에 과연 서왕모가 오자, 두 청조가 서왕모를 양쪽 곁에서 모셨다.'"라고 한 데서 온 말이다.

362 이색의 시 : 〈마니산 기행〉 중 〈차운하여 산 위에서 짓다〔次韻山上作〕〉이다. 《牧隱藁 牧隱詩藁 卷4》

소문의 놀이[363]를 잇고자 하노니 欲繼蘇門遊
석수는 지금 한창 푸르렀겠지[364] 石髓今正綠
해와 달은 두 수레바퀴와 같고 日月兩轂輪
우주는 한 칸의 집이로구나 宇宙一間屋
이 단이 천연으로 된 게 아니니 此壇非天成
정히 누가 쌓았는지 모르겠구려 不知定誰築
향 연기 오르자 별은 나직해지고 香昇星爲低
녹장[365]이 들자 기운 막 엄숙해지네 章入氣初肅
다만 신명의 보우에 보답함일 뿐 祗以答神貺
어찌 스스로 복을 구해서이랴 何曾自求福

하였다. ○ 본조 강희맹(姜希孟)의 시[366]에,

바다 위 외로운 성 옥계[367]가 차니 海上孤城玉界寒

363 소문(蘇門)의 놀이 : 진(晉)나라 때 완적(阮籍)이 일찍이 소문산(蘇門山)에서 은사(隱士) 손등(孫登)을 만나 여러 가지 말을 해 보았으나, 손등은 한마디도 응하지 않았다. 그래서 완적이 길게 휘파람을 불며 내려오는데, 산 중턱쯤 내려왔을 때 산 위에서 마치 난(鸞), 봉(鳳)의 소리 같은 것이 들려왔는데, 그것은 바로 손등의 휘파람 소리였더라는 고사에서 온 말이다.《晉書 阮籍列傳》

364 석수(石髓)는……푸르렀겠지 : 석수는 선가(仙家)에서 500년 만에 한 번 나온다고 하는 돌의 진액(津液)으로, 사람이 이것을 복용하면 장생한다고 하는데, 진(晉)나라 때 왕렬(王烈)이 깊은 산에 들어갔다가 갈라진 바위 틈에서 이 진액을 채취해 먹고 혜강(嵇康)에게도 조금 주었다는 고사에서 온 말이다.《晉書 嵇康列傳》

365 녹장(綠章) : 옛날에 도사(道士)가 하늘에 제사 지낼 때 청등지(靑藤紙)에 주사(朱砂)로 쓴 축문(祝文)을 가리킨다.

366 강희맹(姜希孟)의 시 : 〈마니참성(摩尼塹城)〉이다.《續東文選 卷9》

367 옥계(玉界) : 신선 세계 혹은 선경(仙境)을 가리키는데, 여기서는 성 주변의 경관을 표현한 말이다.

바람이 항해를 불어 이슬 많이 내렸구나　　風吹沆瀣露凝溥
허공을 걷는 사람[368]은 푸른 하늘 밖에 있고　　步虛人在青冥外
주옥같은 글을 다 읽자 달이 단에 가득하네　　吟罷瓊章月滿壇

하였다.

사직단(社稷壇) 부 서쪽에 있다.

문묘(文廟) 향교에 있다.

산천제단(山川祭壇) 마니산 초성단(醮星壇) 아래에 있다.

성황사(城隍祠) 갑곶에 있다.

충렬사(忠烈祠) 부 남쪽[369] 10리 선원리(仙源里)에 있다. 인조 병자년(1636, 인조14)에 오랑캐가 강도를 함락하자 의정(議政) 김상용(金尚容), 시정(寺正) 이시직(李時稷), 주부(主簿) 송시영(宋時榮)이 모두 사절(死節)하였다. 부의 사람들이 사당을 세워 그들을 제사 지냈다.

여단(厲壇) 부 북쪽에 있다.

능묘 陵墓

고려 고종(高宗) 능 부 서쪽 6리에 있다. 홍릉(弘陵)이라 부른다.

원덕태후(元德太后) 능 부 남쪽 23리에 있다. 고려 고종의 비(妃)이다. 곤릉(坤陵)이라 부른다.

고려 희종(熙宗) 능 부 남쪽 21리에 있다. 석릉(碩陵)이라 부른다.

368 허공을 걷는 사람 : 신선이 허공을 밟고 다닌다는 뜻으로 여기서는 신선을 가리킨다.
369 남쪽 : 《신증동국여지승람》 권12 〈경기 강화도호부〉에는 '서남쪽'으로 되어 있다.

순경태후(順敬太后) 능 부 남쪽 23리에 있다. 고려 원종(元宗)의 비이다. 가릉(嘉陵)이라 부른다.

이규보(李奎報) 묘 진강산 동쪽 기슭에 있다.

황형(黃衡) 묘 부 동쪽 10리 연미정 서북쪽에 있다.

사찰 寺刹

전등사(傳燈寺) 길상산에 있다. 원나라 지원(至元) 19년(1282)에 충렬왕(忠烈王)의 원비(元妃) 정화궁주(貞和宮主) 왕씨(王氏)가 승려 인기(印奇)에게 부탁하여 바다를 건너 송(宋)으로 들어가 《대장경(大藏經)》을 인쇄해와 전등사에 보관하였다.

선수암(善首菴), 정수암(淨水菴) 모두 마니산에 있다. ○ 이안눌(李安訥)의 시[370]에,

천고의 부도전이 　 千古浮屠殿
마니산 동쪽 기슭에 있구나 　 摩尼嶽麓東
산은 굽이져 인간세와 막혀 있고 　 山回人境隔
하늘은 더 넓어 해문과 통하네 　 天豁海門通

하였다.

국정사(國淨寺), 적석사(積石寺), 월명사(月明寺) 모두 고려산에 있다.

수월사(水月寺), 미륵사(彌勒寺) 모두 하음성산(河陰城山)에 있다.

사왕사(四王寺) 송악산에 있다.

370 이안눌(李安訥)의 시 : 〈정수사 부도전에 쓰다(題淨水寺浮屠殿)〉이다. 《東岳集 卷12》

덕장사(德藏寺) 진강산에 있다.

홍릉사(弘凌寺), **백련사**(白蓮寺) 모두 고려산에 있다.

고적 古蹟

진강폐현(鎭江廢縣) 본도(本島) 내에 있다. 부와의 거리는 남쪽으로 25리이다. 본래 고구려 수지현(首智縣)인데 신라 때에 수진(守鎭)으로 개명하여 해구군(海口郡)의 영현(領縣)으로 삼았다. 고려 때에 진강(鎭江)으로 고치고 그대로 편입시켰다. 본조에서 그대로 따랐다.

하음폐현(河陰廢縣) 본도 내에 있다. 부와의 거리는 남쪽으로 25리이다. 본래 고구려 동음내현(冬音柰縣)으로, 아음(芽音)이라고도 한다. 신라 때에 호음(沍陰)으로 개명하여 해구군의 영현으로 삼았다. 고려 때에 하음(河陰)으로 고치고 그대로 편입시켰다. 후에 개성현(開城縣)에 소속시켰고 후에 다시 행촌(杏村)에 병합하였다. ○ 본조에서 그대로 따랐다.

해령향(海寧鄕) 진강현 서쪽 5리에 있다.

삼랑성(三郎城) 전등산에 있다. 세상에 전하는 말로는 "단군이 세 아들을 시켜 축조하게 하였다."라고 한다.

고궁성(古宮城) 송악리(松嶽里)에 있다. 부와의 거리는 동쪽으로 10리이다. 고려 고종(高宗) 때에 축조한 것이다. 외성(外城)은 모두 토성(土城)이다. 외성의 둘레는 3만 7076자이고 내성의 둘레는 3874자이다.

고려산성(高麗山城) 흙으로 쌓았다. 둘레가 1만 9372자이다.

개골동(蓋骨洞) 부 남쪽 10리에 있다. 고려 고종 13년(1226)에 세조(世祖)와 태조(太祖)를 개골동으로 이장(移葬)하였다.

용장사(龍藏寺) 옛터가 부 서쪽 4리에 있다. 고려 공민왕(恭愍王)이 즉위할 때에 충정왕(忠定王)이 이 절에서 손위(遜位)하였다.

선원사(禪源寺) 옛터가 부 남쪽 8리에 있다. 현재는 장원서(掌苑署)의 과원(果苑)이 되었다.

명환名宦

신라

계홍(啓弘) 신라 원성왕(元聖王) 6년(790)에 혈구진(穴口鎭)을 설치하고 아찬(阿飡) 계홍을 진두(鎭頭)로 삼았다.

고려

민상정(閔祥正) 충렬왕(忠烈王) 때에 강화 유수(江華留守)가 되었다. 성품이 강직하고 용렬(勇烈)하여 부임하는 곳마다 치적이 있었다. 또 양광도(楊廣道)를 안찰할 때에 권귀(權貴)에게 뇌물을 가져다주는 자가 역마를 이용해 경계를 지난다는 말을 듣고 즉시 관리를 시켜 수색하여 압수하게 하고는 이첩(移牒)하여 국고(國庫)로 보냈다. 이 일로 인해 호강(豪强)한 자들의 기세가 꺾였다.

홍문계(洪文系) 임유무(林惟茂)가 병권을 쥐고 있을 때에 홍문계가 상장(上將) 송송례(宋松禮)와 함께 임유무를 공격하기로 계획하였다. 임유무가 누가 시켰는지를 묻자 송송례가 "홍 중승(洪中丞)이다."라고 대답하였는데, 임유무가 낙담하여 마침내 패하였다.

심덕부(沈德符) 공민왕 때에 강화 부사(江華府使)가 되었는데, 사유(師儒)를 초치하여 자제들을 모으고 《시경》과 《서경》을 나누어 주었다.

본조

인물人物

고려

위수여(韋壽餘) 현종(顯宗) 때의 사람으로 정직하고 성실하며 법을 잘 지켰다. 관직이 문하시중상주국(門下侍中上柱國)에 이르렀다. 시호는 안공(安恭)이다.

본조

최용소(崔龍蘇) 관직이 형조 판서에 이르렀다. 시호는 제현(齊賢)이다.

열녀列女

강화 삼녀(三女) 삼녀는 부의 아전의 딸이다. 고려 신우(辛禑) 3년(1377)에 왜구가 강화를 침입하여 함부로 사람을 죽이고 노략질하였다. 삼녀가 적을 만나자 의(義)에 따라 오욕을 당하지 않으려 왜구를 부여잡고 강으로 뛰어들어 죽었다.

풍덕군豐德郡

동쪽으로 장단부(長湍府) 경계까지 39리이고, 남쪽으로 통진현(通津縣)까지 34리이고, 서쪽으로 개성부(開城府) 경계까지 17리이고, 북쪽으로 같은 부 경계까지 15리이다. 서울과의 거리는 179리이다.

한전旱田

수전水田

건치연혁建置沿革

본래 고구려 정주(貞州)이다. 고려 현종(顯宗) 때에 개성현(開城縣)으로 편입시켰고, 문종(文宗) 때에 개성부에 직속토록 하였고, 예종(睿宗) 때에 승천부(昇天府)를 설치하였고, 충선왕(忠宣王) 초에 해풍군(海豐郡)으로 승격시켰다. 본조 공정왕(恭定王 태종) 13년(1413)에 군을 없애 개성 유후사(開城留後司)로 편입시켰고, 18년에 다시 해풍군을 설치하였다. 장헌왕(莊憲王 세종) 24년(1442)에 덕수현(德水縣)을 병합하여 풍덕군(豐德郡)으로 고쳤다. 관장하는 면(面)은 □개[371]이다. 관원은 군수(郡守)와 훈도(訓導)이다. 각 1인이다. 지금 증보하건대 효종(孝宗) 때에 도호부로 승격시켰다. 왕비 장씨(張氏)의 본관이라는 이유로 승격시켰다.

군명 郡名

정주(貞州), 승천부(昇天府), 해풍(海豐)

산천 山川

백마산(白馬山) 군 남쪽 15리에 있다. ○ 고려는 이 산을 우소(右蘇)로 삼았다. 고종(高宗) 37년(1250)에 대장군 이세재(李世材)와 신집평(愼執平) 등을 파견하여 백마산의 남쪽 임해원(臨海院)의 옛터에 궁궐을 처음으로 경영하였다.

말흘산(末訖山) 군 북쪽 100보에 있다.

덕적산(德積山) 또 다른 이름은 덕물산(德物山)이다. 군 동쪽 30리에 있다.

삼성당산(三聖堂山) 덕수폐현(德水廢縣) 남쪽 5리에 있다.

여리산(如利山) 덕수폐현 서쪽 5리에 있다.

마군산(馬群山) 덕수폐현 서남쪽 10리에 있다. 옛 이름은 마제산(馬蹄山)이다.

바다〔海〕 군 서쪽 20리에 있다.

승천포(昇天浦) 군 남쪽 15리에 있다.

371 □개 : 《여지도서(輿地圖書)》에 의하면 풍덕군의 관할 면은 8개이다.

조강(祖江) 덕수폐현에 있다. 한수(漢水)와 단수(湍水)가 합쳐져 이 강이 되고 서쪽으로 바다로 들어간다. 고려 이규보(李奎報)의 부(賦)[372]에,

넓고 넓은 강물이	浩浩江流
경수[373]처럼 탁하구나	濁如涇水
시커먼 빛 넘실넘실	漆色而泓
겁나 굽어보기 어렵구나	懼難俯視
여울이 격렬하고 급함이여	湍又激而迅兮
어찌 구당[374]에 비할까	豈瞿塘之足譬
세찬 뭇 내를 모았으니	控百川之奔會兮
솥의 물이 끓는 듯하네	若鼎湯之鶩沸

하였다.

동강(東江) 군과의 거리는 동쪽으로 30리이다. 남도(藍島)가 있다.

화장포(化莊浦) 동강 남쪽 10리에 있다.

사천(沙川) 덕수폐현 동쪽 9리에 있다. 개성부(開城府)의 천마산(天摩山), 성거산(聖居山), 송악산(松嶽山) 등 여러 산의 물이 이곳에서 합류하여 동강으로 들어간다.

마지(馬池) 덕수폐현 북쪽 2리에 있다.

372 이규보(李奎報)의 부(賦) : 〈조강부(祖江賦)〉이다. 《東國李相國集 卷1》

373 경수(涇水) : 강물 이름으로, 하류(下流)에서 위수(渭水)와 합하는데 경수는 흐리고 위수는 맑다.

374 구당(瞿塘) : 삼협(三峽)의 하나로 양자강 상류에 있다. 양편 절벽 사이의 물살이 급하고 협구(峽口)의 염여퇴(灩澦堆)가 강심에 솟아 있어 뱃길이 매우 험악하다.

토산土産

정옥사(碇玉沙), 군 북쪽 흥왕사(興王寺)에서 난다. 석회(石灰), 조기〔石首魚〕, 숭어〔秀魚〕, 농어〔鱸魚〕, 붕어〔鯽魚〕, 낙지〔絡蹄〕, 굴〔石花〕, 토화(土花 미네굴), 조개〔蛤〕, 게〔蟹〕, 쌀새우〔白蝦〕

학교學校

향교(鄕校) 군 동쪽 1리에 있다.

궁실宮室

객관(客館)

관호정(觀湖亭) 객관의 북쪽에 있다. 본조 윤자(尹慈)의 시에,

고기 뛰고 솔개 날아 위아래 하늘이니 魚躍鳶飛上下天
새로운 정자 좋은 경치 난간 앞에 모였네 新亭佳致共軒前
청산은 드문드문 외로운 구름 너머 보이고 青山點點孤雲外
흰 새는 쌍쌍이 가랑비 속에 날아드네 白鳥雙雙細雨邊

하였다.

봉수烽燧

덕적산 봉수(德積山烽燧) 동쪽으로 교하현(交河縣)의 검단산(黔丹山)과 응하고, 북쪽으로 개성부의 송악산(松嶽山) 성황당과 응한다.

우역 郵驛

중련역(中連驛) 군 동쪽 15리에 있다.

승천포원(昇天浦院) 승천포 옛 성 아래에 있다.

냉정원(冷井院) 군 남쪽 30리에 있다.

광대원(光大院) 군 남쪽 30리에 있다.

임해원(臨海院) 군 남쪽 15리에 있다.

관량 關梁

조강나루〔祖江渡〕 덕수폐현 □리에 있다. 길이 통진(通津)과 부평(富平)으로 통하고, 서쪽으로 해구(海口)와 연결되어 있으며, 강물이 빠르고 세차다. 고려 이규보(李奎報)가 우보궐(右補闕)에 재임 중 탄핵을 받아 계양 수(桂陽守)에 제수되었는데, 조강을 건너다 폭풍을 만나 곤란을 겪은 뒤 건넜다. 이로 인하여 〈조강부(祖江賦)〉를 지었다.

하원나루〔河源渡〕 군 남쪽 30리에 있다. 고려 충숙왕(忠肅王)이 일찍이 공주와 함께 이곳에서 조수를 구경하였다. 상류에는 또 인녕나루〔引寧渡〕가 있다.

사묘 祠廟

사직단(社稷壇) 군 서쪽에 있다.

문묘(文廟) 향교에 있다.

성황사(城隍祠) 승천포 성에 있다.

여단(厲壇) 군 북쪽에 있다.

삼성당사(三聖堂祠) 고려 충숙왕이 덕수현에서 사냥할 때에 해동청(海東青)과 내구마(內廐馬)가 죽자 왕이 노하여 성황사와 신사(神祠)를 불태우게 했는데 바로 이곳이다.

능묘陵墓

제릉(齊陵) 군 북쪽 15리에 있다. 우리 태조(太祖) 신의왕후(神懿王后)의 능이다. 제릉 안에 신도비(神道碑)가 있는데 권근(權近)이 찬하였다.[375]

후릉(厚陵) 군 동쪽 10리에 있다. 공정대왕(恭靖大王 정종)의 능이다. 정안왕후(定安王后)가 부장되어 있다.

김태현(金台鉉) 묘, 김광재(金光載) 묘 모두 덕수폐현 북쪽에 있다.

유탁(柳濯) 묘, 이공수(李公遂) 묘 모두 덕수폐현 남쪽에 있다.

민제(閔霽) 묘 덕수폐현 서쪽에 있다.

익안대군(益安大君) 묘 군 동쪽 12리에 있다.

권보(權溥) 묘 덕수폐현 발송원(鉢松原)에 있다.

장만(張晩) 묘 군 기촌(岐村)에 있다.

375 권근(權近)이 찬하였다 : 〈유명 조선국 승인순성 신의왕후 제릉 신도비명(有明朝鮮國承仁順聖神懿王后齊陵神道碑銘)〉이다. 《陽村集 卷37》 대본에는 '權近撰 其□'으로 되어 있는데, '其□'는 앞뒤와의 관계를 알 수 없어 번역하지 않았다.

사찰寺刹

연경사(衍慶寺) 부소산(扶蘇山)에 있다.

흥교사(興教寺) 백련산(白蓮山)에 있다.

경천사(敬天寺) 부소산에 있다. 절에는 13층 석탑이 있는데 12회상(會相)이 조각되어 있다. 조각된 인물들이 생동감 넘치고 모습이 또렷하여 천하에 어떤 것도 비교할 수 없을 정도로 제작한 솜씨가 정교하다. 세속에 전하는 말로는 "원나라 승상 탈탈(脫脫)이 원찰(願刹)로 만들었고, 진녕군(晉寧君) 강융(姜融)이 원나라의 장인(匠人)을 모집하여 이 탑을 조성하였다."라고 한다. 지금도 탈탈과 강융의 화상이 남아 있다. 또 절의 동쪽 언덕에 괴석(怪石)이 산출되는데 세속에서는 침향석(沈香石)이라고 부른다.

보리암(普利庵) 마군산에 있다.

백운사(白雲寺) 여리산에 있다.

고적古蹟

덕수폐현(德水廢縣) 군 동쪽 30리에 있다. 본래 고구려 덕물현(德物縣)으로, 인물(仁物)이라고도 한다. 신라 때에 덕수(德水)로 개명하였고 고려에서 그대로 따랐다. 현종(顯宗) 때에 개성현(開城縣)으로 편입시켰고, 문종(文宗) 10년(1056)에 현에 흥왕사를 창건하고는 현의 치소(治所)를 양천(楊川)으로 옮겼고, 17년에 개성부에 직속토록 하였다. 공양왕(恭讓王) 초에 다시 현을 두었다. 본조 태조 7년(1398)에 현을 없애고 병합시켰다.

고정주(古貞州) 승천부(昇天府)의 옛터인데 현재 승천포 옛 성 북쪽 2리에 있다. 세상에 전하는 말로는 "옛 정주의 치소는 또 옛터의 서쪽에 있었

는데, 지금은 바다로 빠져 들어갔다."라고 한다. 인하여 승천포라고 부른다.[376]

중방제(重坊堤) 군 남쪽 4리에 있다. 고려 때에는 중방비보(重坊裨補)라고 불렀는데, 매년 봄과 가을에 반주(班主)가 부병(府兵)을 거느리고 수축하여 남쪽과 북쪽의 수문을 열어 밭에 물을 대었다. 길이는 8리이고 넓이는 3리이다.

장원정(長源亭) 군 서쪽 25리에 있다. ○ 도선(道詵)의 〈송악명당기(松嶽明堂記)〉에 "서강(西江) 가에 군자어마명당(君子御馬明堂)의 터가 있는데, 태조(太祖)가 통일한 병신년(936, 태조19)으로부터 120년이 되는 해에 이곳에 집을 지으면 국업(國業)이 연장될 것이다."라고 하였다. 문종(文宗)이 태사령 김종원(金宗元)에게 명하여 터를 보고 서강의 병악(餠嶽) 남쪽에 정자를 짓게 하였는데, 또 정자 아래 연못 안에서 서문석(瑞文石)을 얻었다. ○ 고려 예종(睿宗)이 장원정에서 놀면서 곽여(郭輿)에게 화답한 시에,

별관에서 적선인 듯한 사람을 만나	別館逢人擬謫仙
누에 올라 함께 저문 강의 배를 바라보네	上樓同望晩江船
좋은 경치 읊조리며 찾아 시필을 수고롭히고	吟搜好景勞詩筆
즐거운 마음 웃으며 얻어 주연에 부친다네	笑得歡情付醉筵
단풍잎 국화꽃 오늘이 한창인데	紅葉黃花當此日
푸른 버들 향초는 지난해를 생각하네	綠楊芳草憶前年

376 승천포라고 부른다 : 이 뒤의 원문은 "古城或附見於昇天浦, 或□□昇天府□附□見之□□□□□. 其海爲貞州海."인데, 결락된 글자가 많아 문맥을 파악할 수 없으므로 번역하지 않았다.

단지 친한 뜻만 가지고 세태를 잊었지만 只將親意忘時態
차마 졸렬한 시를 가지고 좋은 시에 화답할까 忍抱狂吟繼雅篇
해거름 물가에 게 잡는 불 밝고 薄暮汀邊明蟹火
석양에 마을 밖엔 밥 짓는 연기 피어오르네 夕陽村外起人煙
자욱한 바다 기운 바람이 몰고 가니 溟濛海氣風驅去
가을밤에 뜬 달 푸른 하늘에 밝구나 月上秋霄照碧天

하였다. ○ 고려 정지상(鄭知常)의 시[377]에,

우뚝 솟은 쌍궐이 강가에 임해 있는데 岧嶢雙闕枕江濱
맑은 밤에 전혀 티끌 한 점 없구나 淸夜都無一點塵
바람 머금은 돛단배엔 구름이 조각조각 風送客帆雲片片
이슬 엉긴 궁 기와엔 옥빛이 반짝반짝 露凝宮瓦玉鱗鱗
푸른 버들 속 문 닫은 집은 여덟아홉 綠楊閉戶八九屋
밝은 달에 발 걷은 사람 두세 명 明日捲簾三兩人
아득한 봉래는 어디에 있는가 縹緲蓬萊在何處
꿈에서 깨니 청춘에 꾀꼬리 우네 夢闌黃鳥囀青春

하였다.

수강궁(壽康宮) 충렬왕(忠烈王) 4년(1278)에 덕수현 마제산(馬蹄山)에 수강궁을 지었는데, 이때부터 늘 이곳에서 사냥을 구경하였다.

임해궁(臨海宮) 옛터가 승천포 서쪽 언덕에 있다.

보법사(報法寺) 말흘산에 있다. 이색(李穡)의 기문[378]에 "왕성(王城)의 남쪽

377 정지상(鄭知常)의 시 : 〈장원정(長源亭)〉이다. 《東文選 卷12》

378 이색(李穡)의 기문 : 〈보법사기(報法寺記)〉이다. 《牧隱藁 牧隱文藁 卷6》

백마산의 북쪽에 큰 가람(伽藍)이 있는데, 태조(太祖)의 비 유씨(柳氏)가 집을 희사한 곳이다."라고 하였다.

홍왕사(興王寺) 옛터는 덕적산 남쪽에 있다. 고려 문종(文宗)이 창건한 절인데, 12년 만에 완공하였고 모두 2800칸이었다. 왕이 특별히 연등대회(燃燈大會)를 열어 낙성하였다. 또 금탑(金塔)을 조성하였는데, 내부는 은(銀) 427근을 사용하여 만들고 외부는 금(金) 144근을 사용하여 만들었다. 후에 승려 달유(達幼) 등이 또 중건하였다. 이곡(李穀)의 기문[379]이 있다.

명환名宦

고려

주열(朱悅) 고종조(高宗朝)에 승천부 읍재가 되었다. 청렴하고 공정하였으며 자신에게는 검소하였고 부임하는 곳마다 정사를 잘 펼쳤다는 명성이 있었다.

본조

성봉조(成奉祖) 풍덕 군수(豐德郡守)가 되어 정사가 여러 군(郡) 중에 으뜸이었다.

379 이곡(李穀)의 기문 : 〈홍왕사 중수 홍교원 낙성회기(興王寺重修興教院落成會記)〉이다. 《稼亭集 卷2》

유우流寓

장백창(張伯昌) 본래 중국 절강(浙江) 사람이었다. 송나라 조정의 귀신(貴臣)으로 아들 장순고(張舜皐)와 함께 피난하여 동쪽으로 와 정주(貞州)에 접거(接居)하였는데, 자손들이 마침내 군의 사람이 되었다.

이공수(李公遂) 익산군(益山郡) 사람이다. 고려 공민왕(恭愍王) 때에 부원군(府院君)에 봉해졌다. 만년에 원나라 조정에서 본국으로 돌아와 덕수현 별장에 물러나 살면서 남촌(南村)이라 자호하였다.

허계(許誡) 중추원 부사(中樞院副使) 허척(許倜)의 아들이다. 사람이 구속됨이 없고 이익에 집착하는 일이 없었으며, 문장에 능하였고 음률에 통달하였다. 물러나 풍덕촌 농막에 살면서 늘 소를 타고 도롱이 삿갓 차림으로 낚시하는 일을 즐거움으로 삼았다. 본조 강정왕(康靖王 성종)이 여러 번 조정으로 불러 승지와 부제학으로 삼았지만 모두 오래지 않아 사직하고 물러났다.

인물人物

고려

유천궁(柳天弓) 태조(太祖)의 비(妃) 신혜왕후(神惠王后)의 아버지이다. 애초에 유천궁의 집은 큰 부자였으므로 읍인들이 장자(長者)라고 불렀다. 태조가 궁예(弓裔)의 장군이 되어 군사를 이끌고 정주를 지나가다 오래된 버드나무 아래서 휴식을 취하였다. 이때에 강가에 덕용(德容)을 갖춘 여인을 보고는 누구의 딸이냐고 묻자 "이 읍의 장자 집의 딸입니다."라고 대답하였다. 태조가 인하여 그 집을 방문하자 유천궁이 일군(一軍)을 풍성하게 대접하고 자신의 딸에게 태조의 시침을 들게 하였다. 후에 연락이 끊어져 서로 소식을 듣지 못하게 되자 여인은 수절하여 비구니가 되었는데, 태조가 이 사실을 듣고는 맞이하여 부인으로 삼았다. 후에 배현경(裵玄慶) 등이 태조를 추대할 때에 부인이 갑옷을 가져와 입히고 즉위시켰다. 원비(元妃)로 책봉되었다. 유천궁은 관직이 삼중대광(三重大匡)에 이르렀다.

유홍(柳洪) 선종조(宣宗朝)에 무략(武略)으로 현달하였다. 《춘추좌전(春秋左傳)》 및 《병가비결(兵家秘訣)》에 정통하여 매번 국사에 우환과 의심이 있을 때마다 옛일을 인용하여 계책을 결정하였다. 또 병거(兵車)를 만들어 뜻하지 않은 우환에 대비하니 당시 의론하는 자들이 중하게 여겼다. 관직이 시중(侍中)에 이르렀다. 시호는 광숙(匡肅)이다.

유인저(柳仁著) 유홍의 아들이다. 예종(睿宗) 때에 과거에 급제하였고 관직이 참지정사(參知政事)에 이르렀다. 집안이 크게 현달하였지만 부귀로 남에게 교만하게 행동하지 않았다. 시호는 정간(貞簡)이다. 예종의 묘정(廟庭)에 배향되었다.

이소(李劭) 덕수현 사람이다. 고종조(高宗朝)에 집안을 일으켜 과거에 급제하여 합문지후 문림랑(閤門祗侯文林郎)을 역임하였고 자금어대(紫金魚袋)를 하사받았으며 지삼사사(知三司事)를 역임하였다. 아들 이윤온(李允藴)은 충렬왕조에 태부 소윤(太傅少尹)을 역임하였고 민부 전서(民部典書)가 되었다.

이천선(李千善) 이윤온의 아들이다. 공민왕조에 기씨(奇氏) 일족을 주살하고 중조(中朝)에 아뢴 공으로 금자광록대부 수사공 주국 낙안백(金紫光祿大夫守司空柱國樂安伯)에 제수되었다. 시호는 양간(良簡)이다. 사람이 풍채가 아름다워 공민왕이 화상을 그려 하사하였다.

이인범(李仁範) 이천선의 아들이다. 어려서부터 박학하였고 문장을 잘 지었다. 공민왕조에 과거에 급제하여 좌정언(左正言), 지제교(知制教) 등을 역임하였으며 단성익조 공신(端誠翊祚功臣)을 하사받았다. 정당문학 예문관대제학(政堂文學藝文官大提學)을 역임하였다.

본조

이명신(李明晨) 이인범의 손자이다. 아버지 이양(李揚)은 공조 참의가 되었다. 이명신은 세종조(世宗朝)에 □□□ 모두 치적이 있었다. 여러 관직을 거쳐 지돈녕부사에 이르렀다. □□□[380]

이변(李邊) 이소의 5세손이다. 30세[381]에 학문을 시작하여 과거에 급제하였다. 강정왕조에 관직이 영중추부사에 이르렀다. 사람이 정직하여 성부(城府)가 없었고, 남의 과실을 보면 면전에서 지척(指斥)하였다. 일찍이 정조(政曹)[382]에 있을 때 집에 일절 선물을 들이지 않았다. 한어(漢語)와 이문(吏文)을 잘하여 여러 번 중국으로 사신을 갔으므로 중국 사람들이 모두 그의 이름을 알았다. 늘 말하기를 "내 평소 남을 속인 적 없으니, 입사(入仕)한 뒤로 꾀병을 핑계로 일을 폐한 적이 없다."라고 하였다. 죽은 뒤 시

380 □□□ : 《신증동국여지승람》 권13 〈경기 풍덕군〉에는 '시호는 강평이다.〔謚康平〕'로 되어 있다.

381 30세 : 《신증동국여지승람》 권13 〈경기 풍덕군〉, 《국조인물고(國朝人物考)》 속고(續考) 2 〈경재(卿宰)〉 등에는 '17세'로 되어 있다. 과거에 급제한 시기는 1419년(세종1)이므로 30세에 과거에 급제하였고, 공부를 시작한 시기는 17세인 듯하다.

382 정조(政曹) : 인사 행정을 취급하는 관사로, 이조와 병조를 말한다.

호는 정정(貞靖)이다. 아들 이거(李琚)는 장령이 되었고, 성품이 강직하여 말을 과감하게 하였다.

이의무(李宜茂) 이명신의 손자이다. 어려서부터 문장을 잘 지어 당시에 명성이 있었다. 과거에 급제하여 청요직을 두루 역임하였다. 연산군조에 홍주 목사(洪州牧使)가 되었는데, 관소에서 졸하였다. 공희왕조(恭僖王朝 중종)에 다섯 아들이 과거에 급제하였기 때문에 관작이 증직되고 제사를 하사받았다. 후에 또 의정(議政)에 증직되었다.

삭녕군朔寧郡

동쪽으로 연천현(漣川縣) 경계까지 22리, 강원도 철원부(鐵原府) 경계까지 41리이고, 남쪽으로 장단부(長湍府) 경계까지 28리이고, 서쪽으로 황해도 토산현(兎山縣) 경계까지 11리이고, 북쪽으로 강원도 안협현(安峽縣) 경계까지 21리, 같은 도 평강현(平康縣) 경계까지 11리이다. 서울과의 거리는 195리이다.

한전旱田

수전水田

건치연혁建置沿革

본래 고구려 소읍두현(所邑豆縣)인데 신라 경덕왕(景德王) 때에 삭읍(朔邑)으로 개명하고 토산군(兎山郡)의 영현(領縣)으로 삼았다. 고려 때에 삭녕현(朔寧縣)으로 고쳤고, 현종(顯宗) 때에 동주(東州)로 편입시켰으며 예종(睿宗) 때에 다시 분리하여 승령현(僧嶺縣)에서 겸하여 다스리게 하였다. 본조 태종(太宗) 3년(1403)에 승격시켜 삭녕군으로 삼아 신의왕후(神懿王后)의 외향(外鄕)이라는 이유로 승격시켰다. 승령현을 편입시켰다. 태종 14년에 또 안협현(安峽縣)을 없애 병합하고는 안삭군(安朔郡)이라 불렀고, 16년에 다시 분리하여 안협현을 설치하고 옛 이름으로 되돌렸다. 관장하는 면(面)은 7개이다. 관원은 군수(郡守)와 훈도(訓導)이다. 각 1인이다.

군명郡名

삭읍(朔邑)

형승形勝

산세는 북쪽으로부터 오고, 강의 흐름은 동쪽으로 흘러간다. 본조 서거정(徐居正)의 시[383]

풍속風俗

풍속은 후하고 순박하다. 본조 박추(朴樞)의 시에 "풍속은 후하고 순박하며 백성과 사물은 여유롭네.〔俗厚風淳民物閑〕"라고 하였다.

383 서거정(徐居正)의 시 : 〈삭녕(朔寧)〉이다. 《四佳集 四佳詩集補遺 卷3》

산천山川

남산(南山) 군과의 거리는 3리이다.

승령산(僧嶺山) 군 동쪽 15리 승령폐현(僧嶺廢縣)에 있다.

성산(城山) 군 동쪽 5리에 있다. 작은 성터가 있다.

영원산(寧原山) 군 동쪽 7리에 있다.

영원산(靈原山) 군 남쪽 16리에 있다.

부압산(浮鴨山) 군 서북쪽 20리 토산현(兎山縣) 경계에 있다.

흥성산(興盛山) 군 동쪽 25리에 있다.

검질산(儉秩山) 군 동쪽 15리에 있다.

수청산(水青山) 군 동쪽 55리에 있다.

말탄산(末呑山) 군 동쪽 50리에 있다. 이 산의 동쪽은 바로 철원부(鐵原府)의 효성산(曉星山)이다.

강화평(江華坪) 군 남쪽 40리에 있다.

방축평(防築坪) 군 동쪽 45리에 있다.

단수(湍水) 함경도 안변부(安邊府)의 영풍폐현(永豐廢縣)에서 발원하여 이천(伊川)의 안협(安峽)을 지난다. 본군의 경계에 이르러 군 남쪽 3리를 지나 동쪽으로 흘러 연천(漣川)과 마전(麻田)의 경계를 경유하고 또 꺾어져 서쪽으로 흘러 장단부(長湍府) 경계로 들어간다.

북천(北川) 강원도 철원부 고암산(高巖山)에서 발원하여 군의 승령폐현 서쪽을 경유하여 손청탄(孫聽灘)의 하류가 되고 군 남쪽 7리에 이르러 단수로 흘러 들어간다.

토산土産

명주실〔絲〕, 삼〔麻〕, 오미자(五味子), 꿀〔蜂蜜〕, 황랍(黃蠟), 파〔葱〕, 고을 사람들이 파를 잘 심어 이익을 거둔다. 녹반(綠礬), 군 북쪽 금동사(金洞寺)에서 난다. 석회(石灰), 누치〔訥魚〕, 쏘가리〔錦鱗魚〕

학교學校

향교(鄕校) 군 서쪽 2리에 있다.

궁실宮室

객관(客館)

향사당(鄕射堂)

우화대(羽化臺) 군 동쪽 7리에 있다. 단수와 북천이 합쳐지는 곳에 석벽(石壁)이 깎아지른 듯 솟아 있고 그 위에 정대(亭臺)가 있는데 임진나루〔臨津渡〕를 굽어보고 있다.

관량關梁

삭녕나루〔朔寧渡〕 군 남쪽 7리에 있다. 바로 단수의 나루터이다.

사묘祠廟

사직단(社稷壇) 군 서쪽에 있다.

문묘(文廟) 향교에 있다.

성황사(城隍祠) 하나는 성산에 있고, 하나는 승령산에 있다.

여단(厲壇) 군 북쪽에 있다.

능묘陵墓

사찰寺刹

관음사(觀音寺) 영원산(靈原山)에 있다.

장군사(將軍寺) 홍성산에 있다.

용복사(龍腹寺) 수청산에 있다.

고적古蹟

승령폐현(僧嶺廢縣) 군 동쪽 30리에 있다. 본래 고구려 승량현(僧梁縣)으로, 비물(非物)이라고도 한다. 신라 경덕왕(景德王) 때에 동량(幢梁)으로 개명하여 철원군(鐵原郡)의 영현(領縣)으로 삼았다. 고려 때에 승령(僧嶺)으로 개명하였고, 예종(睿宗) 때에 다시 현을 두어 삭녕을 겸하여 다스리게 하였다. 본조 태종(太宗) 때에 현을 없애고 삭녕으로 편입시켰다.

고삭녕(古朔寧) 삭녕나루 언덕 곁에 유지(遺址)가 남아 있다. 세종(世宗) 23년

(1441)에 지금의 치소(治所)로 옮겼다.

인물人物

본조

최항(崔恒) 세종조에 과거에 장원 급제하여 대관(臺館)을 역임하였다. 세조(世祖) 때에 정난 좌익 공신(靖難佐翼功臣)에 참여하여 삭녕부원군(寧城府院君)에 봉해졌고, 관직이 의정부 영의정에 이르렀다. 오랫동안 문형(文衡)을 관장하였고 사륙문(四六文)을 잘 지어 한때의 표문(表文)과 전문(箋文)이 대부분 그의 손에서 나왔다. 시호는 문정(文靖)이다.

마전군麻田郡

동쪽으로 연천현(漣川縣) 경계까지 19리이고, 남쪽으로 적성현(積城縣) 경계까지 7리이고, 서쪽으로 장단부(長湍府) 경계까지 17리이고, 북쪽으로 삭녕군(朔寧郡) 경계까지 21리이다. 서울과의 거리는 179리이다.

한전旱田

수전水田

건치연혁建置沿革

본래 고구려 마전천현(麻田淺縣)인데 신라 경덕왕(景德王) 때에 임단(臨湍)으로 개명하여 우봉군(牛峯郡)의 영현(領縣)으로 삼았다. 고려 초에 마전(麻田)으로 개명하였고, 현종(顯宗) 때에 장단현(長湍縣)에 편입시켰다. 문종(文宗) 때에 개성부(開城府)에 직속하였고 후에 마전현을 분리하여 설치하였다가 얼마 뒤에 적성현(積城縣)에 편입시켰고, 공양왕(恭讓王) 때에 다시 마전현을 설치하였다. 본조에서 그대로 따랐다. 문종(文宗) 때에 군으로 승격시켰다. 이곳에 숭의전(崇義殿)이 있다는 이유로 승격시켰다. 관장하는 면(面)은 5개이다. 관원은 군수(郡守)와 훈도(訓導)이다. 각 1인이다.

군명郡名

임단(臨湍)

산천山川

미두산(尾頭山) 군 동쪽 5리에 있다.

분석산(分石山) 군 북쪽 10리에 있다.

염창산(鹽倉山) 군 서쪽 5리에 있다. 또 다른 이름은 하미산(河彌山)이다.

단수(湍水) 삭녕군 동쪽에서 흘러와 군 동쪽 20리에 이르러 징파나루〔澄波渡〕를 지나고, 적성현 경계에 이르러 사근나루〔沙斤渡〕를 지나 꺾어져 서쪽으로 흘러 장단부(長湍府) 경계로 들어간다. 또 연천현과 적성현에 보인다.

종연(鍾淵) 군 서쪽 6리에 있다. 단수가 여기에 이르러 돌아 흘러 깊은 못이 된다. 전하는 말로는 이 못에 옛 종이 가라앉아 있는데 국가에 난이 일어나려 하면 스스로 운다고 한다. 그 위에 용연(龍淵)이 있는데, 세속에서는 용이 출현하면 가뭄이 든다고 한다. 용연 서쪽 언덕은 바로 염창산이다.

토산土産

명주실〔絲〕, 삼〔麻〕, 오미자(五味子), 지치〔紫草〕, 누치〔訥魚〕, 쏘가리〔錦

鱗魚〕, 게〔蟹〕

학교學校

향교(鄕校) 군 동쪽 1리에 있다.

궁실宮室

객관(客館) 홍귀달(洪貴達)의 기문에 "읍이 쇠잔하고 몹시 오래되어 객관은 없고 단지 초가로 된 아문(衙門)만 있었다. 연산군(燕山君) 4년(1498)에 관찰사 강귀손(姜龜孫)이 본도의 수군을 조정에 아뢰어 징발하여 객관, 향교, 군수의 아문을 지었는데, 초가를 기와집으로 바꾸고 나무 담을 흙담으로 바꾸었다."라고 하였다.

우역郵驛

동지원(東指院) 군 동쪽 20리 징파나루 언덕에 있다.

관량關梁

징파나루〔澄波渡〕 군 동쪽 20리에 있다. 또 연천현에 보인다.

사근나루〔沙斤渡〕 후근나루〔朽斤渡〕라고도 한다. 군 남쪽 7리에 있다. 적성현과 경계가 나누어지는 곳이다.

사묘祠廟

숭의전(崇義殿) 군 서쪽 5리에 있다. 본조 태조(太祖) 1년(1392)에 예조에 명하여 마전현에 묘당(廟堂)을 세워 고려의 태조, 혜종(惠宗), 성종(成宗), 현종(顯宗), 문종(文宗), 원종(元宗), 충렬왕(忠烈王), 공민왕(恭愍王)을 제사 지내고 제전(祭典)을 지급하게 하였다. 장헌왕(莊憲王 세종) 7년(1425)에 유사(有司)가 "국가의 종묘(宗廟)에는 단지 오실(五室)만을 제사 지내는데 전조(前朝)의 묘당에는 팔위(八位)를 제사 지내니 예(禮)에 부합하지 않습니다."라고 하였다. 이에 태조, 현종, 문종, 원종만을 남겨 두고 봄가을로 2월과 8월 초하루에 제사를 지냈는데, 조정에서 향과 축문을 보내 치제(致祭)하게 하였다. 공순왕(恭順王 문종) 2년(1452)에 고려의 후손 왕순례(王循禮)를 찾아 그에게 묘당을 지키게 하였다. 이어 묘당을 숭의전이라 명명하고 왕순례를 부사(副使)로 삼았다. 복지겸(卜智謙), 홍유(洪儒), 신숭겸(申崇謙), 유금필(庾黔弼), 배현경(裵玄慶), 서희(徐熙), 강감찬(姜邯贊), 윤관(尹瓘), 김부식(金富軾), 김취려(金就礪), 조충(趙冲), 김방경(金方慶), 안우(安祐), 이방실(李芳實), 김득배(金得培), 정몽주(鄭夢周)를 배향하였다.

사직단(社稷壇) 군 서쪽에 있다.

문묘(文廟) 향교에 있다.

성황사(城隍祠) 군 서쪽 3리에 있다.

여단(厲壇) 군 북쪽에 있다.

능묘陵墓

심덕부(沈德符) 묘 군 서쪽 장양촌(長楊村)에 있다.

윤호(尹壕) 묘 군 서쪽 10리에 있다.

사찰寺刹

아미사(阿彌寺) 염창산 아래에 있는데 강물을 굽어보고 있다.

열녀列女

홍씨(洪氏) 관찰사 이윤인(李尹仁)의 아내이다. 이윤인이 졸하자 묘 곁에서 여묘살이를 하며 아침저녁으로 곡하고 제수를 올렸으며, 상을 마친 뒤에도 7년 동안 초상이 났을 때처럼 몸이 상할 정도로 애통해하였다. 집에 일찍이 화재가 나 모두 전소되었는데 재물에 대해서는 묻지도 않고 신주를 받들고 나오는 것에만 급급하였다. 종신토록 냄새나는 채소를 먹지 않고 아름다운 옷을 입지 않았으니 온 고을 사람들이 탄복하였다. 본조의 성종(成宗)께서 이 사실을 듣고는 정려(旌閭)를 내리라 명하였다.

연천현漣川縣

동쪽으로 영평현(永平縣) 경계까지 18리이고, 남쪽으로 양주(楊州) 경계까지 13리이고, 서쪽으로 마전군(麻田郡) 경계까지 15리이고, 북쪽으로 삭녕군(朔寧郡) 경계까지 27리, 강원도 철원부(鐵原府) 경계까지 16리이다. 서울과의 거리는 143리이다.

한전旱田

수전水田

건치연혁建置沿革

본래 고구려 공목달현(工木達縣)인데 웅섬산(熊閃山)이라고도 한다. 신라 경덕왕(景德王) 때에 공성(功成)으로 개명하여 철성군(鐵城郡)의 영현(領縣)으로 삼았다. 고려 때에 고쳐 장주(漳州)로 장(漳)은 어떤 본(本)에는 장(獐)으로 되어 있다. 삼았고, 현종(顯宗) 때에 동주(東州)로 편입시켰으며, 명종(明宗) 때에 다시 장주를 두고 승령(僧嶺)을 겸하여 다스리게 하였다. 충선왕(忠宣王) 때에 왕의 이름을 피혐하여 연천현(漣川

縣)으로 개명하였다.[384] 본조 태종(太宗) 14년(1414)에 마전현(麻田縣)에 편입시켰고, 16년(1416)에 다시 분리하여 현을 설치하였다. 관장하는 면(面)은 5개이다. 관원은 현감(縣監)과 훈도(訓導)이다. 각 1인이다.

군명 郡名

공성(功成), 장주(漳州)

산천 山川

보개산(寶蓋山) 현 동북쪽 20리 철원부 경계에 있다.

오봉산(五峯山) 현 동쪽 15리에 있다.

견불산(見佛山) 현 동쪽 15리에 있다.

찬취암(巑翠巖) 보개산 위에 있다. 높이 솟아 짙푸른데 원근을 두루 볼 수 있다. 본조 윤두수(尹斗壽)가 현감으로 있을 때에 찬취암 위에서 노닐며 이름을 지었다.

문석(文石) 현 서쪽 15리에 있다. 단수(湍水) 웅연(熊淵)에 있는 바위 벼랑 사이에 천연적으로 이루어진 글자가 있는데, 마치 초서(草書)의 글자체와 같으므로 이름 지어졌다. ○ 본조 허목(許穆)의 기문[385]에 "내가 일찍이 웅

384 충선왕(忠宣王)……개명하였다 : 충선왕의 이름은 장(璋)인데, 장주(漳州)의 장(漳) 자와 음이 같기 때문에 피혐(避嫌)한 것이다.

385 허목(許穆)의 기문 : 〈웅연의 석문 뒤에 쓰다(題熊淵石文後)〉이다. 《記言 別集 卷10》

연의 바위 벼랑에서 돌에 새겨진 이상한 글씨를 보았다. 그 글씨는 이를 데 없이 괴기하여 혹은 세로로 혹은 가로로 뻗고, 혹은 합해지고 혹은 흩어지는 등 그 변화가 놀라웠다. 돌은 푸르고 글자는 검은색이라 이끼에 파묻히지도 않았다. 숭정(崇禎) 말에 고을 수령이 군데군데 쪼아서 몇 글자를 떼어 냈는데, 두께 2치가량 돌을 떼어 냈지만 돌의 글씨는 그대로였으니, 또한 기이한 일이다."라고 하였다.

가사평(袈裟坪) 현 남쪽 10리에 있다.

단수(湍水) 안협(安峽)과 삭녕(朔寧)에서부터 본현의 경계에 이르러 현 서쪽 15리를 지나며 마전현(麻田縣)과 경계를 나눈다. 동쪽으로 흘러 적성현(積城縣)에 이르러 꺾여 서쪽으로 흘러 장단부(長湍府) 경계로 들어간다. 본조 윤휴(尹鑴)가 연천현에서 지은 시[386]에 "단수에 얼음은 천 자이다.〔湍水氷千尺〕"라고 한 것이 바로 이곳이다.

차탄수(車灘水) 철원부의 골파(乭坡)에서 발원하여 현 남쪽 5리를 경유하여 남쪽으로 흘러 양주(楊州)의 체수(砌水)로 들어간다.

휴류탄(鵂鶹灘) 현 서쪽 14리 마전군 경계에 있다. 바로 단수의 여울물이다. 휴류탄 위에 징파나루〔澄波渡〕가 있고, 나루 위에는 귀탄(鬼灘)이 있다. 휴류탄 아래에도 빠른 곡조와 같이 급하게 흐르는 여울이 있는데, 유탄(楡灘), 기탄(岐灘), 마탄(馬灘) 율탄(栗灘)을 지나 양주(楊州)의 호곡협(壺谷峽)에 이른다.

386 윤휴(尹鑴)가……시 : 〈동쪽으로 유람하다 허미수를 방문하다〔東遊訪許眉叟〕〉이다. 《白湖全書 卷2》

토산土産

명주실〔絲〕, 삼〔麻〕, 도기(陶器), 석회(石灰), 오미자(五味子), 지치〔紫草〕, 순채〔蓴〕, 쏘가리〔錦鱗魚〕, 누치〔訥魚〕

학교學校

향교(鄕校) 현 동쪽 1리에 있다.

궁실宮室

객관(客館)

우역郵驛

옥계역(玉溪驛) 현 북쪽 7리에 있다.

송절원(松節院) 현 동쪽 10리에 있다.

관량關梁

징파나루〔澄波渡〕 현 서쪽 15리에 있다. 바로 단수의 나루이다. 마전현에 보인다. ○ 고려 안축(安軸)의 시[387]에,

387 안축(安軸)의 시 : 〈징파나루를 지나며〔過澄波渡〕〉이다. 《謹齋集 卷1》

옛 나루에 배는 잎새 같고　古渡舟如葉
날이 차니 파도 더욱 맑구나　天寒波更澄
무너진 벼랑엔 못난 돌 매달려 있고　崩崖懸醜石
끊어진 언덕엔 층층 얼음 쌓여 있네　斷岸積層氷
물결 위의 새 가까워서 삿대에 닿을 듯하고　浪鳥近堪椎
노는 물고기 깊이 있어 그물질 못 하네　游魚深莫罾
뱃사공을 감히 무시할 수 있으랴　篙師敢輕淺
그 손은 사람 건네주는 능력 있네　手有濟人能

하였다.

사묘祠廟

사직단(社稷壇) 현 서쪽에 있다.

문묘(文廟) 향교에 있다.

성황사(城隍祠) 현 남쪽 2리에 있다.

여단(厲壇) 현 북쪽에 있다.

능묘陵墓

기후(奇后) 묘 현 동북쪽 15리에 있다. 세속에 전하는 말로는 원 순제(元順帝)의 비인 기 황후(奇皇后)의 묘인데, 석인(石人)과 석양(石羊) 등의 물건들은 현재 농사꾼이나 목동들에 의해 넘어졌다고 한다. ○ 역사서의 기록을 살펴보건대 기황후는 동쪽으로 돌아와 장례 지낸 일이 없으니, 혹시 기 황후 어머니인 국대부인(國大夫人)을 장례 지낸 곳인가.

강석덕(姜碩德) 묘 현 서쪽 17리에 있다.

허후(許厚) 묘

사찰寺刹

오봉사(五峯寺) 오봉산에 있다.

유우流寓

허목(許穆)

교동현喬桐縣

해도(海島) 가운데에 있다. 동쪽으로 인화석진(寅火石津) 해안에 이르기까지 10리이고, 서쪽으로 해안에 이르기까지 27리이고, 남쪽으로 해안에 이르기까지 11리이고, 북쪽으로 각산나루〔角山渡〕 해안에 이르기까지 혹자는 21리라고 하는데 실제는 12리이다. 서울과의 거리는 182리이다.

한전旱田

수전水田

건치연혁建置沿革

본래 고구려 고본근현(高木根縣)인데 대운도(戴雲島), 고촌(高村), 달걸신(達乞新)이라고도 한다. 신라 경덕왕(景德王) 때에 교동(喬桐)으로 개명하고 혈구군(穴口郡)의 영현(領縣)으로 삼았다. 고려 때에 인하여 강화(江華)로 편입시켰으며, 명종(明宗) 때에 다시 교동현을 설치하였다. 본조 태조(太祖) 4년(1395)에 만호진(萬戶鎭)으로 고쳐 설치하였는데 얼마 뒤 진(鎭)을 파하고 다시 현으로 삼았다. 관장하는 면(面)은 □개이다. 관원은 현감(縣監)과 1인이다. ○ 이때에 남양(南陽)에서 수군절도영(水軍節度營)을 현으로 옮기고 인하여 절도사로 현감을 겸하게 하였다. 훈도(訓導)이다. 1인이다.

군명郡名

대운(戴雲)

형승形勝

동쪽으로 강화와 통하고 북쪽으로는 연백(延白)을 바라보고 있다.

산천山川

수정산(修井山) 현 서쪽 25리에 있다.

화개산(華蓋山) 현 남쪽 3리에 있다. ○ 고려 이색(李穡)의 시[388]에,

바다 속의 화개산은 하늘에 치솟았는데 海中華蓋揷青天
산 위의 옛 사당은 언제 지었는지 모르겠네 上有荒祠不記年
제사 뒤에 한 잔 마시고 북쪽을 바라보니 奠罷一盃時北望
부소산 빛은 더욱 푸르기만 하구나 扶蘇山色轉蒼然

하였다.

388 이색(李穡)의 시 : 〈교동(喬桐)〉이다.《牧隱藁 牧隱詩藁 卷6》

응암(鷹巖) 월곶(月串) 바다 가운데에 있다.

바다〔海〕 현의 사면이 모두 바다이다. 동쪽으로 강화와 접하고 북쪽으로 연안(延安)과 연결되며 서남쪽은 큰 못과 연결되어 있다.

송가도(松家島) 현 남쪽 10리에 있다. 둘레가 26리이다.

인점포(仁岾浦) 현 북쪽 20리에 있다. 바로 각산나루〔角山渡〕 항구이다. 어부들이 많이 살고 있다. 본조 조준(趙浚)의 시[389]에 "서리 내려 모래톱 차니 기러기 바로 날고, 천 개의 돛 한 빛으로 석양으로 물이 들 때〔霜落沙寒鴈正飛 千帆一色夕陽時〕"라고 하였다.

월곶포(月串浦) 현 남쪽 16리에 있다.

토산土産

왕석(莞席 왕골자리), **조기**〔石首魚〕, **숭어**〔秀魚〕, **소금**〔鹽〕, **굴**〔石花〕, **토화**(土花 미네굴), **조개**〔蛤〕, **낙지**〔絡蹄〕, **쌀새우**〔白蝦〕, **게**〔蟹〕, **부레**〔魚鰾〕

성곽城郭

화개산성(華蓋山城) 돌로 쌓았다. 둘레가 3534자이다. 성안에는 못 하나와 샘 하나가 있고 군창(軍倉)이 있다. ○ 본조 최숙정(崔淑精)의 시에,

푸른 산 높아 육오[390]두를 눌렀는데　　蒼山高壓六鼇頭

389 조준(趙浚)의 시 : 〈각산에서 혼자 낚시질하며〔角山獨釣〕〉이다. 《松堂集 卷2》
390 육오(六鼇) : 다섯 신산(神山)을 머리에 이고 있다는 전설상의 여섯 마리 자라를 말한

게으른 손 올라 보니 깊은 시름 없어지네	倦客登臨豁遠愁
수국의 찬 조수에 어촌 주막은 저물었고	水國寒潮漁店暮
하늘 끝 지는 해에 바다 어구는 가을이네	天涯斜日海門秋
가슴은 넓디넓어 삼천 리나 되고	胸懷納納三千里
눈에는 아득히 수십 주가 보이네	眼界悠悠數十州
좌중에 풍류는 누가 가장 뛰어난가	四座風流誰最健
한잔 술 서로 권하며 더 머물다 가세	一盃相屬更遲留

하였다.

공서公署

수군절도사영(水軍節度使營) 성안에 있다. 수군절도사영이 옛날에는 남양부(南陽府)에 있었는데 이때에 현으로 옮겼다.

월곶 첨절제사진(月串僉節制使鎭) 월곶포에 있다. 진이 관장하는 곳은 정포(井浦)와 교동량(喬桐梁)이다. ○ 수군첨절제사(水軍僉節制使) 1인이 있다.

교동량 만호진(喬桐梁萬戶鎭) 수군만호 1인이 있다. 교동 현감(喬桐縣監)이 겸임한다.

다. 《열자(列子)》 〈탕문(湯問)〉에 "발해(渤海)의 동쪽에는 대여(岱輿), 원교(員嶠), 방호(方壺), 영주(瀛洲), 봉래(蓬萊)의 다섯 신산이 있었는데, 이 산들이 조수에 밀려 정착하지 못하므로, 천제(天帝)가 이 산들이 혹 서극(西極)으로 표류할까 염려하여 처음에 금색의 자라 15마리로 하여금 이 산들을 머리에 이고 있게 하였다. 뒤에 용백국(龍伯國)의 거인(巨人)이 단번에 이 자라 6마리를 낚아 갔으므로 대여, 원교의 두 산은 서극으로 표류해 버리고, 방호, 영주, 봉래의 세 산만 남았다."라고 한 전설에서 온 말이다.

학교學校

향고(鄕校) 현 남쪽 4리에 있다.

궁실宮室

객관(客館) 조선 정이오(鄭以吾)의 시에,

외로운 성 사면이 바다이니	孤城四面海爲壖
구름과 물 어우러져 물색이 묘연하네	雲水相和色渺然
길은 못가로 나 버들 많이 심겨 있고	路人陂塘多種柳
집은 섬을 의지해 두루 밭을 일구었네	家依島嶼遍耕田
옅은 안개와 향초는 누런 소 곁에 있고	淡煙芳草黃牛外
가는 비와 비낀 바람은 흰 새 옆에 있구나	細雨斜風白鳥邊
북쪽으로 송도를 바라보니 생각이 끝이 있으랴	北望松都何限意
뭇 봉우리 높디높아 푸른빛이 하늘에 닿았네	群峯岌嶫翠磨天

하였다.

봉수烽燧

수정산 봉수(修井山烽燧) 북쪽으로 황해도 연안부 각산을 바라본다.

화개산 봉수(華蓋山烽燧) 남쪽으로 강화부 강산(綱山)과 응하고, 동쪽으로 같은 부 하음성산(河陰城山)과 응한다.

우역郵驛

동진원(東津院) 현 동쪽 11리에 있다.

관량關梁

인화석나루〔寅火石渡〕 현 동쪽 10리에 있다. 강화로 가는 사람들은 이곳을 경유한다.

각산나루〔角山渡〕 현 북쪽 21리에 있다. 황해도를 왕래하는 사람들은 이곳을 경유한다. 두 나루는 모두 바다의 나루이다.

사묘祠廟

사직단(社稷壇) 현 서쪽에 있다.

문묘(文廟) 향교에 있다.

성황사(城隍祠) 화개산에 있다.

여단(厲壇) 현 북쪽에 있다.

사찰寺刹

화엄사(華嚴寺), 안양사(安養寺) 모두 화개산에 있다.

명환名宦

고려

설공검(薛公儉) 감무(監務)가 되었다.

열녀列女

오순향(吳順鄕)의 처 이름은 말응금(末應今)이고 촌민(村民)의 딸이었다. 젊은 나이에 지아비를 잃자 부모가 이를 가련히 여겨 뜻을 빼앗으려 하였다. 그러자 손가락을 잘라 수절할 뜻을 보이고는 끝내 따르지 않았다. 본조 공희왕조(恭僖王朝 중종)에 정려(旌閭)가 내려지고 복호(復戶)되었다.

지은이

유형원(柳馨遠)

1622(광해군14)~1673(현종14). 조선 후기의 실학자이다. 본관은 문화(文化), 자는 덕부(德夫), 호는 반계(磻溪)·둔암(遁庵)이다. 부친인 예문관 검열 유흠(柳欽)이 유몽인(柳夢寅)의 옥사에 연루되어 죽은 뒤 5세 때부터 외삼촌 이원진(李元鎭)과 고모부 김세렴(金世濂)에게 수학하였다. 두 차례 과거에 응시했으나 낙방하고, 32세 때 전라도 부안군 보안면 우반동에 은거하였다. 이곳에서 학문과 저술에 전념하며 여생을 보냈다. 저술로는 그의 실학사상을 집대성한《반계수록(磻溪隨錄)》외에《주자찬요(朱子纂要)》,《이기총론(理氣總論)》,《동국여지지(東國輿地志)》,《무경사서초(武經四書抄)》,《기효신서절요(紀效新書節要)》,《정음지남(正音指南)》,《동국문초(東國文抄)》등 수십 권이 있으나《반계수록》과《동국여지지》외에 시문 몇 편만 전하고 나머지는 유실되었다. 그의 저작과 사상은 생전에는 인정받지 못하였으나 100여 년이 지난 뒤《반계수록》의 개혁 사상이 널리 알려지면서 영조의 관심을 받아 높은 평가를 받고 책이 간행되어 세상에 전해졌다. 1770년(영조46) 통정대부 호조참의 겸 세자시강원찬선에 증직되었다. 그의 개혁안은 이후에도 실행되지 못하였으나 이익, 안정복, 정약용으로 이어지는 실학자들에게 큰 영향을 주었다.

옮긴이

손성필(孫成必)

한국고전번역원 선임연구원. 한국고전번역원 고전번역교육원 연수과정을 졸업하였고, 대학원에서 역사학으로 박사과정을 졸업하였다.《한국문집총간》편찬,《북새기략·북관기사·북여요선》번역 등에 참여하였고,〈《진심직설(眞心直說)》판본 계통과 보조지눌(普照知訥) 찬술설의 출현 배경〉,〈《북새기략》의 편찬 경위와 편찬자 문제〉등의 논문 다수를 집필하였다.

권헌준(權憲俊)

1973년 경북 김천에서 태어났다. 대구한의대학교 한문학과를 졸업하고, 경북대학교 대학원에서 문학석사 학위를 취득하였으며 고려대학교에서 박사과정을 수료하였다. 민족문화추진회 국역연수원 연수부와 상임연구부를 졸업하였다. 한국고전번역원 선임연구원으로 재직 중이다. 번역서로《승정원일기》,《창계집》(이상 공역) 등이 있다.

동국여지지 2

유형원 지음 | 손성필 권헌준 옮김

2019년 11월 30일 초판 1쇄 발행

발행인 신승운 | **발행처** 한국고전번역원
등록 2008. 3. 12. 제25100-2018-000049호
주소 (03310) 서울시 은평구 진관1로 85
전화 02-350-4886 | **팩스** 02-350-4899 | **홈페이지** www.itkc.or.kr

번역 손성필(경기~인천도호부) 권헌준(안산군~교동현)
연구총괄 김성애 | **연구기획** 정미경

책임편집 이선주 | **편집진행** 박정열
교정 김상순 노성완 송숙희 | **제작** 김형석
디자인 은희주 | **인쇄** (주)대신인쇄

값 20,000원
ISBN 978-89-284-0623-4 (94910)
978-89-284-0621-0 (세트)

※이 책은 2019년도 교육부 고전번역사업비로 출간한 것임.